G. Franz (Hrsg.)

Polysaccharide

Unter Mitarbeit von
W. Blaschek, W. Burchard, G. Franz, H. Koch, H. Koehler
E. Nürnberg, H. Röper, H. Wagner

Mit 9 Tabellen und 84 Abbildungen

Springer-Verlag
Berlin Heidelberg New York
London Paris Tokyo
Hong Kong Barcelona
Budapest

Professor Dr. Gerhard Franz
Pharmazeutische Biologie
Universität Regensburg
Universitätsstraße 31
8400 Regensburg

ISBN-13:978-3-540-54002-1   e-ISBN-13:978-3-642-76613-8
DOI: 10.1007/978-3-642-76613-8

CIP-Kurztitelaufnahme der Deutschen Bibliothek
Polysaccharide: mit 42 Tabellen / Gerhard Franz (Hrsg.). Unter Mitarb. von
W. Blaschek... - Berlin; Heidelberg; New York; London; Paris; Tokyo; Hong Kong;
Barcelona; Budapest: Springer, 1991
ISBN-13:978-3-540-54002-1
NE: Franz, Gerhard [Hrsg.]; Blaschek, Wolfgang

Satz: Reproduktionsfertige Vorlage vom Autor
13/3145-543210 – Gedruckt auf säurefreiem Papier

Vorwort

Die Kohlenhydratforschung kann in Deutschland auf eine große Tradition zurückblicken. Namen wie Emil Fischer im Bereich der präparativen Kohlenhydratchemie, die Halbacetalformulierung der Zucker von Tollens, schließlich die Arbeiten zum Grundlagenverständnis der Polymerchemie von Staudiger, waren wichtige Meilensteine in der Entwicklung. In den dreißiger Jahren nahm die Kohlenhydratchemie einen weiteren Aufschwung durch die Arbeiten von Helferich und Freudenberg.

Als Cellulose und Stärke fast die einzigen Quellen für Polymere waren, wurde an den deutschen Hochschulen relativ breit auf dem Grundlagengebiet der Polysaccharide geforscht. Zu Zeiten von Hermann Staudiger war Freiburg das Mekka der Polsaccharidchemiker. Mit dem Aufkommen der Petrochemie wandte sich die Polymerforschung an vielen wissenschaftlichen Instituten überwiegend den Polymeren auf dieser neuen Basis zu. Als Folge verwaiste während mehrerer Jahre die Polysaccharidchemie an den deutschen Hochschulen, aus industrieller Sicht sicher zu Unrecht. Mit der Möglichkeit, Zucker, Stärke, Cellulose und weitere Biopolymere zumindest annähernd zu Weltmarktpreisen zu beziehen, hat sich der chemischen Industrie die Möglichkeit eröffnet, diese wichtigen nachwachsenden Rohstoffe stärker als in der Vergangenheit zu nutzen, um sich auf lange Sicht von petrochemischen Produkten zu lösen. Auch durch die Entwicklung der Biotechnologie in den vergangenen Jahren hat sich gezeigt, daß vom Energieeinsatz eine Reihe derartiger Biopolymere wirtschaftlich günstiger erhalten werden können, als durch klassische chemische Produktion unter hohen Druck- und Temperaturverhältnissen. Es ist also nicht erstaunlich, daß in jüngster Zeit die pflanzliche Biomasse zunehmendes Interesse als regenerierbare Rohstoffquelle gefunden hat. Jährlich werden auf der Erde etwa 2×10^{11}t pflanzlicher Rohstoffe mit Hilfe der Photosynthese aus extraterrestrischer Energie, CO_2 und Wasser gebildet. Zur Zeit werden aus diesem großen Reservoir nur 1-2% zur Nahrungs- und Futtermittelproduktion und etwa die gleiche Menge zu technologischen Zwecken (Papier- und Fasergewinnung) weiterverwendet.

Der größte Teil des Pflanzenmaterials bleibt wegen Ernte- und Transportkosten weitgehend wirtschaftlich ungenutzt. Auch fallen bei der Verarbeitung pflanzlicher Biomasse große Mengen als Abfälle und Rückstände an, die bei einer sinnvollen, heute machbaren Technologie durchaus zu definierten Biopolymeren weiterverarbeitet werden könnten. In Deutschland existiert ein Strohüberschuß von einigen Millionen Tonnen pro Jahr. Weltweit werden deshalb Untersuchungen durchgeführt, die zum Ziel haben, pflanzliche Biomasse - insbesondere die billigen lignocellulosehaltigen Rückstände - zur Herstellung von definierten, brauchbaren Polysacchariden zu nutzen.

Jeder, der sich mit der optimierten Nutzung von Polysacchariden befaßt, stößt auf die überraschende Erkenntnis, daß wir eigentlich relativ wenig über die makromolekularen Eigenschaften dieser Polymere und ihre Funktion im biologischen System wissen. Vermutlich hängt dieser Wissensmangel damit zusammen, daß Polysaccharide zwar den Biopolymeren zuzuordnen sind, daß aber im Bereich der klassischen Biochemie unter dem Begriff 'Polymere' im Regelfall Makromoleküle wie Proteine oder Nucleinsäure verstanden werden. Es wäre also wünschenswert, daß neue Aktivitäten dieser Forschungsrichtung zusammen mit der Polymerforschung und der organischen Chemie zu erwarten sind.

Besonders in anwendungsorientierten Gebieten sollte verstärkt koordinierte Grundlagenforschung betrieben werden, um in Zukunft Deutschland wieder zu einem international anerkannten Pfeiler der Polysaccharidforschung werden zu lassen.

Das vorliegende Buch soll den aktuellen Stand des Wissens einer Reihe von Teilaspekten aus dem breiten Gebiet der Polysaccharidforschung mit Grundlagen und praxisorientierten Beiträgen dokumentieren. Das Werk soll als Einführung dienen, sich vermehrt mit diesem interessanten Gebiet der Kohlenhydratforschung zu beschäftigen; es soll sowohl für Studierende der verschiedensten Fachrichtungen als auch für den in der Praxis tätigen Wissenschaftler Anregungen bringen, auf deren Vertiefung in den Literaturbeispielen hingewiesen wird.

Der Herausgeber dieses Werkes ist allen beteiligten Autoren für ihre rasche und kooperative Mitwirkung dankbar, ohne die es nicht möglich gewesen wäre, dieses Buch innerhalb der kurz vorgegebenen Zeit zu verfassen.

Regensburg, Mai 1991   Gerhard Franz

Inhaltsverzeichnis

5. Kapitel: Polysaccharide mit spezifischem Einfluß auf das Immunsystem

H. Wagner

6. Kapitel: **Polysaccharide in der Lebensmitteltechnologie**
H. Koehler

7. Kapitel: Cellulose
W. Blaschek

8. Kapitel: Stärke
H.Koch und H. Röper

Mitarbeiterverzeichnis

Priv.-Doz. Dr. W. Blaschek
Pharmazeutische Biologie
Universität Regensburg
Universitätsstraße 31, D-8400 Regensburg

Professor Dr. W. Burchard
Institut für Makromolekulare Chemie
Universität Freiburg
Stefan-Meier-Straße 31,D-7800 Freiburg

Professor Dr. G. Franz
Pharmazeutische Biologie
Universität Regensburg
Universitätsstraße 31, D-8400 Regensburg

Dr. H. Koch
CERESTAR Research Development
Havenstraat 84, B-1800 Vilvoorde

Dr. H. Koehler
Pharmazeutische Biologie
Universität Regensburg
Universitätsstraße 31, D-8400 Regensburg

Professor Dr. E. Nürnberg
Lehrstuhl für Pharmazeutische Technologie
Friedrich-Alexander-Universität
Cauerstraße 4, D-8520 Erlangen

Priv.-Doz. Dr. H. Röper
CERESTAR Research Development
Havenstraat 84, B-1800 Vilvoorde

Professor Dr. Dr. H. Wagner
Institut für Pharmazeutische Biologie
Karlstraß 29, D-8000 München 2

1. Polysaccharide: Eine Einführung

G. Franz

Etwa 95% der jährlich nachwachsenden Biomasse besteht aus Kohlenhydraten. Weniger als 3% davon werden vom Menschen genutzt, der Rest wird mikrobiell abgebaut und auf natürlichem Wege recyclisiert. Die gezielte industrielle Nutzung dieses riesigen, brachliegenden Kohlenhydratpotentials steckt außer bei der bisherigen industriellen Verwendung von Cellulose, Stärke und einigen wenigen anderen Polysacchariden erst in den Anfängen. Insbesondere Kohlenhydrat-Biopolymere aus dem Bereich der Mikroorganismen haben in den vergangenen Jahren gezeigt, daß hier ein nahezu unermeßliches Reservoir mit den unterschiedlichsten chemisch-physikalischen Eigenschaften vorliegt, die es ermöglichen sollten, einen Großteil der synthetischen Kunststoffe in den kommenden Jahren zu ersetzen.

Die Versorgungsproblematik in der Erdölproduktion und eine absehbare Erschöpfung dieser fossilen Rohstoffe haben heute die Aufmerksamkeit auf nachwachsende Biopolymere gelenkt. Verstärkte Grundlagenforschung auf diesem Gebiet war Voraussetzung, um das Spektrum der nutzbaren Polysaccharide zu erweitern und neben den genuinen Produkten durch partialsynthetische Veränderungen entsprechende Derivate ökonomisch günstiger zu produzieren, diese weiter zu entwickeln und die aus natürlichen Quellen zugänglichen Produktmengen zu steigern.

Die derzeit noch relative geringe wirtschaftliche Nutzung von Polysacchariden wird am Beispiel der Cellulose deutlich, die außer zur Zellstoffgewinnung überwiegend zur Deckung des Energiebedarfs verbrannt und damit an sich verschwendet wird.

1.1 Bildung und Lokalisierung von Polysacchariden in biologischen Systemen

Polysaccharide sind im biologischen System ubiquitär verbreitete Makromoleküle, die zahlreiche biologische Funktionen zu erfüllen haben. Während bei Pflanzen und Mikroorganismen derartige Makromoleküle Funktionen als Gerüst- und Speichersubstanzen besitzen, sind es für tierische Organismen in erster Linie energieliefernde Substrate, die einem mehr oder weniger raschen Umsatz unterliegen.

Im Bereich der Zelle sind Polysaccharide sowohl in verschiedenen intrazellulären Kompartimenten als auch extrazellulär im Bereich der Zellwand lokalisiert. Biogenetischer Bildungsort ist im allgemeinen das Cytoplasma, Ablagerung resp. Speicherung findet räumlich getrennt vom Biosynthesegeschehen statt. Im intrazellulären Bereich sind es die Plastiden, in denen die Stärkespeicherung stattfindet, und daneben auch die pflanzlichen Vakuolen, in denen eine Reihe von nichtstärkeartigen Reservepolysacchariden abgelagert werden können. In manchen Fällen sind die im zellulären Bereich abgelagerten Reservepolysaccharide auch für Zwecke der Wasserbindung geeignet (Hydratation der Zelle), da sie aufgrund ihres hohen Quellungsvermögens beträchtliche Mengen von Wasser aufzunehmen vermögen und so die Zellen resp. Gewebe vor Austrocknung schützen können.

Biogenetische Bildungsorte sind sowohl das endoplasmatische Reticulum, der Golgi-Apparat als auch membranäre Systeme, wie die Tonoplasten- bzw. die Cytoplasmamembran (Plasmalemma). Für stärkeartige Polysaccharide sind Plastiden der eigentliche Bildungsort.

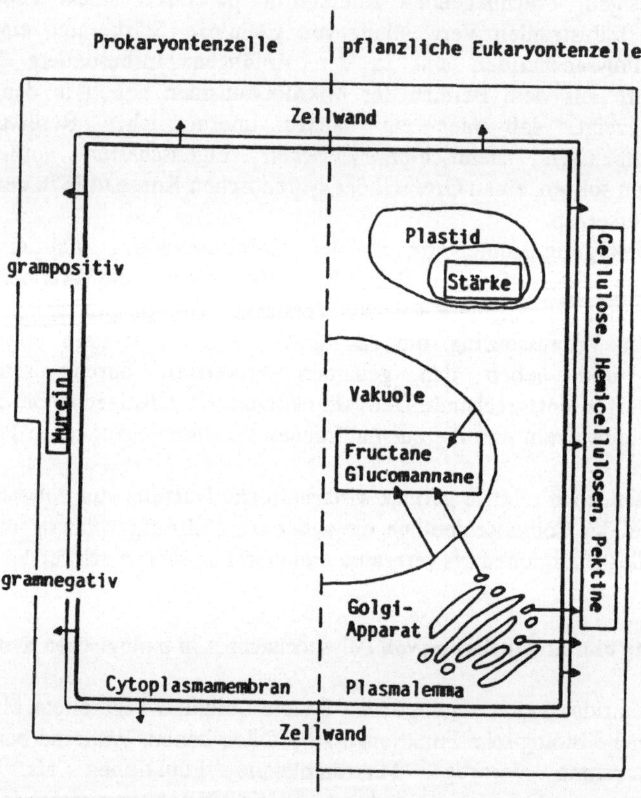

Abb. 1: Polysaccharide: Biogenese und Lokalisation in der Zelle (vereinfachte Darstellung)

Die wichtigsten Bausteine der Polysaccharide sind die Hexosen: D-Glucose, D-Mannose, D-Galaktose und D-Fructose. In Algen kann auch die L-Galaktose vertreten sein. Als Pentosebausteine findet sich L-Arabinose und D-Xylose, bei den Desoxyzuckern ist L-Fucose und L-Rhamnose weit verbreitet; bei den am C6 oxidierten Uronsäuren sind es D-Glucuron und D-Galakturonsäure, ferner findet man bei Algen die D-Mannuron- und D-Guluronsäure. Bei tierischen Polysacchariden kommen die stickstoffhaltigen Bausteine Glucosamin und Galaktosamin vor, ferner die Iduronsäure als Baustein des Heparins.

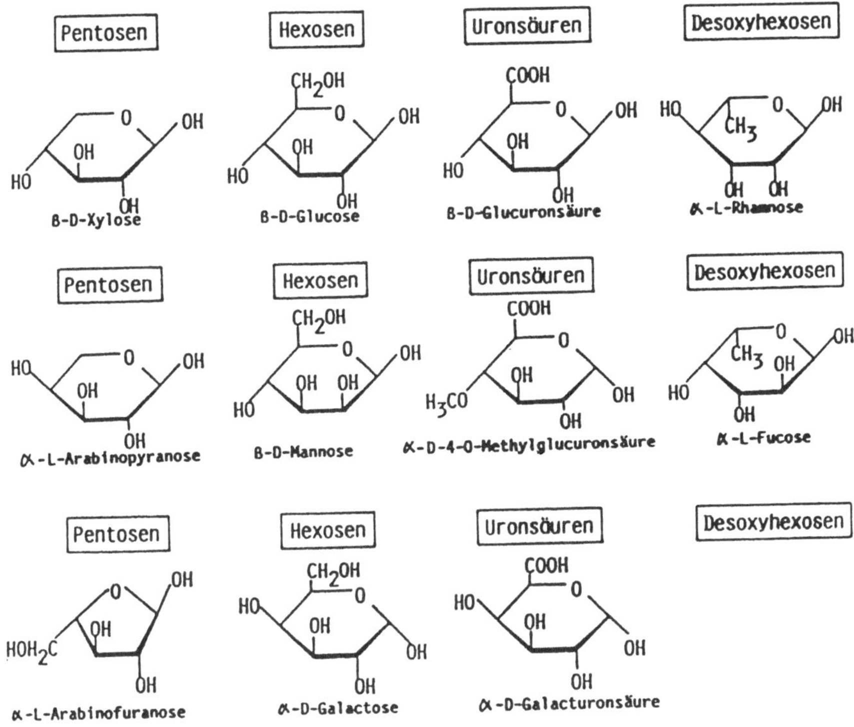

Abb. 2: Zuckerbausteine pflanzlicher Polysaccharide

In manchen Fällen, insbesondere bei Meeresalgen, kann eine weitgehende Sulfatierung der Zuckerbausteine auftreten, gleiches ist auch von einigen tierischen Polysacchariden bekannt. Bis auf Fructose- und Arabinosereste liegen alle Zucker gewöhnlich in der Pyranoseform vor. Bei einigen Polysacchariden können die Hydroxylgruppen verestert oder methyliert sein.

Aus der relativ großen Anzahl dieser Bausteine resultiert die chemische Vielfalt der natürlich vorkommenden Polysaccharide.

1.2 Chemischer Aufbau der Polysaccharide

Nach Vorkommen der unterschiedlichen Bausteine unterscheidet man zwischen den Homopolysacchariden und den *Heteropolysacchariden*. Bei den Homopolysacchariden (z.B. Cellulose) ist nur ein einziger Zucker an der Struktur resp. 'repeating unit' des Biopolymers beteiligt. Bei den Heteropolysacchariden können es zwei oder mehrere Neutralzucker oder Uronsäuren sein, die für den Aufbau verantwortlich sind. Nach der Bezeichnung der monomeren Zuckerbausteine spricht man von *Glucanen, Mannanen, Fructanen, Galakturonanen* etc. Bei den Heteropolysacchariden werden die wichtigsten Zuckerbausteine in die Bezeichnung einbezogen, z.B. Glucomannan, Galaktomannan, Arabinoxylan, Galakturonorhamnan etc.
Durch die unterschiedliche Ausbildung der glycosidische Verknüpfung mit den

verschiedenen Kohlenstoffatomen der einzelnen Zuckerbausteine ergibt sich eine fast unübersehbare Anzahl möglicher verschiedenartiger Polysaccharide. Interessanterweise beschränkt sich aber die Natur auf einige immer wiederkehrende Polysaccharidtypen, wobei bestimmte glycosidische Bindungen resp. Zuckerverknüpfungen bevorzugt werden.

Für die Biosynthese von Kohlenhydratpolymeren und die stattfindende Auswahl von Zuckern bzw. die Ausbildung der Ketten und Kettenlängen ist kein distinkter Kontrollmechanismus bekannt, der direkt genetisch gesteuert wäre, wie dies bei Proteinen der Fall ist. Es müssen jedoch auch für die Polysaccharidbildungen Regulationsmechanismen vorliegen, da definierte Polysaccharide zumeist mit einem für bestimmte Spezies immer wiederkehrenden Polymerisationsgrad auftreten.

Diese regelmäßigen Grundstrukturen sind auch für die wichtigsten physikalischen Parameter dieser Biopolymeren - beispielsweise für die Löslichkeit - ausschlaggebend. Ein Polysaccharid ist wasserlöslich, wenn bestehende starke zwischenmolekulare Wechselwirkungen eines Polysaccharids durch Hydratation der Hydroxylgruppen der Zuckerreste weitgehend unwirksam werden. Bei hochkomplexen Strukturen, die kristalline Bereiche ausbilden können (Cellulose) ist dies nicht mehr der Fall. Diese Interaktion der Polysaccharidketten untereinander kann durch Substitutionen an den Hydroxylgruppen verringert werden. Durch Einführung von Substituenten kann die Löslichkeit in organischen Lösungsmitteln durch die Anwesenheit hydrophober Gruppen initiiert und gesteigert werden. Ebenso können bestimmte Salze Wasserstoffbrücken zerstören und damit die Löslichkeit von Polysacchariden verbessern. Bei löslichen Polysacchariden können - vor allem bei linearen oder schwachverzweigten Polymeren - dynamische Wechselwirkungen zwischen den Ketten eintreten, wodurch eine Erhöhung der Viskosität dieser Lösung entsteht. Der Anstieg des Polymerisationsgrades beeinflußt ferner die Viskosität, was sich bei einer ganzen Reihe von Polysacchariden - beispielsweise Dextranen unterschiedlichen Molekulargewichts - nachweisen läßt.

Charakteristisch für viele lösliche Polysaccharide ist das Vermögen der *Gelbildung*. Hierbei ist der Übergang des Polysaccharids im Solzustand mit dem Vorliegen einer 'random coil' in eine netzähnliche Struktur (Gelzustand) nachweisbar. Diese Polysaccharidvernetzungen werden durch permanente Wechselbeziehungen zwischen den Polysaccharidmolekülen gebildet.

Das Phänomen der Gelbildung wird auch in biologischen Systemen ausgenutzt, beispielsweise beim Vorliegen von quellbaren Polysacchariden in wachsenden Zellwänden, in bestimmten tierischen Flüssigkeiten, bei Bakterienumhüllungen und insbesondere in den Zellwänden von Algen und bestimmten Pilzen. Dieses Gelbildungsvermögen ist auch die Grundlage für praktische industrielle Anwendung einer Reihe von Polysacchariden, wie z.B. in der Lebensmittelindustrie oder für pharmazeutisch- medizinische Zwecke.

1.3 Stabilität von Polysacchariden

Die Art der glycosidischen Bindungen beeinflußt die Architektur des Polysaccharid-Makromoleküls beeiflußt. Insbesondere hat die ß- resp. α-Bindung im Polymer über die Konformation Auswirkungen auf die Stabilität. Bei linearen Polymeren mit dem Vorliegen von ß-glycosidischen Bindungen ist zumeist eine größere Stabilität vorhanden als bei den helicoidalen Polymeren, denen oft eine   -Bindung zugrunde liegt. Daneben ist die Stabilität der glycosidischen Bindung von mehreren Strukturmerkmalen abhänging:

Die α-glycosidische Bindung ist im Vergleich zu der ß-glycosidischen Bindung gegenüber thermischem Abbau und saurer Hydrolyse wesentlich labiler.

Polysaccharide, die aus Furanosen bestehen, sind gegenüber Säuren wesentlich labiler als die Polymere, bei denen die Bausteine als pyranosidische Zucker vorliegen.

Pentosane mit Pyranosering sind leichter hydrolytisch spaltbar als Hexosen-haltige Polymere, bei denen die Zucker in der Pyranoseform vorliegen.

Schließlich sind gegen hydrolytischen Abbau insbesondere die Polysaccharide sehr resistent, bei denen Uronsäuren in Hauptketten vorkommen.

Bezüglich der Stabilität gegenüber mikrobiellen Enzymen und weiteren Einflüssen wie Licht und Temperatur gibt es bislang nur relativ wenige Untersuchungen, jedoch muß hier gerade bei pharmazeutischen Produkten und in der Lebensmitteltechnologie berücksichtigt werden , daß diese Parameter bei längerem Einfluß die Primärstruktur und die übergeordneten Strukturen nachhaltig beeinflussen können.

1.4 Reservepolysaccharide

Polysaccharide mit metabolischer Energiespeicherfunktion (Reservepolysaccharide) werden in unterschiedlichen Pflanzen, Organen und Geweben entweder intrazellulär (Stärke, Fructosane) oder auch auf Zellwänden abgelagert (Mannane, Xyloglucane, Galaktomannane) vergl. Abb. 1. Zu Zeitpunkten des Energiebedarfs werden diese Kohlenhydratpolymere durch endogene Hydrolasen und Glycosidasen mobilisiert und metabolisiert. Obwohl Reservepolysaccharide Produkte des Primärstoffwechsels darstellen, d.h. eines Stoffwechselbereichs, der allen Pflanzenzellen von der genetischen Information her gemeinsam ist, wird die Funktion der Stoffspeicherung meist nur von bestimmten Organen, Geweben oder Zellen übernommen. In diesen können dann die Reservestoffe in sehr hohen Konzentrationen angereichert werden, so daß sie die gesamten biologischen Bereiche ausfüllen.

1.4.1 Stärke

Stärke stellt das am weitesten verbreitete Reservepolysaccharid der höheren Pflanzen dar. Bildung und Ablagerung erfolgt in Form von Stärkekörnern mit spezifischen Formen, Größen, Schichtungen und Strukturen, so daß anhand dieser Merkmale die Herkunft einer Stärke feststellbar ist. Stärke liegt als Aggregat zweier Molekültypen - der *Amylose* und des *Amylopektins* - vor, die in einzelnen Stärkearten variierende Anteile aufzeigen können (Amylose 10-30%, Amylopektin 70-90%). Im Molekül der Amylose sind etwa 200 - 1000 Glucoseeinheiten durch α-1.4-glucosidische Verbindung miteinander verknüpft, wobei jedes Makromolekül eine reduzierendes und ein nichtreduzierendes Ende aufweist. Das Amylosemolekül liegt als α-Helix vor.

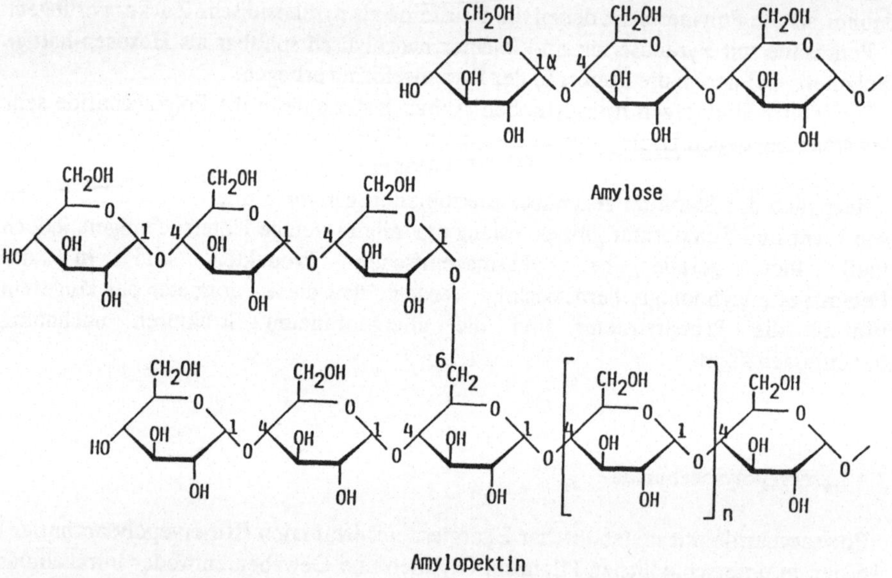

Abb. 3: Ausschnitt aus Amylose (1.4-Verknüpfung) und Amylopektin (1.4- und 1.6-Verknüpfung)

Amylopektin besteht aus 2.000 bis 20.000 Glucoseeinheiten, die sowohl α-1.4-glucosidisch wie α-1.6-glucosidisch verknüpft sind. Dadurch entsteht eine mehr oder weniger vernetzte Struktur, bei der die einzelnen Kettenbereiche ebenfalls helicoidale Grundstrukturen aufweisen. Durch enzymatischen Abbau, durch thermische Degradierung oder durch Behandlung mit verdünnten Mineralsäuren erhält man unterschiedlich große Spaltstücke, die als *Dextrine* bezeichnet werden und z.T. wegen ihrer besseren Löslichkeit und Abbaubarkeit in Technik und Medizin Einsatz finden.

Die häufigste Anwendung der Stärke beruht auf der Fähigkeit zur Wasseraufnahme und der resultierenden Quellbarkeit. Luftgetrocknete Stärkekörner quellen bei Suspension in Wasser rasch auf, wobei ihr Durchmesser um etwa 30-40% zunimmt. Bei mechanischer Beschädigung von Stärken, beim Trocken oder Mahlen, gehen die

Quellungseigenschaften teilweise verloren, vermutlich wegen der Erhöhung der Kristallinität.

1.4.2 Fructane

Diese Polysaccharide werden als typisches Reservepolysaccharid bei einigen Organismen in beachtlichen Mengen in den Zellen unterirdischer Speicherorgane in Vakuolen abgelagert. Die Polymerisationsgrade sind relativ niedrig, sie variieren zwischen 30 und 60 Zuckerbausteinen pro Molekül. Im Pflanzenreich finden sich zwei unterschiedliche chemische Strukturen:

der *Inulintyp*, bei dem ß-1.2-glycosidische Bindungen der Fructosemoleküle untereinander vorliegen

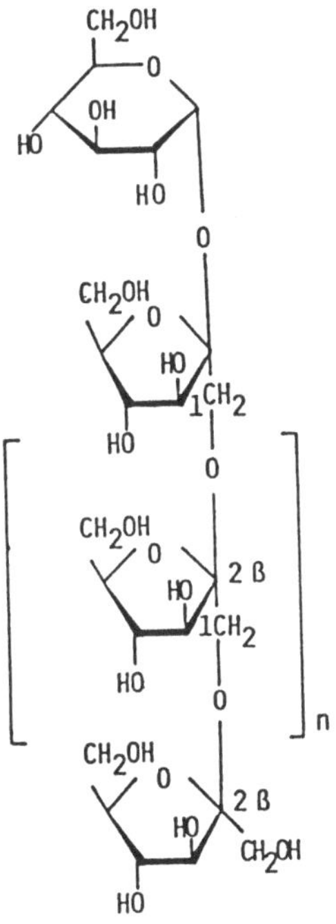

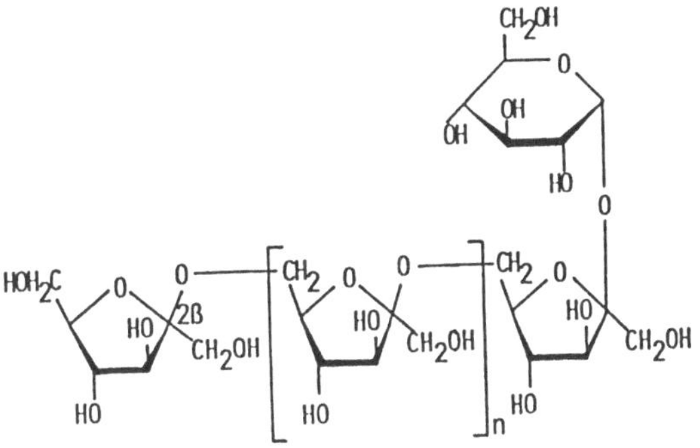

Abb. 4: Ausschnitt aus einem Inulin-Molekül (Compositen-Fructosan)

Abb. 5: Ausschnitt aus einem Phlein-Molekül (Gramineen-Fructosan)

Der Inulintyp ist in seinem Auftreten weitgehend auf die Compositen beschränkt, bei den Gräsern (Gramnineen) ist vor allem der Phleintyp vertreten. Aufgrund der hohen Löslichkeit und der einfachen hydrolytischen Spaltbarkeit werden Fructosane zur Isolierung und Darstellung von Fructose verwendet.

8

1.4.3 Xyloglucane (Amyloide)

Bei den Amyloiden handelt es sich um Reservepolysaccharide, die vorwiegend in Samen in unterschiedlichen Mengen vorkommen und dort während der energieverbrauchenden Keimungsprozesse abgebaut werden. Aufgrund ihrer Anfärbbarkeit mit Jodlösung werden sie als 'Amyloide' bezeichnet, obwohl sie strukturell keine Verwandtschaft mit Stärke (Amylose) aufweisen. Der Strukturtyp ähnelt eher dem der Cellulose, da die Hauptkette aus ß-1.4-verknüpften Glucoseresten aufgebaut ist, die in unterschiedlicher Weise mit D-Xylopyranoseresten in 1.6-Bindung substituiert sein können. Ein Teil der Xylosereste ist mit einer terminalen D-Galactose verknüpft. Derartige Xyloglucane sind aufgrund gelbildender Eigenschaften für technische Anwendungen geeignet.

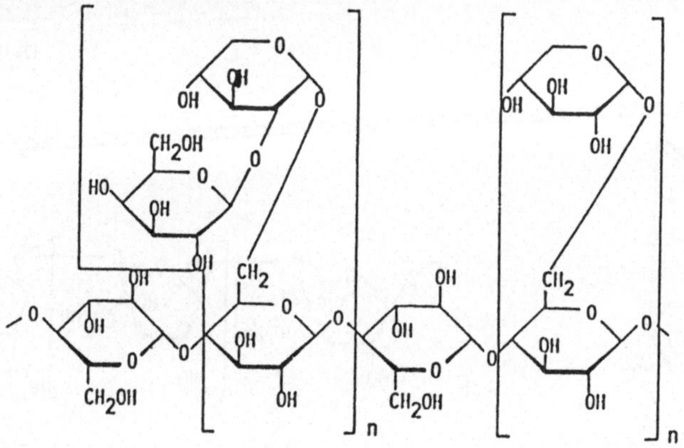

Abb. 6: Ausschnitt aus einem Amyloid (Xyloglucan) siehe Fucoxyloglucan

1.4.4 Mannane

Die Verbreitung der mannosehaltigen Reservepolysaccharide im Pflanzenreich ist wesentlich breiter als gewöhnlich angenommen wird. Es lassen sich zwei Gruppen unterscheiden, die *Galaktomannane*, bei denen die Hauptkette aus ß-1.4-verknüpften Mannoseresten in Posititon C6 mit Galactose substituiert ist und die *Glucomannane*, bei denen in der Hauptkette alternierende oder 'random'-verteilte Glucose- oder Mannosereste vorliegen. Zum Teil sind die an sich streng linearen Glucomannane auch schwach verzweigt, insbesondere bei der Mannose über die Position C3. Aufgrund der Acetylierung und der geringfügigen Substitution liegen auch bei den Glucomannanen sehr gut quellbare und teilweise lösliche Polymere vor.

Von technischer, industrieller Bedeutung sind insbesondere die Galaktomannane, die in einigen Leguminosensamen in großen Mengen vorkommen, und die z.T. auch in hochreiner Form auf pharmazeutisch-medizinischem Sektor Einsatz gefunden haben.

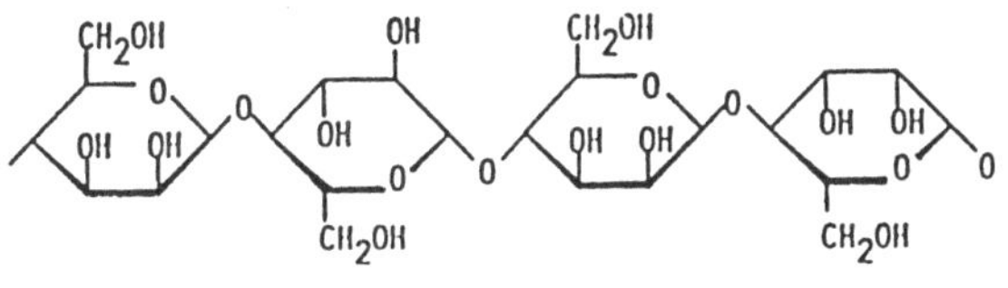

4-ß-D-Manp-1→4-ß-D-Glup-1→4-ß-D-Manp-1→4-ß-D-Manp-1→

Abb. 7: Ausschnitt aus einem Reserve-Glucomannan

1.5 Polysaccharide der pflanzlichen Zellwand

Es sollen nachfolgend nur die wichtigsten Biopolymere der Zellwand der höheren Pflanzen erörtert werden, da bei Bakterien, Pilzen und auch bei den Algen eine sehr große Vielfalt von Polysacchariden vorkommt, die heute noch nicht in allen Einzelheiten als erforscht gelten.

Der Gesamtkomplex der Zellwand der höheren Pflanzen wird - da er sich außerhalb des Bereichs des lebenden Cytoplasmas befindet - als extrazellulär bezeichnet, obwohl in metabolischer Hinsicht enge Beziehungen zwischen Zellinhalt und den polymeren Gerüstsubstanzen bestehen. (Vergl. Abb. 1)

Das Vorhandensein einer Zellwand ist für die Pflanzenzelle unerläßlich, da aufgrund des hohen osmotischen Druckes im Zellinneren (Vakuole) pflanzliche Zellen ohne die Existenz dieser festen mechanischen Barriere zerreißen würden. Die mechanischen Eigenschaften der Zellwand sind durch einen Komplex der verschiedenartigsten Polysaccharide bedingt, die z.T. fibrilläre Struktur und z.T. amorphe Struktur (Matrix) aufweisen können. Daneben sind die meist heterogen zusammengesetzten Zellwände mit Polyphenolen wie Lignin oder Tannin, ferner mit Proteinen und Glycoproteinen vermischt.

Im wesentlichen gibt es drei Gruppen von hochpolymeren Kohlenhydraten, die im typischen Fall als Grundsubstanzen pflanzlicher Zellwände angesehen werden können: *Cellulose, Hemicellulosen* und die *Pektine.*

Im hochgeordneten Schichtenbau der Zellwand (Mittellamelle, Primär- und Sekundärwand) liegen diese Polysaccharide in verschiedenartigen Texturen und unterschiedlichen quantitativen Anteilen vor.

Bezüglich der Interaktion und möglicher intermolekularer Bindungstypen gibt es eine Reihe von Modellvorstellungen, bei denen über kovalente- und nichtkovalente Bindungen die große Anzahl der unterschiedlichsten sauren und neutralen Polymere miteinander verknüpft sind. Hiernach scheinen die meisten amorphen Matrixsubstanzen - Hemicellulosen und Pektin - kovalent verknüpft zu sein, wobei besonders die Xyloglucane über Wasserstoffbrücken an die fibrillären Cellulosemoleküle sehr intensiv gebunden sind.

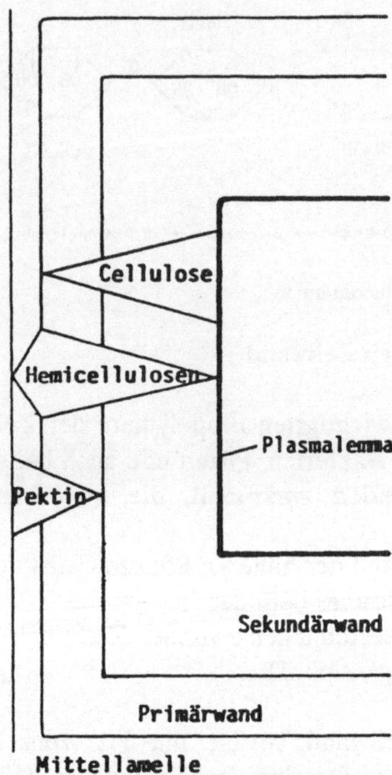

Abb. 8: Schichtenbau der pflanzlichen Zellwand (vereinfacht)

1.5.1 Cellulose

Cellulose, das in der Biosphäre am häufigsten vertretene organische Biopolymer, kommt in pflanzlichen Zellwänden in unterschiedlichen Quantitäten vor - in der Baumwollfaser zu 98%, in der Leinenfaser zu 80%, in der Jutefaser zu 60-70%, in der Holzfaser zu 40-50%. Aufgrund der großen wirtschftlichen Bedeutung der Cellulose wird im Rahmen dieses Buches ein eigenes Kapitel erstellt.

Neben Cellulose können auch nichtcellulosische Glucane Bestandteile von Zellwänden sein. Dies trifft insbesondere auf junge, wachsende Zellwände zu, die häufig Glucane vom gemischten Bindungstyp (ß-1.3/ß-1.4) oder auch reine 1.3-Glucane wie Callose aufweisen. Die Anteile derartiger nichtcellulosischer Glucane sind allerdings in einer ausgewachsenen Zellwand als nicht signifikant anzusehen.

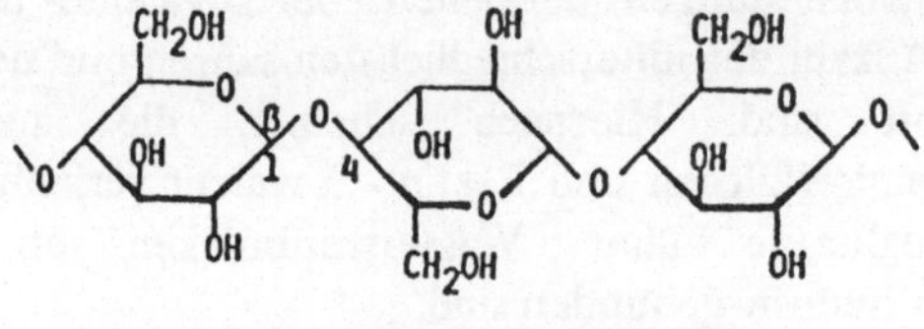

Abb. 9: Ausschnitt aus der Cellulosekette

1.5.2 Hemicellulosen (Polyosen)

Neben der Cellulose befinden sich in den Zellwänden der höheren Pflanzen eine Reihe von Begleitpolysacchariden (Matrix- oder Kittsubstanzen), die unterschiedlich assoziiert mit der Cellulose nachzuweisen sind. Bezüglich ihres molekularen Aufbaus und der übergeordneten Strukturen weisen sie eine artspezifische Vielfalt auf. Klassifizierungen dieser Gruppe werden gewöhnlich nach der chemischen Natur der Hauptzuckerbausteine vorgenommen. Ferner unterscheiden sich diese Polyosen von der Cellulose durch kürzere Molekülketten, durch Seitenketten sowie durch hochgradige Verzweigungen. Die hier auftretenden Zuckerbausteine gehören zu den Hexosen, Pentosen, Hexuronsäuren und zu den Desoxyhexosen. Es gibt Polyosen mit homopolymeren und solche mit heteropolymeren Hauptketten, andere mit gering verzweigten und weitere mit stark verzweigten Molekülen. Als zweckmäßig hat sich eine Einteilung entsprechend den chemischen Bausteinen erwiesen, nach der man *Xylane, Mannane, Galaktane, Glucane* und *Arabinane* unterscheidet.

Ebenso werden die Pektine zu den Polyosen gezählt, insbesondere da es bei der Klassifizierung zu Überschneidungen mit *Galaktanen* und *Arabinanen* kommt.

1.5.3 Xylane

Sie stellen den am häufigsten auftretenden Typ der Hemicellulosen der höheren Pflanzen dar. Sie kommen im Bereich der Zellwand in unterschiedlichen Anteilen zwischen 5-30% vor. Das Rückgrat dieser Polysaccharide besteht aus ß1.4-verknüpften Xylopyranoseresten, die unterschiedlich mit L-Arabinose und D-Galaktose substituiert sein können. Weiterhin kommen ß-1.3-Xylane vor, die insbesondere bei Gräsern den Hauptanteil Hemicellulosefraktion darstellt. Xyloglucane, die eng assoziiert mit cellulosischen Mikrofibrillen auftreten, weisen eine Hauptkette von ß-1.4-verknüpften Glucoseresten auf, die als Seitenketten 1.6-gebundene Xylosereste tragen die weiterhin durch D-Galaktose und L-Fucoseeinheiten verlängert sein können. Es sind hiermit gewisse strukturelle Ähnlichkeiten mit den Amyloiden gegeben.

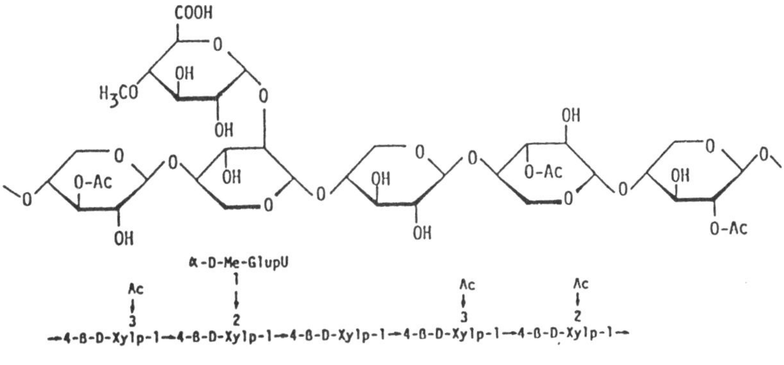

Abb. 10: Ausschnitt aus einem Acetyl-4-0-Methylglucuronoxylan

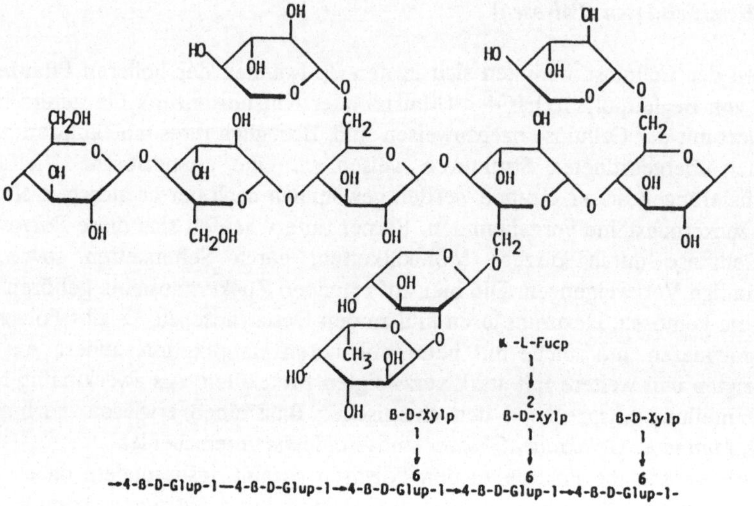

Abb.11: Ausschnitt aus einem Fucoxyloglucan

1.5.4 Galaktane

Eine weitere Gruppe von Polyosen sind die Galaktane, die in unterschiedlichen Anteilen (10-25%) in Zellwänden vor allem der Holzzellen vorkommen. Galaktane sind im allgemeinen stark verzweigt; in der Regel findet sich eine ß-1.3-verknüpfte D-Galaktose-Hauptkette, die Seitenketten aus L-Arabinosyl- oder D-Galaktosylresten aufweist. Als weiterer Zuckeranteil kann auch noch L-Rhamnose in diesen Galaktanen auftreten.

1.5.5 Mannane

Sie liegen in der Regel als Glucomannane vor, die heteropolymere Molekülketten aus ß-1.4-verknüpften Mannose- und Glucoseeinheiten darstellen. An diese Glucomannane sind in vielen Fällen α-1.6-gebundene Galaktoseeinheiten angeknüpft. Ein Teil dieser Galaktomannane ist wasserlöslich, wobei die Löslichkeit vom Acetylierungs- und Verzweigungsgrad abhängt.

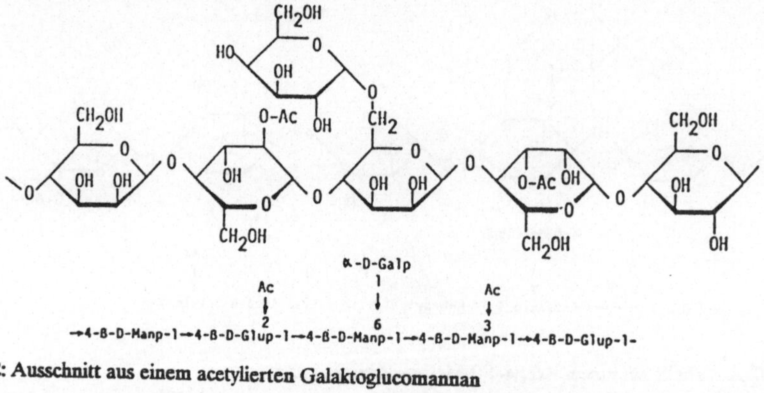

Abb. 12: Ausschnitt aus einem acetylierten Galaktoglucomannan

1.5.6 Pektine

Das gemeinsame Merkmal dieser komplexen Gruppe von Polysacchariden besteht darin, daß sie vorwiegend aus Polygalakturonsäure bestehen. Als *Pektinsäuren* werden unverzweigte Galakturonane vom Bindungstyp α-1.4 bezeichnet. In den den *Pektinen* ist ein hoher Anteil der Carboxylgruppen mit Methanol verestert. Die *Protopektine* sind ubiquitär verbreitete pektinartige Verbindungen, die insbesondere in der Mittellamelle und in den Primärwänden vorkommen.

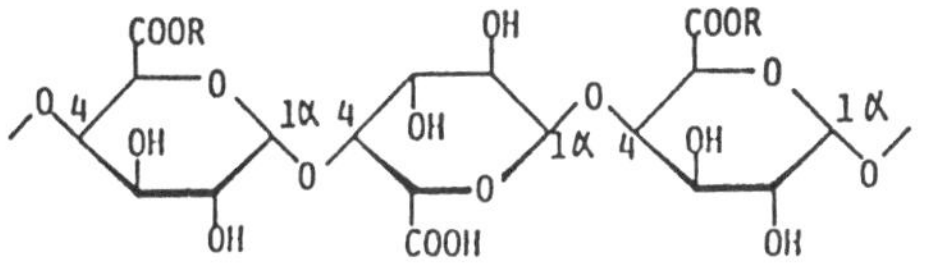

4-α-D-GalUp-1→4-α-D-GalUp-1→4-α-D-GalUp-1→

Abb. 13: Ausschnitt aus der Pektinhauptkette (Pektinsäure)

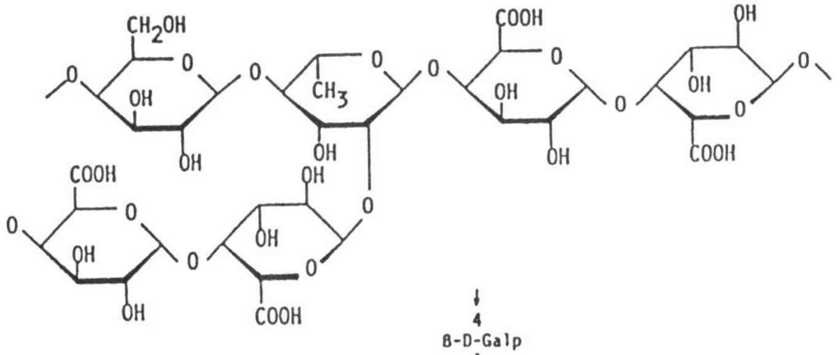

↓
4
β-D-Galp
1
↓
4
4-α-D-GalUp-1→4-α-D-GalUp-1→2-α-L-Rhap-1→4-α-D-GalUp-1→4-α-D-GalUp-

Abb. 14: Ausschnitt aus einem Rhamogalakturonan aus der Pektinfraktion

Hierbei handelt es sich um α-1.4-verknüpfte Galakturonsäuren, mit interkalierenden 1.2-verknüpften Rhamnoseresten. An diese Hauptkette aus Rhamnose und Galakturonsäure sind Seitenketten von α-1.5-glycosidisch gebundenen Arabinofuranoseeinheiten angeknüpft. In manchen Fällen können auch galaktosehaltige Seitenketten vorhanden sein.

1.6 Weitere industriell wichtige Polysaccharide

Von wachsendem Interesse sind heute die biotechnologisch herstellbaren Polysaccharide aus Bakterien, Pilzen und Algen. Diese sind insbesondere von Bedeutung, da man derartige Polymere unter kontrollierten biotechnologischen Bedingungen meist reproduzierbar herstellen kann. Die Biopolymere können im Idealfall aus den Kulturlösungen der Fermenter direkt gewonnen werden und müssen nicht durch komplizierte Aufschlußverfahren aus dem Komplex von Zellwänden oder anderen und biologischen Quellen isoliert werden.

1.6.1 Dextrane

Zu den wichtigsten mikrobiellen Polysacchariden gehören die Dextrane, die von Leuconostoc-Arten mit Saccharose oder Raffinose als Substrat produziert und in die Kulturflüssigkeit abgegeben werden. Bei den Dextranen handelt es sich um hochverzweigte α-1.6-gebundene Glucane, die α-1.4- und α-1.3-Bindungen als Verzweigungen aufweisen. Die genuine Molmasse derartiger Dextrane kann sehr hoch sein. Es sind Werte von mehreren Millionen gemessen worden. Die Viskosität der Lösung steigt mit wachsender Molmasse. Partiell abgebaute Dextrane werden häufig als Blutplasmaersatz oder Plasmaexpander eingesetzt.

1.6.2 Xanthan

Xanthan ist ein hochkomplexes Polymer, das von dem Bakterium Xanthomonas campestris als extrazelluläres Polysaccharid produziert wird. Es handelt sich um ein verzweigtes Heteropolysaccharid, an dessen Hauptkette, einem ß-1.4-D-Glucan, Trisaccharideinheiten gebunden sind. Am Mannoserest der Seitenkette ist Brenztraubensäure gebunden.

1.6.3 Agar

Ein Prototyp für Gelbildner ist das Polysaccharidgemisch Agar. Dieses Produkt wird aus verschiedenen Rotalgen gewonnen und bildet in 1-2% igen Lösungen bei Raumtemperatur stabile Gele. Die Komponente mit der größten Quellungstendenz ist die Agarose. Sie läßt sich von einem weiteren Begleitpolysaccharid, dem *Agaropektin*, aufgrund der Löslichkeitsunterschiede der Acetate trennen.

Agarose ist ein lineares Polysaccharid, das alternierend D-Galaktopyranose- und 4-O-substituierte 3.6-Anhydro-L-Galaktopyranosereste enthält, an die ein relativ geringer Anteil von Sulfatestergruppen gebunden ist. Aufgrund der gelbildenden Eigenschaften wird dieses Polysaccharidgemisch als Träger für die Gelelektrophorese oder als Kulturmedium für Mikroorganismen eingesetzt.

1.6.4 Alginsäure (Alginate)

Bestimmte Braunalgen enthalten in ihren Zellwänden stark saure Polyuronide, die aus homopolymeren Blöcken von ß-1.4-verknüpften D-Mannuronsäure und α-1.4-verknüpften Guluronsäureresten in Blöcken unterschiedlicher Länge aufgebaut sind. Alginsäure liegt im biologischen Material als Calciumsalz vor, die Alkali- und Magnesiumsalze bilden hochviskose Lösungen. Beim Ansäuren fällt die Alginsäure als gelatinöser Niederschlag aus. In der Praxis findet inbesonders das Natriumsalz der Alginsäure Verwendung als Dickungmittel in der Lebensmittelindustrie oder in der Pharmazeutischen Technologie.

Auch hier liegt ein Polysaccharid aus Braunalgen vor, bei dem relativ kurzkettige ß-1.3-Glucanketten mit Mannitol als weiterem Baustein und wenigen ß-1.6-Verzweigungen vorhanden sind.

1.6.5 Gummenpolysaccharide

Hierbei handelt es sich um komplexe Gemische von Heteropolysacchariden einiger Pflanzenarten, die aufgrund eines äußeren mechanischen Reizes oder nach Mikroorganismeninfektionen gebildet werden. Bei Verletzungen scheint eine spontane Bildung dieser Polysaccharide stattzufinden, die sich an der Luft verfestigen und danach technisch gewonnen werden können.

Gummen sind in Wasser unter Bildung viskoser Lösungen oder Gele löslich. Ein typischer Vertreter der Pflanzengummen ist Arabisches Gummi (gummi arabicum), das von verschiedenen tropischen Akazienarten gebildet wird. Es handelt sich hierbei um ein hochverzweigtes Polysaccharid, das als Arabinsäure bezeichnet wird und das aus D-Galactose, L-Arabinose, L-Rhamnose und D-Glucuronsäure aufgebaut ist. Ein weiteres Gummenpolysaccharid stellt *Traganth* dar, das aus einer linearen Kette von 1.4-verknüpfter D-Galakturonsäure mit D-Xylosyl-, L-Fucosyl- und D-Galaktosylresten besteht.

Literatur

Brown RM, (ed) (1982) Cellulose and other Natural Polymer Systems. Plenum Press; New York, London

Kennedy JF, White CA (eds) (1983) Bioactive Carbohydrates; Biology: John Wiley Sons, New York, Brisbane, Chichester, Toronto

Aspinall GO (1985) The Polysaccharides, Vol 1-3, Academic Press; Orlando, San Diego, New York, London, Toronto, Montreal, Sidney, Tokyo

Brett CT, Hillman JR (eds) (1985) Biochemistry of Plant Cell walls; Cambridge University Press, Cambridge, New York, Melbourne, Sidney

Burchard W (ed) (1985) Polysaccharide; Springer Verlag, Berlin, Heidelberg, New York, Tokyo

Yalpani M (ed) (1987) Industrial Polysaccharides: Elsevier;/ Amsterdam, Oxford, New York, Toronto

Kennedy JF (ed)(1988) Carbohydrate Chemistry, Clarendon Press, Oxford

Crescenzi JMC, Dea S, Paoletti SS, Sutherland JW (eds) (1989) Biochemical and Biotechnological Relevances in Industrial Polysaccharides. Gordon and Breach Science Publishers, New York, London, Paris, Montreux, Tokyo, Melbourne

Dey PM, Harborne JB (eds) (1990) Methods in Plant Biochemistry, Vol 2 in: Carbohydrates; Academic Press, London, San Diego, New York, Boston, Sidney, Tokyo, Toronto

2. Isolierung und Analytik von Polysacchariden

W. Blaschek

Das Kapitel befaßt sich mit der Isolierung und Strukturaufklärung von Polysacchariden. Da davon ausgegangen wird, daß der Leser hauptsächlich an grundlegenden Methoden in diesem Arbeitsbereich interessiert ist, soll in diesem Kapitel weiterführende Literatur zu einzelnen Arbeitstechniken und Methoden aufgelistet werden, die entweder direkte Arbeitsvorschriften beinhaltet oder aber Übersichtsartikel darstellt, aus denen spezifische Publikationen entnommen werden können.

Polysaccharide (PS) lassen sich selbstverständlich dann am besten charakterisieren, wenn sie in hochreiner Form isoliert und gelöst vorliegen. Daher erfolgt zunächst die Besprechung der Extraktion von Polysacchariden aus biologischen Materialien und Methoden zur Auftrennung von Polysaccharid-Gemischen, bevor auf die Charakterisierung von Polysacchariden eingegangen wird.

1 Isolierung von Polysacchariden

1.1 Extraktion

Polysaccharide werden meist aus Mikroorganismen sowie pflanzlichen (seltener tierischen) Geweben isoliert. Sie können intrazellulär als Reserve-Polysaccharide vorliegen, Bestandteil von Zellwänden sein oder als extrazelluläre Polysaccharide an Kulturmedien abgeschieden werden. Soweit die Polysaccharide nicht schon in wasserlöslicher Form vorliegen, müssen sie in Lösung gebracht werden. Dies betrifft insbesondere Zellwand-Polysaccharide.

1.1.1 Allgemeine Extraktions-Bedingungen

Allgemeine Extraktions-Bedingungen
Wasser oder Puffer (pH 5-7.5)
niedere Temperaturen (0-4°C)
möglichst kurze Extraktions-Zeiten
Reduktionsmittel (DTT)

Die Polysaccharide sollten unter nicht-degradierenden Bedingungen isoliert werden, was schon bei der Homogenisation von biologischem Material berücksichtigt werden muß. Daher sollten pH-Werte zwischen 5 und 7.5 eingehalten werden, wozu Puffer im neutralen pH-Bereich eingesetzt werden können; Polysaccharid-degradierende

18

Enzyme haben meist pH-Optima von 4-5 (Puffervorschlag z.B. HEPES bei pH von 7.5, wobei HEPES [4-(2-Hydroxyethyl)-1-piperazinethan-sulfonsäure] Polysaccharide stabilisiert und keine Chelate mit Ca^{++} bildet, was besonder bei der Isolierung von Pektinen wichtig ist). Reduktionsmittel wie DTT (Dithiothreitol) oder Mercaptoethanol (z.B. 10mM) verhindern die Oxydation und Quervernetzung von Phenolen. Zumindest langfristig sollten hohe Temperaturen vermieden werden, um thermische Degradation von Polysacchariden zu vermeiden. Ebenso sollten lange Inkubationszeiten in wässrigen Medien unterbleiben, um die Aktivität von Polysaccharid-degradierenden Enzymen herabzusetzen (notfalls Enzym-Inaktivierungsschritte einsetzen). Selbstverständlich müssen bei Polysacchariden, die nicht wasserlöslich sind, andere Extraktionsmittel gewählt werden.

(Aspinall 1982a; Harris 1983; Selvendran et al. 1985; Selvendran et al. 1987; Fry 1988)

1.1.2 Homogenisation

<table>
<tr><td align="center">Homogenisation von Geweben</td></tr>
<tr><td>Mahlen von (gefrier)getrocknetem Gewebe;
direkte Homogenisation (pH, Temp.!) mit:
    Homogenisatoren
    Mörser
    Ultraschall
    Kugelmühlen
    French-Press</td></tr>
</table>

Die Homogenisation von Geweben und Zellen kann durch Mahlen von gefriergetrocknetem Gewebe oder direkte Homogenisation in Puffern bei niederer Temperatur erfolgen. Verwendung finden entsprechende Homogenisatoren (z.B. Ultra-Turrax, OmniMixer, Polytron), Naß-Kugelmühlen, die French-Press, Zermörsern z.B. mit Seesand oder Ultraschall-Behandlung.

(Selvendran et al. 1985; Fry 1988)

1.1.3 Präparation von Zellwänden

Zur Extraktion von spezifischen Zellwand-Polysacchariden empfiehlt sich die vorherige Isolierung möglichst sauberer Zellwand-Präparationen. Dazu wird meist eine Extraktion von homogenisiertem Gewebe mit Puffern und nachfolgend mit 70 % eiskaltem ETOH durchgeführt, wodurch niedermolekulare Stoffe (Zucker, Aminosäuren, organische Säuren, anorg. Salze usw.) entfernt werden. Die Waschschritte erfolgen durch Zentrifugation bei nicht zu hohen Drehzahlen (z.B. ca. 2000 g, 10 min). Der sogenannte AIR (alcohol-insoluble residue) enthält die Zellwand-Polymere, daneben aber auch noch Kontaminationen mit Proteinen, Nucleinsäuren und evtl. Stärke. Alternativ können Gewebe auch mit Puffer und Wasser extrahiert werden, um dann zur Entfettung des Zellwandmaterials

Waschschritte mit CHCl$_3$/MeOH (1:1) und Aceton anzuschließen.
(Aspinall 1982a; Harris 1983; Selvendran et al. 1985; Selvendran et al. 1987; Fry 1988)

<table>
<tr><td colspan="1" align="center">Zellwand-Isolierung</td></tr>
</table>

Zellwand-Isolierung
- Gewebe in 70 % EtOH (Endkonz.) homogenisieren - bei 0°C mehrere Stunden rühren - AIR (alkohol insoluble residue) durch   Zentrifugation / Filtration ernten

- Gewebe in Puffer (pH 6.0) homogenisieren
- Zellwand-Material wiederholt mit
   Puffer
   H$_2$O
   CHCl$_3$ / MeOH (1 : 1)
   Aceton
   durch Zentrifugation / Filtration waschen

1.1.4 Kontamination mit Stärke

Stärke-Kontaminationen, die insbesondere bei pflanzlichen Geweben häufig sind, werden aus AIR meist durch Amylase-Behandlung oder DMSO-Extraktion entfernt.

Entfernung von Stärke

Wiederholte Durchführung einer
   - Amylase-Behandlung
   - DMSO-Extraktion (90%, 25°C, 12h)

Bei der Amylase-Behandlung ist darauf zu achten, daß die verwendeten Amylasen frei von Fremd-Aktivitäten (z.B. ß-Glucanase-Aktivitäten) sind. Bei starker Stärke-Kontamination ist die Amylase-Behandlung wiederholt notwendig und damit zeitaufwendig. Bei längerer Inkubation muß unbedingt eine Kontamination mit Mikroorganismen verhindert werden. (Olaitan u. Northcote 1962; Fry 1985)
Die DMSO-Extraktion erfolgt z.B. durch 12-stündiges Rühren in 90 % DMSO bei 25°C, wobei Stärke in Lösung geht; die DMSO-Entfernung erfolgt dann durch Waschschritte mit 70 % EtOH. DMSO-lösliche Polysaccharide gehen bei dieser Methode natürlich verloren. (Aspinall 1982a; Selvendran et al. 1985; Fry 1988)

1.1.5 Kontamination mit Proteinen

Protein-Kontaminationen können aus AIR entfernt werden durch Protease-Behandlung (Hinweise siehe Amylase-Behandlung) oder Extraktion mit PAW =

Phenol/Eisessig/Wasser (2:1:1, w/v/v) z.B. durch wiederholtes 2-stündiges Rühren bei 25°C, wonach die Entfernung von PAW mit 70 % ETOH erfolgt. Bei wasserlöslichen Polysaccharid- / Protein-Gemischen kann das Protein durch Hitze-Denaturierung, TCA- oder Ammoniumsulfat-Fällung abgetrennt werden.
(Selvendran et al. 1985; Fry 1988)

<table>
<tr><td align="center">Entfernung von Protein</td></tr>
<tr><td>

- Hitze-Denaturierung
- TCA-Fällung (10-20 %)
- $(NH_4)_2SO_4$-Fällung
- Protease-Behandlung
- PAW-Extraktion mit Phenol/Eisessig/Wasser
   (2:2:1; v/v); 2-12 h; 25°C

</td></tr>
</table>

1.1.6 *Extraktionsmittel*

Soweit Polysaccharide nicht per se in Wasser löslich sind, müssen sie mit Hilfe geeigneter Extraktionsmittel für weitere Isolierungs- und Charakterisierungsschritte in Lösung gebracht werden.

<table>
<tr><td align="center" colspan="2">Extraktionsmittel</td></tr>
<tr><td>H_2O, Puffer:</td><td>wasserlösl. Polysacch.</td></tr>
<tr><td>DMSO:</td><td>Stärke</td></tr>
<tr><td>EDTA, EGTA, CDTA:</td><td>Pektine</td></tr>
<tr><td>NaOH, KOH:</td><td>Hemicellulosen</td></tr>
<tr><td>MMNO:</td><td>Hemicellulosen, Cellulose</td></tr>
<tr><td>Cadoxen</td><td>Cellulose</td></tr>
</table>

DMSO löst Stärke und wenige, meist stark acetylierte Polysaccharide. (Bouveng u. Lindberg 1965; Selvendran et al. 1985).

Chelatoren wie EDTA, EGTA oder CDTA (Diaminocyclohexan-tetraacetat) in einer Konzentration von z.B. 10-50 mM binden Ca^{++} und lösen dadurch bevorzugt viele, aber durchaus nicht alle Pektine. (Jarvis 1982; Fry 1988).

Alkali wie NaOH oder KOH werden oft zur sequentiellen Extraktion bei steigender Alkali-Konzentration (0.01-4M) eingesetzt. Sie hydrolysieren jedoch esterartig gebundene Substituenten und können Eliminations-Reaktionen und "peeling" in Gegenwart von O_2 verursachen. Sie werden daher oft unter N_2-Atmosphäre oder zusammen mit Reduktionsmitteln (z.B. 0.1-0.5% $NaBH_4$) eingesetzt. (Thornber u. Northcote 1962; Whistler u. Feather 1965; Carpita 1984; Fry 1988)

MMNO (Methyl-Morpholino-N-Oxid) / H_2O-Mischungen (z.B. 1:1, mol/mol) lösen neutrale Polysaccharide wie Hemicellulosen und selbst Cellulose, während saure

Polysaccharide schlecht gelöst werden. MMNO / Wasser-Mischungen werden meist bei Temperaturen zwischen 80 und 120°C eingesetzt. Zur Lösung von Cellulose werden Mischungen mit verringertem H_2O-Gehalt verwendet. Die Anwendung kann zu Strangbrüchen in den Polysacchariden und damit zu Molekulargewichts-Minderung führen. (Joseleau et al. 1980; Chanzy et al. 1982)

Cadoxen (1.2-Diaminoethan:H_2O:CdO_2; 31:72:10; v/v/w) löst Cellulose; entsprechende Lösungen werden auch zur Molekulargewichts-Bestimmung von Cellulosen eingesetzt. (Brett 1981; Hon u. Srinivasan 1983)

1.1.7 Entfernung von niedermolekularen Verbindungen

Entfernung von niedermolekularen Verbindungen
Dialyse Diafiltration Tangentialfluß-Filtration EtOH-Fällung Chromatographie mit Sephadex G-25

Extraktionsmittel (Salze) und häufig auch andere niedermolekulare Verbindungen müssen nach der Extraktion entfernt werden. Dazu stehen eine Reihe von Methoden zur Verfügung (Binkley 1965; Jones u. Stoodley 1965; Fry 1988).

Für die Dialyse sind Dialyse-Schläuche mit verschiedenem MWCO (molecular weight cut off) von 1 000 bis 10 000 d erhältlich. Es ist zu beachten, daß die von den Herstellern angegebenen MWCO-Werte für globuläre Moleküle gelten, während Polysaccharide häufig stäbchenförmig sind. Die Dialyse funktioniert schlecht für Detergentien. Auf Vermeidung mikrobiellen Wachstums ist zu achten z.B. durch niedere Temperatur oder/und Zugabe von 0.05% Chlorbutol (Vorteil: Chlorbutol ist flüchtig und kann leicht entfernt werden).

Für die Tangentialfluß-Filtration sind Membranen mit unterschiedlichem MWCO bis zu 300 000 d erhältlich. Tangentialfluß-Filtration ist eine sehr rasche, effektive Methode, die auch zur Aufarbeitung größerer Substanzmengen gut geeignet ist.

Eine Fällung mit Äthanol erfolgt meist in einer Endkonzentration von ca. 80% (+ 0.2% Ammoniumformiat) bei niederen Temperaturen. EtOH-Fällung kann auch als sequentielle Fällung durch stufenweise Erhöhung der EtOH-Konzentration zur Auftrennung von Polysaccharid-Gemischen eingesetzt werden. Einige Polysaccharide (z.B. neutrale Arabinane) fallen schlecht aus. Es ist zu beachten, daß die Löslichkeit von Polysacchariden nach Fällung stark verschlechtert sein kann.

TCA (10-20 %, niedere Temperaturen) fällt zwar keine Polysaccharide, sondern Proteine und Glycoproteine; TCA-Fällung wird aber hier dennoch erwähnt, weil sie z.B. zur Entfernung von Enzymen nach Amylase-/ Protease-Behandlung eingesetzt werden kann.

Gelpermeations-Chromatographie (GPC) mit Sephadex G-25 stellt eine rasche Methode zur Entfernung von Molekülen mit einem MG < 3 000 d dar. Die Methode ist einfach; es ist keine Pumpe notwendig, da bei diesem Gelmaterial die Schwerkraft ausreichend ist. Als hoch-/niedermolekulare Marker können 0.2% Dextran-Blau / 0.5% $CoCl_2$ verwendet werden. Bei geringen Substanzmengen besteht allerdings die Gefahr von Verlusten durch unspezifische Adsorption.

1.2 Aufbewahrung von Polysacchariden

Zur Aufbewahrung von Polysacchariden über längere Zeiträume ist Gefriertrocknung der Proben, Fällung und Trocknung der Polysaccharide oder wenigstens Einfrieren von Polysaccharid-Lösungen empfehlenswert. Die Löslichkeit gefriergetrockneter oder gefällter Polysaccharide kann schlecht sein. Abhilfe schaffen kann (Pittet 1965; Fry 1988):
- Zugabe von Salzen (z.B. 0.1 % NaCl)
- Zugabe von 0.2 M EDTA, pH 6.5 und/oder 0.2 M Imidazol-HCl, pH 7
- Zugabe von 0.1 M NaOH + 0.1 % $NaBH_4$
- kurzes Erwärmen (Vorsicht bei temperatur-empfindlichen Polysacchariden)
- Ultraschall-Behandlung (auf Temperatur achten)
- bei Pektinen, Gummen oder Schleimen eine Suspension
    in wenig EtOH herstellen, die langsam in stark gerührtes
    Wasser gegossen wird (verhindert Klumpenbildung)

1.3 Auftrennung von Polysaccharid-Gemischen

Die Auftrennung von Polysaccharid-Gemischen erfolgt meist auf der Basis von Unterschieden in der Molekülgröße und/oder der Ladung der Einzelpolymere. Damit bieten sich hier die GPC (gel permeation chromatography) und die IEC (ion exchange chromatography) als Trenntechniken an. Werden beide Methoden sequentiell angewendet, muß von Fall zu Fall entschieden werden, in welcher Reihenfolge sie sinnvoll eingesetzt werden. Bezüglich der GPC muß daran erinnert werden, daß Polysaccharide nicht wie Proteine ein distinktes MG aufweisen, sondern von Natur aus polydispers sind, was die Trennprobleme erschweren kann. Die negative Ladung von Polysacchariden ist meist durch Carboxyl- und Sulfat-Gruppen verursacht. Das Ladungs/Masse-Verhältnis eines Polysaccharids ist pH-abhängig, was bei der IEC beachtet werden muß. Durch IEC lassen sich neutrale Polysaccharide gut von geladenen Polysacchariden trennen. Aufgrund von Ladungsunterschieden lassen sich aber auch geladene Polysaccharide häufig (nicht immer) gut voneinander trennen.

1.3.1 Gelpermeations-Chromatographie (GPC)

Für die GPC werden häufig Sephadex, Sepharose oder Biogel P bzw. Biogel A verwendet, wobei diese Trenngele in entsprechende Säulen gepackt werden. Die Auswahl der Gele richtet sich nach dem gewünschten Trennbereich. Die nachfolgende Tabelle gibt die Trennbereiche einiger Gele für lineare Dextrane an.

Trennbereiche einiger GPC-Gele für lineare Dextrane		
Sephadex G-25:	200 -	5 000 d
Sephadex G-50:	500 -	10 000 d
Sephadex G-75:	1 000 -	50 000 d
Sephadex G-100:	1 000 -	100 000 d
Sephadex G-200:	1 000 -	200 000 d
Sepharose CL6B:	10 000 -	1 000 000 d
Sepharose CL4B:	30 000 -	5 000 000 d
Sepharose CL2B:	100 000 -	20 000 000 d

Hochmolekulare Polysaccharide eluieren vor niedermolekularen Polysacchariden, wobei eine Beziehung zwischen Molekulargewicht und Elutionsvolumen besteht. Globuläre Moleküle eluieren später als stäbchenförmige. Die Säulen sollten für gute Trennungen lang und von kleinem Durchmesser sein (z.B. 50x2 cm). Das Auftragsvolumen sollte 4% des Gelbettvolumens nicht überschreiten. Die Probenkonzentration sollte unter 1% liegen. Unspezifische Adsorption (verursacht durch wenige geladene Gruppen im Gel) kann durch Salzzugabe vermieden werden (z.B. Pyridin/Eisessig/Wasser; 1:1:23, pH 4.5; da flüchtig, leichte Entfernung möglich). Detektion kann erfolgen durch photometrische Zuckertests (z.B. Anthron) in den einzelnen Fraktionen oder durch RI-Detektion. Genaue praktische Hinweise zum Umgang mit den Gelen sind von den entsprechenden Firmen erhältlich. Es sind auch fertig gepackte Säulen (z.B. mit dem Trenngel Superose) für die FPLC erhältlich, die wesentlich kürzere Trennzeiten bedingen.

(Lee u. Montgomery 1965; Cooper 1981; Aspinall 1982; John et al. 1982; Zweig et al. 1982; Fry 1988; Lecacheux 1988; Sherma u. Shirley 1991; Pharmacia Firmenschrift)

1.3.2 Ionenaustausch-Chromatographie (IEC)

Gelmaterialien für die Anionenaustausch-Chromatographie sind z.B. DEAE-, QAE, CM-, SP-Sephadex oder DEAE-, CM-Sepharose oder MonoQ-Fertigsäulen für die FPLC. Saure Polymere binden an das Gel, neutrale und positiv geladene Polymere werden nicht zurückgehalten. Die Elution gebundener Polysaccharide erfolgt durch Salze (deren Anion; z.B. HCO_3^- bei NH_4HCO_3; Cl^- bei NaCl) oder Laugen (OH^- bei NaOH). Bei allmählicher steigender Salz- oder Laugenkonzentration (kontinuierliche Gradienten) eluieren schwach geladene Polysaccharide vor stark geladenen. Ergebnisse aus der kontinuierlichen Gradientenelution können auf eine leichter in größerem Maßstab durchführbare Stufengradientenelution übertragen werden. Bei der Auswahl der Gele muß das Molekulargewicht der zu trennenden Polysaccharide berücksichtigt werden: liegt das Molekulargewicht einiger Polysaccharide über der Ausschlußgrenze des Gels, sinkt die Bindungskapazität des Gels und es kommt zur Überlagerung von GPC-Trenneffekten. Der pH und die Ionenstärke (ca. 10 mM) der Probenlösung müssen beachtet werden. Das Probenvolumen kann das Volumen des Gelbetts weit übersteigen, solange die

Bindungskapazität der Säule nicht überschritten wird. Die Detektion erfolgt durch photometrische Zuckertests (z.B. Anthron); RI-Detektion ist wegen der Salzgradienten nicht möglich.

(Cooper 1981; Aspinall 1982a; Zweig et al. 1982; Fry 1988; Sherma u. Shirley 1991)

1.3.3 Differentielle Fällungen

<table>
<tr><td colspan="3" align="center">Differentielle Fällungen</td></tr>
<tr><td>EtOH (10-80 %):</td><td>für viele PS;</td><td></td></tr>
<tr><td></td><td>z.B. Xylane</td><td>mit 20 % EtOH</td></tr>
<tr><td></td><td>Xyloglucane</td><td>mit 50 % EtOH</td></tr>
<tr><td></td><td>Arabinane</td><td>mit 90 % EtOH</td></tr>
<tr><td>CTAB (1 %):</td><td>für saure PS</td><td></td></tr>
<tr><td>$Ba(OH)_2$:</td><td>für Mannane, Xylane</td><td></td></tr>
<tr><td>Kupfer-Salze:</td><td>für saure PS, Mannane, Xylane</td><td></td></tr>
<tr><td>Ca^{++}-Salze:</td><td>für Pektine</td><td></td></tr>
<tr><td>pH-Änderung:</td><td>für Hemicellulosen</td><td></td></tr>
</table>

Eine differentielle Fällung von Polysacchariden kann zur Auftrennung von Polysaccharid-Gemischen genutzt werden (Fry 1988):

EtOH kann, wie schon erwähnt, Polysaccharide fraktioniert fällen; gefällte Polysaccharide werden vor jeder weiteren EtOH-Zugabe durch Zentrifugation entfernt (Whistler u. Sannella 1965).

Saure Polysaccharide können mit kationischen Detergentien wie CTAB (Cethyl-trimethyl-ammonium-bromid; 1% Endkonzentration + 10 mM Na_2SO_4) unlösliche Komplexe bilden. Nach Fällung können die sauren Polysaccharide durch Zugabe steigender Konzentrationen an Na_2SO_4 sequentiell gelöst werden, so daß eine Trennung verschiedener saurer Polysaccharide ermöglicht wird. CTAB wird durch EtOH-Fällung der Polysaccharide entfernt (Scott 1965).

$(NH_4)_2SO_4$ fällt wie TCA Proteine, aber keine Polysaccharide. Eine Ausnahme von dieser Regel stellen ß-1.3/1.4-Glucane, einige saure Pektine und einige Gluco- und Galaktomannane dar, die bei hohen Ammoniumsulfat-Konzentrationen fallen können (Fry 1988).

$Ba(OH)_2$ fällt Mannane und einige Xylane (Meier 1965).

Kupfer-Salze (Fehling's Lösung) fällen einige saure Polysaccharide sowie einige Mannane und Xylane (Jones u. Stoodley 1965; Aspinall et al. 1969).

Calcium-Salze können zur Fällung oder Gelbildung stark saurer Pektine führen, wobei die Quervernetzung durch Ca^{++}-Brücken eine Rolle spielt (Pittet 1965).

pH-Änderung kann Polysaccharide durch Veränderung der Löslichkeit ausfällen; z.B. werden bei der Neutralisation von NaOH-Extrakten aus pflanzlichen Zellwand-Präparationen die sogenannten "Hemicellulosen A" gefällt, während die "Hemicellulosen B" in Lösung bleiben (Whistler u. Feather 1965).

2 Charakterisierung von Polysacchariden

2.1 Bestimmung des Molekulargewichts

<table>
<tr><td colspan="1" align="center">Molekulargewichtsbestimmung von Polysacchariden</td></tr>
<tr><td>GPC: Messung des hydrodynamischen Volumens; $V_e \sim MG$
Viskositätsmessung: $\eta \sim MG$
Reduktion mit $NaBH_4$ (NaB^3H_4); Hydrolyse; Chromatographie:
    [Alditol] : [Monosaccharide] $\sim MG$</td></tr>
</table>

Die Bestimmung des Molekulargewichts von Polysacchariden erfolgt meist durch GPC mit entsprechenden Eichsubstanzen (z.B. Protein-Eichkits, Dextran-Eichkits, Pullulan-Eichkits). Polysaccharide sind als Eichsubstanzen vorzuziehen. Bei richtiger Gelwahl ist in einem gewissen Bereich das Elutionsvolumen V_e dem Molekulargewicht proportional. Es ist darauf hinzuweisen, daß nicht das tatsächliche Molekulargewicht, sondern vielmehr das hydrodynamische Volumen der Polysaccharide bei der GPC gemessen wird. Dieses hängt in starkem Maße z.B. von der Konformation und der Ladung eines Polysaccharids ab. Eine weitere Unsicherheit erwächst aus der Tatsache, daß die untersuchten Polysaccharide häufig den Eichsubstanzen strukturell bestenfalls ähnlich sind. (Churms 1970; Whistler u. Anisuzzaman 1980; Cooper 1981; Aspinall 1982a; Zweig et al. 1982; Sherma u. Shirley 1991)

Durch Viskositätsmessungen kann das Molekulargewicht von Polysacchariden ebenfalls bestimmt werden, wenn entsprechende Korrelationsfaktoren bekannt sind. Die Viskosität hängt dann vom Molekulargewicht des Polysaccharids ab. Diese Methode wird z.B. für Molekulargewichts-Bestimmungen von Cellulose eingesetzt, nachdem die Cellulose in Cadoxen gelöst wurde oder durch Nitrierung zu Cellulose-Nitrat in ein Aceton-lösliches Derivat überführt wurde. (Blaschek et al. 1982; Hon u. Srinivasan 1983)

Durch Reduktion von Polysacchariden (und Oligosacchariden) mit $NaBH_4$ kann ebenfalls das Molekulargewicht zumindest nicht zu großer Polysaccharide ermittelt werden. Am terminalen Ende wird dadurch der Zuckerrest in das entsprechende Alditol überführt. Nach Hydrolyse und chromatographischer Bestimmung des Monosaccharid / Alditol-Verhältnisses läßt sich das Molekulargewicht der Polysaccharide berechnen. Die Methode kann durch Verwendung von radioaktivem NaB^3H_4 empfindlicher gestaltet werden. (Fry 1988)

2.2 Allgemeine Nachweisreaktionen

Die Überprüfung des Erfolgs von Reinigungs- und Isolierungs-Schritten macht die Anwendung einiger rasch durchzuführender Nachweisreaktionen von Polysaccharid-Bestandteilen und begleitenden Kontaminationen erforderlich. Häufig angewendet sind folgende Methoden:

- Anthron-Test: mit Anthron in H_2SO_4; Messung von A_{620}; Hexosen blau,
andere Zucker grünlich; zum Nachweis freier
und Polysaccharid-gebundener Hexosen (Dische 1962)
- Orcinol-Test: mit Orcinol in EtOH und $FeCl_3$ in HCl; Messung von A_{665};
Pentosen grün bis blau; zum Nachweis freier
und Polysaccharid-gebundener Pentosen (Dische 1962)
- Phenol/H_2SO_4-Test: mit Phenol und H_2SO_4; Messung von A_{485};
zum Nachweis aller freien oder Polysaccharid-gebundenen Zucker
(Polysaccharide löslich oder unlöslich) (Dubois et al. 1956)
- Biphenylol-Test: mit Hydroxybiphenylol in NaOH und Borax in H_2SO_4;
Messung von A_{520}; Uronsäuren rot-rotblau; zum Nachweis freier
und Polysaccharid-gebundener Uronsäuren
(Blumenkrantz u. Asboe-Hansen 1973)
- Cystein/H_2SO_4-Test: mit Cystein-HCl in H_2O und H_2SO_4;
Messung von A_{380}, A_{396}, A_{427}; zum Nachweis freier
und Polysaccharid-gebundener 6-desoxy-Hexosen (Dische 1962)
- PAHBAH-Test: mit p-Hydroxy-Benzoesäure-Hydrazid in HCl und NaOH;
Messung von A_{410}; zum Nachweis reduzierender Zucker (Lever 1972)
- Updegraff-Test: mit $HOAc/H_2O/HNO_3$ (8:2:1) Hydrolyse aller
nicht-cellulosischen Polysaccharide; deren Entfernung durch
Zentrifugation; anschließend H_2SO_4-Inkubation und Anthron-Test;
zum Nachweis von Cellulose (Updegraff 1969)
- Coomassie-Test: mit Coomassie Brilliant Blue in H_3PO_4; Messung bei A_{595}
und A_{465}; zum Nachweis löslicher Proteine (Read u. Northcote 1981)
- Lowry-Test: mit $CuSO_4$/Na-K-tartrat in Na_2CO_3
und Folin/Ciocalteu's Reagenz;
meist nach vorhergehender TCA-Fällung der Proteine,
um störende phenolische Substanzen zu entfernen;
gefälltes Protein in NaOH gelöst; Messung von A_{750};
zum Nachweis löslicher oder gefällter Proteine (Layne 1967)

2.3 Hydrolyse von Polysacchariden

Ist ein Polysaccharid bis zur Homogenität aufgereinigt, wird zunächst die qualitative und quantitative Zuckerzusammensetzung dieses Polysaccharids interessieren. Dies erfordert die Hydrolyse des Polysaccharids und die anschließende chromatographische Auftrennung der Monosaccharide.

2.3.1 Säure-Hydrolyse

Zur Hydrolyse von Polysacchariden werden meist anorganische Säuren in unterschiedlicher Konzentration bei verschiedenen Temperatur/Zeit-Kombinationen eingesetzt. Hierbei ist zu berücksichtigen, daß je nach Polysaccharid-Struktur die Hydrolysebedingungen so gewählt werden, daß möglichst alle glycosidischen Bindungen gespalten werden, die freigesetzten Monosaccharide aber in der heißen

Säure stabil bleiben; hier müssen häufig Kompromisse eingegangen werden. Auftretende Verluste durch säurelabile Zucker bzw. Verluste an Oligosacchariden durch unvollständige Hydrolyse der glycosidischen Bindungen (z.B. bei sauren Polysacchariden häufig) müssen bei quantitativen Berechnungen der Monosaccharid-Zusammensetzung eines Polysaccharids berücksichtigt werden; hier empfiehlt sich die probeweise Hydrolyse von bekannten Monosaccharid-Gemischen und die Verwendung interner Standards.

(Adams 1965; Aspinall 1976; Aspinall 1982b; Fry 1988; Biermann u. McGinnis 1989)

Säure-Hydrolyse	
Furanosen > Pyranosen Pentosen > Hexosen α-glcosidische > ß-glycosidische Bindung 1.4- > 1.3- > 1.2- > 1.6-gebundene Zucker	
PS-Zusammensetzung	Hydrolyse-Bedingungen
Api_f, KDO_f	0.1 M TFA, 50°C, 24 h
Ara_f	0.1 M TFA, 100°C, 1h
Fuc_p, Rha_p	1 M TFA, 100°C
Frc_f	2 % Oxalsäure, 80°C, 30 min; 2 M TFA, 60°C, 30 min
Glc_p, Gal_p, Man_p, Ara_p, Xyl_p	2 M TFA, 120°C, 1 h; 4 % H_2SO_4, 120°C, 1 h
$Gal_p A$, $Glc_p A$	2 M TFA, 120°C, 1 h; 70-90 % Ameisensre, 100°C, 4-24 h + 2 M TFA, 100°C, 1 h
$Glc_p NAc$, $Gal_p NAc$	2 M TFA, 120°C, 1h; 0.5-6 N HCl, 100°C, 1h
$Glc_p N$, $Gal_p N$	2 M TFA, 120°C, 1 h; 4 M HCl, 100°C, 9 h
Cellulose	72 % H_2SO_4, 25°C, 1 h + 4% H_2SO_4, 120°C, 1 h

Die gebräuchlichsten Hydrolysebedingungen für Polysaccharide, welche bevorzugt die aufgezählten Monosaccharid-Komponenten enthalten, sind:
- sehr hydrolyselabil sind Api_f und KDO_p;
  Hydrolysebedingungen: z.B. 0.1 M TFA, 50°C
  (TFA ist flüchtig und daher leicht zu entfernen)
- sehr hydrolyselabil sind Furanosen (Frc);
  Hydrolysebedingungen: 2 % Oxalsäure, 80°C, 30 min;
  Entfernung der Oxalsäure durch Fällung als Ca-Oxalat
  nach Zugabe von Ca-Acetat

- hydrolyselabil sind 6-desoxy-Hexosen (Fuc_p, Rha_p);
    Hydrolysebedingungen: 1 M TFA, 100°C, 1 h
- eine Standard-Hydrolyse für viele Polysaccharide (mit hohem Gehalt an
    Ara_p, Xyl_p, Man_p, Gal_p, Glc_p, Glc_pNAc, Gal_pNAc): 2 M TFA, 120°C, 1 h;
    funktioniert nicht für Chitin/Cellulose (Kristallinität!);
    Deacetylierung von GlcNAc und GalNAc resultiert in
    unvollständiger Hydrolyse, weshalb die Hydrolyse
    nach Re-Acetylierung wiederholt werden kann
- hydrolysestabil sind $GalA_p$, $GlcA_p$, $GalN_p$, $GlcN_p$;
    Hydrolysebedingungen: 2 M TFA, 120°C, 1 h
    (führt jedoch zu unvollständiger Hydrolyse);
    härtere Bedingungen führen z.B. zu Decarboxylierungen von Uronsäuren;
    entstehende Aldobiuronsäuren [z.B. UA(1-x)Hex]
    sind ebenfalls sehr hydrolysestabil; andere Hydrolysebedingungen
    für UA-haltige Polysaccharide: 70-90 % Ameisensäure, 100°C, 4-24h
    (UA relativ stabil) und anschließende Hydrolyse mit 2 M TFA, 100°C, 1h
    (jedoch ebenfalls unvollständige Hydrolyse)
- sehr hydrolysestabil sind kristalline Polysaccharide (z.B. Cellulose);
    Hydrolysebedingungen: 72 % H_2SO_4, 25°C, 1h
    zum Schwellen der Mikrofibrillen;
    anschließend H_2SO_4 auf 3-4% verdünnen, 120°C, 1h;
    Entfernung von H_2SO_4 durch Fällung als $BaSO_4$
    durch Zugabe von $Ba(OH)_2$ und $BaCO_3$

2.3.2 *Partialhydrolyse*

Durch unterschiedliche, sequentiell angewandte Hydrolysebedingungen, also Partialhydrolysen, können an einem Polysaccharid gezielt bestimmte Zuckerreste abgespalten werden oder das Polysaccharid kann in Bruchstücke zerlegt werden. Diese werden dann isoliert und weiter charakterisiert. In einer Art Puzzle-Spiel können so gute Hinweise auf die Struktur eines Polysaccharids erhalten werden. (Adams 1965; Painter 1965; Wolfrom u. Franks 1965; Aspinall 1982b; Fry 1988)

2.3.3 *Acetolyse*

Acetolyse
1.6- > > 1.2-/1.3-/1.4-gebundene Zucker;   Rha und Fuc wenig degradiert
- Behandlung mit Ac_2O / 4 % H_2O_4, 25°C, 1-10 d   ergibt peracetylierte Mono- und Oligosaccharide   - direkte chromatographische Trennung oder   Trennung nach De-Acetylierung

Acetolyse kann die Säurehydrolyse ergänzen. Bei der Säurehydrolyse sind z.B. 1,4- oder 1,3-Bindungen hydrolyselabiler als 1,6-Bindungen. Bei der Acetolyse dagegen sind 1,6-Bindungen die hydrolyselabilsten Bindungen. 6-desoxy-Zucker (Rha, Fuc) werden bei der Acetolyse nur relativ schwach degradiert. Die Acetolyse kann zur (mehr oder weniger) gezielten Partialhydrolyse von Polysacchariden eingesetzt werden. Zur Durchführung der Acetolyse können Polysaccharide beispielsweise wie folgt behandelt werden. Das Polysaccharid wird in Acetanhydrid/4% H_2SO_4 bei 25°C 1-10 d zur Hydrolyse inkubiert. Die Reaktion wird mit Wasser gestoppt und der pH mit $NaHCO_3$ auf einen Wert von 3-4 gebracht. Entstandene Glycosyl-Acetate werden mit $CHCl_3$ ausgeschüttelt. De-Acetylierung kann mit 0.1 M methanolischem Ba-Methoxid erfolgen; $Ba(OMe)_2$ wird anschließend mit CO_2 entfernt. Die entstandenen Mono- und Oligosaccharide lassen sich dann chromatographisch auftrennen und näher charakterisieren. Die genauen Acetolyse-Bedingungen sind auf das jeweilige Polysaccharid abzustimmen.

(Aspinall 1976; Lindberg et al. 1975; Aspinall 1982b; Fry 1988; Biermann u. McGinnis 1989)

2.4 Trennung von Mono- und Oligosacchariden

2.4.1 PC und TLC

<table>
<tr><td align="center">PC</td></tr>
<tr><td>

Papier: Whatman Nr.1 (analytisch) oder Nr.3 MM (semipräp.)

Mobile Phase (Laufzeiten 10-24 h):
  Ethylacetat / Pyridin / Wasser   10:4:3 od. 8:2:1
  Butanol / Pyridin / Wasser   6:4:3 od. 4:3:4
  Ethylacetat / Eisessig / Pyridin / Wasser   10:3:3:2
  Ethylacetat / Eisessig / Wasser   10:5:6
  Butanol / Ethylacetat / Wasser   12:3:5

Detektion (0.5-1 µg):
  Silbernitrat / NaOH; p-Anisidin / Phthalsäure

</td></tr>
</table>

Die Auftrennung der in den Hydrolysaten vorliegenden Monosaccharide kann durch PC oder TLC erfolgen. Für beide Chromatographie-Arten sind zahlreiche Fließmittel und Detektions-Systeme beschrieben (einige typische sind in den Tabellen aufgeführt); daher kann hier nur auf entsprechende zusammenfassende Literatur verwiesen werden.

PC hat den Vorteil, daß ohne Derivatisierung der Monosaccharide gute Auftrennungen auch komplexer Monosaccharid-Mischungen gelingen, die Methode einfach, rasch, billig, sensitiv und mit zahlreichen Proben simultan durchgeführt werden kann und die Methode sich gut zur Analyse radioaktiv markierter Zucker eignet. Zur selektiven Detektion unterschiedlicher Zucker stehen verschiedene

Sprühreagenzien zur Verfügung. Für die TLC werden meist Cellulose- oder Silica-Gel-Platten eingesetzt. Was die Vielzahl an beschriebenen Fließmittel- und Detektionssystemen anbelangt, gilt das bei der PC Gesagte.

(Smith 1960; Hais u. Macek 1963; Stahl 1967; Wing 1972; Zweig et al. 1982; Touchstone u. Dobbins 1983; Fry 1988; Jork et al. 1989; Sherma u. Shirley 1991)

<table>
<tr><td colspan="2" align="center">TLC</td></tr>
<tr><td colspan="2">

stationäre Phase: Cellulose (Silica-Gel)

Mobile Phase (Laufzeiten 1-7 h):

</td></tr>
</table>

Butanol / Ethylacetat / Wasser	3:1:1
+ Ethylacetat / Pyridin / Wasser	10:4:3
Ethylacetat / Pyridin / Wasser	20:7:5
Ethylacetat / Pyridin / Eisessig / Wasser	6:3:3:1
Ameisensäure / Butanon / Butanol / Wasser	6:3:3:1
Acetonitril / Wasser	70:20

Detektion (0.5-1 μg):
Silbernitrat / NaOH; Diphenylamin / Anilin;
Vanadiumpentoxid / H_2SO_4; H_2SO_4 / Ethanol

2.4.2 HPLC

Trennung von Oligosaccharid-Gemischen

GPC z.B. auf BioGel P-2, P-4, P-6
PC oder TLC
HPLC:
    auf RP_8 / RP_{18} (reversed phase silica)
    auf APS (Amino-Propyl-Silica)
    auf HPX (Polystyrol mit Ag^+, Pb^{++}, H^+ als Gegenion)

Zur Auftrennung von Oligosaccharid-Gemischen z.B. nach Partialhydrolysen kann die GPC eingesetzt werden. Dazu werden bevorzugt Bio-Gel P-2, P-4 oder P-6 und als Marker Malto-Oligosaccharide verwendet. Oligosaccharide sind auch mit verschiedenen PC- und TLC-Trennsystemen zu analysieren. Darüberhinaus läßt sich die HPLC zur Auftrennung von Oligosaccharid-Gemischen einsetzen, wobei hier für die Analyse nicht-derivatisierter Oligosaccharide gerne folgende Säulen eingesetzt werden: Polystyrol-Säulen (z.B. Bio Rad Aminex HPX) bei 85°C mit Wasser als Eluenten oder Amino-substituierte Silica-Säulen sowie RP-Säulen mit Wasser/Acetonitril-Mischungen als Fließmittel.

(McGinnis u. Fang 1980; Yamashita et al. 1982; Zweig et al. 1982; Kobota et al. 1987; Fry 1988; Biermann u. McGinnis 1989; Sherma u. Shirley 1991)

RP-Säulen können auch zur Auftrennung derivatisierter Oligosaccharide (z.B. nach Acetolyse) verwendet werden. Amino-substituierte Silicagele und sulfonierte Polystyrol-Gele mit Ag^+, Pb^{++}, H^+ als Gegenionen (z.B. Bio Rad, HPX-Serie) werden in der HPLC außer zur Auftrennung von Oligosacchariden auch zur Trennung von Monosacchariden verwendet, wobei aber die Trennung bei komplexeren Zuckermischungen Schwierigkeiten machen kann. Eine Trennung von Mono- und Oligosaccharid-Mischungen kann auch durch Anionen-Austausch mit NaOH als Eluenten (z.B. Dionex-Säulen) und Verwendung eines gepulsten amperometrischen Detektors erzielt werden, wobei mit diesem System gute Trennerfolge bei hoher Empfindlichkeit erzielt werden sollen. Ansonsten bieten sich als Detektionssysteme RI-Detektion und photometrische Detektion nach Umsetzung mit Zuckernachweisreagenzien (z.B. Anthron-Test) an. UV-Detektion (underivatisierter) Zucker gestaltet sich meist sehr schwierig; geringste Lösungsmittel-Verunreinigungen sind stark störend, da bei ca. 190 nm gemessen werden muß.

(Verhaar u. Kuster 1981; Wells et al. 1982; Zweig et al. 1982; Blaschek 1983; Rocklin u. Pohl 1983; Pecina et al. 1984; Hicks et al. 1985; Biermann u. McGinnis 1989; Sherma u. Shirley 1991)

2.4.3 GLC: Reduktion und Oxim-Bildung

<table>
<tr><td colspan="2" align="center">Derivatisierung zur Vermeidung
multipler Peaks pro Monosaccharid bei der GLC</td></tr>
<tr><td colspan="2" align="center">Überführung der Monosaccharide in:</td></tr>
<tr><td>- Alditole:</td><td>$NaBH_4$ in 1 M Ammoniak; $NaBH_4$ in DMSO</td></tr>
<tr><td>- Oxime:</td><td>Hydroxylamin in Pyridin</td></tr>
<tr><td>- Methyl-Oxime:</td><td>Methyl-Hydroxylamin in Pyridin</td></tr>
</table>

GLC ist zu der Standard-Methode für die qualitative und quantitative Zuckeranalytik geworden. Da Zucker aufgrund der polaren Gruppen nicht flüchtig sind, setzt der Einsatz der GLC vorherige Derivatisierung voraus. Zur Vermeidung multipler Peaks pro Monosaccharid geht der eigentlichen Derivatisierung der Hydroxyl-, Carboxyl- oder Amino-Gruppen meist eine Derivatisierung der Aldehyd-Gruppe (anomeres C-Atom) voraus. Typische Reaktionen sind:

Reduktion mit $NaBH_4$ in 1 M Ammoniak; nach Ansäuern mit Eisessig gebildetes Borat wird als flüchtigen Methylester durch wiederholtes Trocknen aus Methanol/Eisessig (9:1) entfernt. Alternativ dazu kann die $NaBH_4$-Behandlung in DMSO durchgeführt werden. Die Reduktion von Aldosen ergibt jeweils die entsprechenden Alditole; Reduktion von Ketosen läßt zwei Alditole entstehen; z.B. liefert Fructose bei entsprechender Reduktion Glucitol und Mannitol.

Oxim-Bildung mit Hydroxylamin oder O-Methyl-Oxim-Bildung mit Methyl-Hydroxylamin erfolgt jeweils in Pyridin. Oxime, nicht jedoch Methyl-Oxime, gehen bei nachfolgender Acetylierung in Nitrile über.

32

(Aspinall 1976; Bradbury et al. 1981; Klok et al. 1981; Aspinall 1982b; Zweig et al. 1982; Blakeney et al. 1983; Guerrant u. Moss 1984; Harris et al. 1985; Biermann u. McGinnis 1989; Sherma u. Shirley 1991)

2.4.4 GLC: *Acetylierung und Silylierung*

<table>
<tr><td colspan="2" align="center">Derivatisierung
von Mono (Oligo) -Sacchariden für die GLC</td></tr>
<tr><td colspan="2" align="center">- Acetylierung:
in Pyridin oder in DMSO mit Acetanhydrid
- Silylierung:
in Pyridin mit</td></tr>
<tr><td>HMDS</td><td>Hexamethyldisilazan</td></tr>
<tr><td>TMCS</td><td>Trimethylchlorsilan</td></tr>
<tr><td>BSA</td><td>Bistrimethylsilylacetamid</td></tr>
<tr><td>TMSI</td><td>Trimethylsilylimidazol</td></tr>
<tr><td>BSTFA</td><td>Bistrimethylsilyltrifluoracetamid</td></tr>
</table>

Die Überführung in flüchtige Zucker-Derivate wird häufig durch Acetylierung oder Silylierung durchgeführt.

Acetylierung erfolgt entweder mit Acetanhydrid in Pyridin mit Na-Acetat als Katalysator oder in DMSO mit Methylimidazol als Katalysator; Borat-Ionen, die aus vorheriger Überführung der Monosaccharide in Alditole stammen können, stören außer bei Acetylierung mit Methylimidazol als Katalysator. Uronsäuren, die nicht erfaßt werden, können zuvor mit $LiBH_4$ in die entsprechenden Neutral-Zucker überführt werden.

Silylierung wird in Pyridin mit wahlweise 1-3 der folgenden Silylierungs-Reagenzien durchgeführt: HMDS (Hexamethyldisilazan), TMCS (Trimethylchlorosilan), BSA (Bis-trimethylsilyl-acetamide, TMSI (Trimethylsilylimidazol) oder BSTFA (Bis-Trimethylsilyl-trifluoracetamid. Es sollte möglichst wasserfrei gearbeitet werden; sind geringe Mengen an Wasser nicht zu vermeiden, muß mit einem Überschuß an Silylierungsreagenzien derivatisiert werden. TMS-Derivatisierung ist wegen der erhöhten Flüchtigkeit der Derivate auch gut für die gaschromatographische Auftrennung von Oligosacchariden geeignet. TMS-Derivate von Uronsäuren sind schwer zu interpretieren; zur Vermeidung multipler Peaks können die Uronsäuren zu Aldonsäuren reduziert werden, die in Aldono-1,4-Lactone überführt und dann silyliert werden.

(Brobst 1972; Loewus u. Shah 1972; Sloneker 1972; Bradbury et al. 1981; Klok et al. 1981; Oshima et al. 1981; Zweig et al. 1982; Blakeney et al. 1983; Garcia-Raso et al. 1987; Guerrant u. Moss 1987; Biermann u. McGinnis 1989; Sherma u. Shirley 1991)

2.4.5 GLC: stationäre Phasen

GLC: stationäre Phasen	
Alditol-Acetate	OV-275, SP-1000, Carbowax 20M
TMS-Alditole	OV-101
TMS-Derivate	SE-30, SE-54
TMS-Oxime	SP-2250, Methylsilicon
TMS-Methyloxime	SP-2250, SP-2100

Für die GLC der entsprechenden Mono- und Oligosaccharid-Derivate werden heute immer seltener gepackte Säulen, sondern meist Kapillarsäulen verwendet. Gängige stationäre Phasen sind in obiger Tabelle aufgeführt.

Die Detektion erfolgt üblicherweise über einen FID; Response-Faktoren müssen mit entsprechenden Zuckermischungen ermittelt werden. Ein häufig verwendeter interner Standard für Retentionszeiten und quantitative Bestimmungen ist Inositol (z.B. schon vor der Hydrolyse zugesetzt). In Zweifelsfällen sollte zur Peak-Idendifizierung GLC/MS eingesetzt werden.

(Bradbury et al. 1981; Zweig et al. 1982; Garcio-Raso et al. 1987; Guerrant u. Moss 1987; Biermann u. McGinnis 1989; Sherma u. Shirley 1991)

2.5 Methylierungsanalyse

2.5.1 Derivatisierung

Methylierungsanalyse
- Lösung des PS in DMSO
- Deprotonisierung der OH-Gruppen mit Dimethylsulfinyl-Na (-K)
- Permethylierung mit Methyliodid
- Hydrolyse mit anorganischen Säuren
- Reduktion mit $NaBH_4$ ($NaBD_4$)
- Acetylierung mit Acetanhydrid
ergibt partiell methylierte Alditol-Acetate (PMAA) für die GLC / MS

Die Routinemethode zur Bestimmung des Bindungstyps in Polysacchariden ist nach wie vor die Methylierungsanalyse. Hierzu werden alle freien OH-Gruppen eines Polysaccharids in Methylether überführt. Nach Säurehydrolyse des permethylierten Polysaccharids, Reduktion der dabei freigewordenen Monosaccharid-Derivate und Acetylierung der Alditol-Derivate entstehen partiell methylierte Alditol-Acetate (PMAA) mit für die vorherige Verzweigung charakteristischen Methoxy-/Acetoxy-Mustern. Als Beispiel sei die Zuordnung der aus einer Methylierungsanalyse eines

Xyloglucan-Oligosaccharids entstehenden Monosaccharid-Derivate in der nachfolgenden Tabelle aufgeführt.

<table>
<tr><td colspan="4" align="center">Methylierungsanalyse eines Xyloglucan-Oligosaccharids</td></tr>
<tr><td colspan="4" align="center">
E   D   C   B   A
4 Glc (1--4) Glc (1--4) Glc (1--4) Glc (1--4) Glc1
6   6
| |
1   1
Xyl F   Xyl G
               2
               |
               1
           Gal H
</td></tr>
</table>

	OAc	OMe	Bindungstyp
A	1,4,5	2,3,6	red. Glc
B	1,4,5,6	2,3	1.4.6-Glc
C	1,4,5	2,3,6	1.4-Glc
D	1,4,5,6	2,3	1,4,6-Glc
E	1,5	2,3,4,6	term. Glc
F	1,5	2,3,4	term. Xyl
G	1,2,5	3,4	1.2 / 1.4-Xyl
H	1,5	2,3,4,6	term. Gal

Die PMAA können durch GLC aufgetrennt und massenspektroskopisch (GLC/MS-Kopplung) charakterisiert werden. Üblicherweise dient DMSO als Lösungsmittel für die Polysaccharide (Löslichkeit beachten) und zur Herstellung des deprotonisierenden Reagenz Dimethylsulfinyl-Na (oder -K); als Methylierungs-Reagenz wird Methyljodid eingesetzt. Die Ionisierung der OH-Gruppen im Polysaccharid kann auch durch Zugabe von pulverisiertem NaOH zum in DMSO gelösten Polysaccharid erfolgen. Das Lösungsverhalten schlecht DMSO-löslicher Polysaccharide kann durch (wiederholte) Vor-Methylierung oder vorherige Acetylierung verbessert werden. Vernünftige Interpretation ist nur bei Permethylierung der Polysaccharide möglich, da bei Untermethylierung (kommt unerwünscht häufig vor) Verzweigungen vorgetäuscht werden. Alkali-labile Substituenten der OH-Gruppen (z.B. O-Ac-Gruppen) weden bei der Methylierung abgespalten.

(Hakamori 1964; Björndal et al. 1967; Björndal et al. 1970; Aspinall 1976; Valent et al. 1980; Phillips u. Fraser 1981; Aspinall 1982b; Lomax u. Conchie 1982; McNeil et al. 1982; Zweig et al. 1982; Waeghe et al. 1983; Ciucanu u. Kerek 1984; Harris et al. 1984; Blakeney u. Stone 1985; Harris et al. 1985; Sweeley u. Nunez 1985; Biermann u. McGinnis 1989; Sherma u. Shirley 1991)

<table>
<tr><td colspan="3" align="center">Reduktion von Uronsäuren</td></tr>
<tr><td colspan="3">
- PS mit Carbodiimid bei pH 4.75 inkubieren
  (N-Cyclohexyl-N'-[2-(N-methylmorpholino)-
  ethyl]-carbodiimid-Metho-p-toluolsulfonat)
- Reduktion mit $NaBH_4$ bei pH 7.0
</td></tr>
<tr>
<td align="center">

COO^- + $\underset{\underset{NHR_1}{\|}}{\overset{\overset{NHR_2}{\|}}{C}}$

R

GlcA
GalA
ManA</td>
<td align="center">$\xrightarrow{H^+}$</td>
<td align="center">

$R{-}\underset{\underset{+NHR_1}{\|}}{\overset{\overset{O\ \ NHR_2}{\|\ \ \|}}{COC}}$

$\xrightarrow{NaBH_4}$

$\underset{R}{\overset{|}{CH_2OH}}$

O-Acyliso-
harnstoff-
derivat   Glc
Gal
Man</td>
</tr>
</table>

Bei UA-haltigen Polysacchariden sollten vor der Methylierung die Carboxyl-Gruppen (z.B. nach Aktivierung mit Carbodiimid) reduziert werden; durch Deuterium-Markierung (Reduktion mit $NaBD_4$) können sie in der GLC/MS dennoch von Neutralzuckern unterschieden werden. Sorgfältige pH-Kontrollen (pH 4.75 bei Carbodiimid-Aktivierung; pH 7.0 bei Reduktion) sind notwendig. Andere Methoden zur Reduktion von UA beruhen auf der Verwendung von Lithium-Aluminium-Hydrid in Dichlormethan oder $NaBH_4$ in EtOH/THF (Tetrahydrofuran).

(Perry u. Hulyalkar 1965; Taylor u. Conrad 1972; Zweig et al. 1982; Biermann u. McGinnis 1989; Sherma u. Churms 1991)

2.5.2 GLC von partiell methylierten Alditol-Acetaten (PMAA)

Die GLC-Auftrennung der PMAA kann auf gepackten, besser jedoch auf Kapillarsäulen erfolgen. OV-225, ECNSSM, CP-Sil88, SP-1000, SP-2330 und BP-1 sind hierfür gängige stationäre Phasen. Retentionszeiten für viele PMAA können der entsprechenden Literatur entnommen werden; es ist jedoch darauf hinzuweisen, daß die Retentionszeiten alleine zur Peak-Identifizielrung nicht ausreichen (sie liegen z.T. sehr dicht beieinander), so daß die eindeutige Zuordnung durch MS untermauert werden muß. Die quantitative Auswertung der Gas-Chromatogramme erfolgt über FID. Für unterschiedliche PMAA sollten Response-Faktoren berücksichtigt werden. Referenz-PMAA werden durch Methylierungs-Analyse von Polysacchariden mit bekannter Struktur oder durch gezielte Untermethylierung von Monosacchariden (Zugabe unzureichender Mengen von Dimethylsulfinyl-Carbanion) erhalten. Referenz-PMAA werden auch zum Spektrenvergleich in der MS benötigt.

(Zweig et al. 1982; Biermann u. McGinnis 1989; Sherma u. Shirley 1991)

2.5.3 GLC/MS

Die in der GLC/MS ermittelten Spektren für verschiedene PMAA dienen in Kombination mit Retentionszeiten und Ergebnissen aus der Analyse der Zuckerzusammensetzung eines Polysaccharids der Peak-Zuordnung. Die Fragmentierung von PMAA in der MS folgt gewissen Regeln. Primär-Fragmente entstehen durch Spaltungen zwischen C-Atomen im Alditol-Rückgrat. Bevorzugt findet Spaltung zwischen zwei Methoxy-Gruppen-tragenden C-Atomen statt, gefolgt von derjenigen zwischen einem Methoxy- und einem Acetoxy-Gruppen-tragenden C-Atom. Spaltungen zwischen zwei Acetoxy-Gruppen-tragenden C-Atomen sind selten. Es wird das geladene Spaltfragment erfaßt. Die Ladung verbleibt in der Regel auf dem Fragment mit einem Methoxy-Gruppen-tragenden C-Atom neben der Spaltstelle.

<table>
<tr><td colspan="2" align="center">Spaltungsregeln bei der MS</td></tr>
<tr><td>$MeO\text{-}R_1\text{-}R_2\text{-}OMe$ ——></td><td>$Me=OR_1{}^{+} + R_2\text{-}OMe$ und
$MeO\text{-}R_1 \quad + {}^{+}R_2=OMe$</td></tr>
<tr><td>$MeO\text{-}R_1\text{-}R_2\text{-}OAc$ ——></td><td>$MeO=R_1{}^{+} + R_2\text{-}OAc$</td></tr>
<tr><td>$AcO\text{-}R_1\text{-}R_2\text{-}OAc$ ——></td><td>$AcO=R_1{}^{+} + R_2\text{-}OAc$ und
$AcO\text{-}R_1 \quad + {}^{+}R_2=OAc$</td></tr>
</table>

Sekundärfragmente entstehen aus Primärfragmenten durch Verlust von MeOH (32 mu), Eisessig (60 mu), Keten (42 mu) und Formaldehyd (30 mu). Bevorzugt wird der Substituent am ß-C-Atom neben dem Ladung-tragenden C-Atom abgespalten. Literatursammlungen der MS-Spektren von PMAA können hilfreich sein.

(Kochetkov u. Chizhov 1966; Björndal et al. 1967; Björndal et al. 1970; Aspinall 1976; Jansson et al. 1976; Lindberg u. Lönngren 1978; DeJongh 1980; Phillips u. Fraser 1981; Aspinall 1982b; Lomax u. Conchie 1882; McNeil et al. 1982; Zweig et al. 1982; Sweeley u. Nunez 1985; Biermann u. McGinnis 1989)

Nachfolgend ist als Beispiel die Fragmentierung (mengenmäßig dominierende Fragmente) und das Massenspektrum einer 1,3-verknüpften Glucose gezeigt.

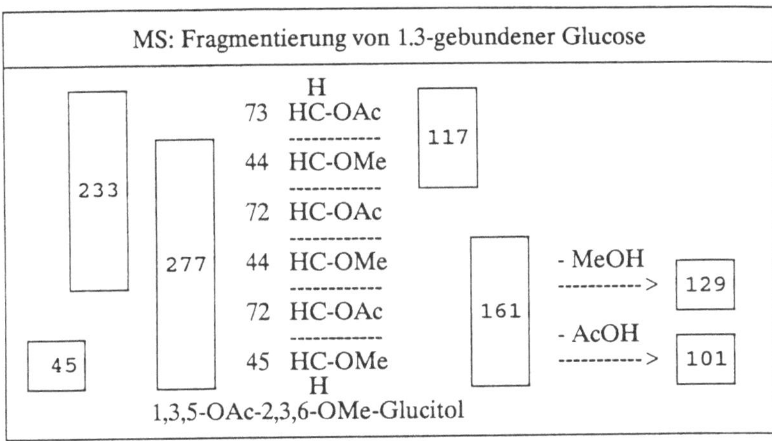

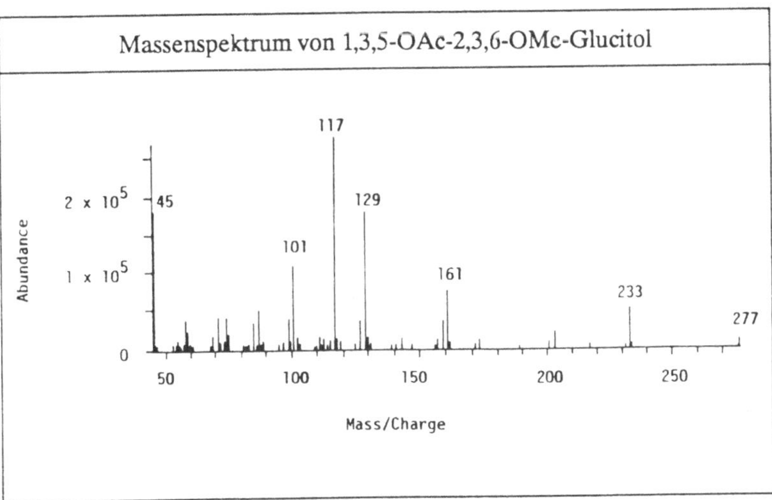

Stereoisomere PMAA ergeben sehr ähnliche Spektren (z.B. 1.4-Glc, 1.4-Man, 1.4-Gal), unterscheiden sich aber in der Retentionszeit. Aus Symmetriegründen können einige PMAA-Paare (z.B. 3- und 4-OMe-Hexosen; 1.2- und 1.4-Pentosen; 1.2- und 2.6-Fructose) nicht voneinander unterschieden werden, da sie dasselbe Substitutionsmuster aufweisen. Hier hilft Reduktion mit $NaBD_4$ bei der Methylierungsanalyse weiter, da hierdurch am C1 Deuterium-Markierung und somit Asymmetrie eingeführt wird, wie in nachfolgenden Tabellen an zwei Beispielen gezeigt wird. (Biermann u. McGinnis 1989)

Deuterium-Markierung bei der Methylierungs-Analyse: Unterscheidung von 1.2- und 1.4-verknüpfter Xylose

	H	H	
	D / H C-OAc	D / H C-OAc	
190 / 189	H C-OAc	H C-OMe	118 / 117
	H C-OMe	-------------------------------	
	-------------------------------	H C-OMe	
117	H C-OMe	H C-OAc	189
	H C-OAc	H C-OAc	
	H	H	
	1.2-Xyl	1.4-Xyl	

Deuterium-Markierung bei der Methylierungs-Analyse: Unterscheidung von 1.2- und 2.6-verknüpfter Fructose

	H	H	
	H C-OAc	H C-OMe	
190 / 189	D / H C-OAc	D / H C-OAc	161 / 162
	H C-OMe	H C-OMe	
	-------------------------------	-------------------------------	
	H C-OMe	H C-OMe	
161	H C-OAc	H C-OAc	189
	H C-OMe	H C-OAc	
	H	H	
	1.2-Frc	2.6-Frc	

Genuin vorhandene Methoxy-Gruppen an einzelnen Zuckern können durch Polysaccharid-Hydrolyse, Reduktion, Acetylierung und nachfolgende GLC/MS lokalisiert werden, wie nachfolgend am Beispiel einer terminalen 3-OMe-Fucose gezeigt wird. (Biermann u. McGinnis 1989)

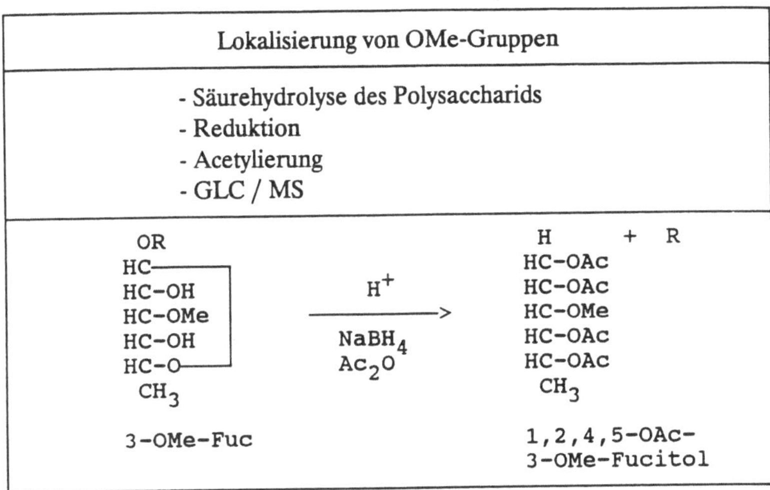

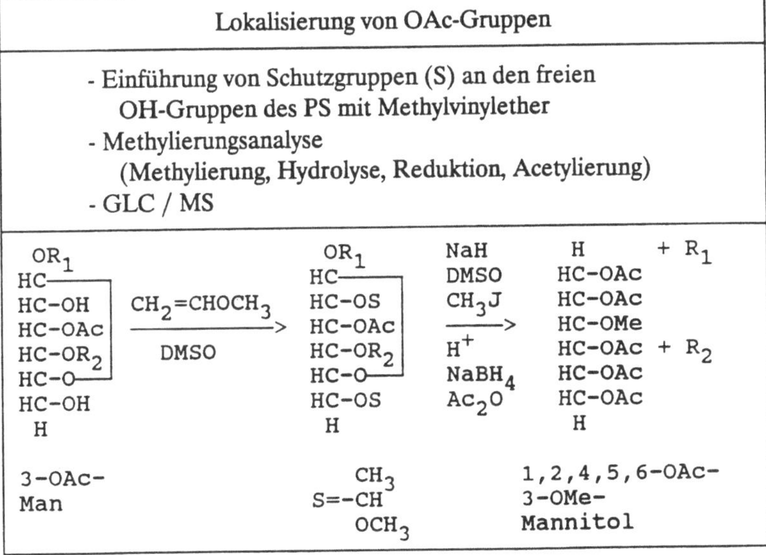

Genuin vorhandene Acetoxy-Gruppen können durch Behandlung des Polysaccharids mit Methylvinylether (Schutzgruppen), Verseifung der Acetoxy-Gruppen und anschließende Methylierungsanalyse ermittelt werden, wodurch sich OMe-Gruppen an der ursprünglichen Position der OAc-Gruppen befinden. Dies wird oben am Beispiel einer 1,4-verknüpften 3-OAc-Mannose gezeigt. (DeBelder u. Normann 1969; Lomax et al. 1983)

Die Kombination von Partialhydrolysen oder Smith-Degradation mit Methylierungsanalyse ist für die Strukturermittlung von Polysacchariden meist sehr sinnvoll.

2.6 Perjodat-Abbau

Die Smith-Degradation dient der gezielten, strukturabhängigen Fragmentierung von Polysacchariden. Im ersten Schritt wird mit Na-Perjodat oxidiert (z.B. 0.05M Perjodat, 48 h, 20°C), wobei vicinale OH-Gruppen bei gleichzeitiger Spaltung zwischen den OH-Gruppen tragenden C-Atomen zu Carbonylgruppen oxidiert werden. Oxidation ist also nur bei (strukturabhängigem) Vorliegen vicinaler OH-Gruppen möglich. Überschüssiges Perjodat wird mit Ethylenglycol umgesetzt. Die entstandenen Carbonyl-Gruppen werden mit $NaBH_4$ zu primären Alkoholgruppen reduziert. Durch schonende Säurehydrolyse (z.B. 0.5 M TFA, 15 h, 20°C) können die aufgespaltenen Zuckerreste abgespalten werden, ohne daß glycosidische Bindungen angegriffen werden. Es können je nach Zucker und Bindungstyp Erythritol, Glycerol, Glycerinaldehyd, Glycolaldehyd und Ameisensäure freigesetzt werden. Die Produkte können durch PC oder GLC identifiziert werden.

<table>
<tr><td colspan="5" align="center">Smith-Abbau</td></tr>
<tr><td colspan="5">- PS mit Na-Perjodat oxidieren (z.B. 0.05 M, 48 h, 20°C)
- überschüssiges Perjodat mit Ethylenglycol umsetzen
- $NABH_4$-Reduktion
- schonende Säurehydrolyse (z.B. 0.5 M TFA, 15 h, 20°C)</td></tr>
<tr><td colspan="5" align="center">Produkte des Smith-Abbaus
am Beispiel unterschiedlich verknüpfter Glucosen</td></tr>
<tr><td>Bindung im
Polysaccharid</td><td colspan="2">nach $NaJO_4$-Oxid.
u. $NABH_4$-Redukt.</td><td colspan="2">nach schonender
Säurehydrolyse</td></tr>
<tr><td></td><td>aus</td><td>Produkt</td><td>aus</td><td>Produkt</td></tr>
<tr><td>1-Glucose</td><td>C3</td><td>HCOOH</td><td>C1-C2
C4-C5-C6</td><td>Glycolaldehyd
Glycerol</td></tr>
<tr><td>1,2-Glucose</td><td>--</td><td>--</td><td>C1-C2-C3
C4-C5-C6</td><td>Glycerinaldehyd
Glycerol</td></tr>
<tr><td>1,3-Glucose</td><td>--</td><td>--</td><td>--</td><td>--</td></tr>
<tr><td>1,4-Glucose</td><td>--</td><td>--</td><td>C1-C2
C3-C4-C5-C6</td><td>Glycolaldehyd
Erythritol</td></tr>
<tr><td>1,6-Glucose</td><td>C3</td><td>HCOOH</td><td>C1-C2
C4-C5-C6</td><td>Glycolaldehyd
Glycerol</td></tr>
</table>

Die verbleibende Polysaccharid-Struktur bzw. die entstehenden Oligosaccharide werden meist durch Methylierungs-Analyse näher charakterisiert. Die Methode liefert Informationen zum Bindungstyp, zur Ringgröße oder zur Position von OAc-, OMe- oder NAc-Gruppen (entsprechen Schutzgruppen). Durch Abbau von Seitenketten kann man in manchen Fällen das Polysaccharid-Rückgrat erhalten. Blöcke aus 1.3-

gebundenen Zuckern werden z.B. nicht angegriffen. Die optimalen Oxidations- und Hydrolyse-Bedingungen müssen von Fall zu Fall ermittelt werden.

(Goldstein et al. 1965; Hay et al. 1965; Lindberg et al. 1975; Aspinall 1976; Aspinall 1982b; Biermann u. McGinnis 1989)

2.7 NMR-Spektroskopie

Durch NMR-Spektroskopie können zusätzliche Daten zur Struktur von Polysacchariden erhalten werden. Es kommt sowohl die ^{1}H- als auch die ^{13}C-NMR zur Anwendung. Wegen der geringen Häufigkeit von ^{13}C-Isotopen (ca.1%) müssen bei der ^{13}C-NMR größere Substanzmengen (10-30mg) als bei der ^{1}H-NMR (1-2mg) eingesetzt werden. Dafür spielt bei der ^{13}C-NMR eine C-C-Kopplung keine Rolle und ^{13}C-NMR-Spektren sind in der Regel übersichtlicher als ^{1}H-NMR-Spektren, bei denen die Resonanzen in einen engen Bereich fallen und durch Spin-Kopplungen (Protonen der Nachbar-C-Atome beeinflussen ein Protonen-Signal) kompliziert werden. Als Referenzsubstanz dient meist TMS (Tetramethylsilan).

Chemische Verschiebungen bei der ^{13}C-NMR-Spektroskopie von Polysacchariden in ppm		
C1 (O äquatorial, glycos. Bind.)	103	- 106
C1 (O axial, glycos. Bind.)	98	- 103
an glycosid. Bind. beteil. nicht-anomeres C	80	- 87
C2 bis C5	65	- 75
CH_2OH	60	- 65
C=O	175	- 180
COOH	170	- 175
O-Me	55	- 61
O-Ac	20	- 23
CH_3	15	- 18
Chemische Verschiebungen bei der ^{1}H-NMR-Spektroskopie von Polysacchariden in ppm		
H1 (O äquatorial, glycos. Bind.)	5,3	- 5,8
H1 (O axial, glycos. Bindung)	4,5	- 4,8
H5	4,5	- 4,6
H2 - H6	3,5	- 4,5
COOH	9	- 13
O-Me	3,3	- 3,5
O-Ac	2,0	- 2,2
CH_3	1,4	- 1,6

Signale aus Protonen der OH-Gruppen werden durch Austausch gegen Deuterium ausgeschaltet (Messung in D_2O). Anomere Protonen und C-Atome, OMe-, OAc-,

42

NAc- und COO$^-$-Gruppen sind an ihrer charakteristischen chemischen Verschiebung zu erkennen. Die Signale anomerer C-Atome heben sich deutlich vom Rest der Signale ab, wobei die Signale von α- und ß-glycosidisch gebundenen C-Atomen gut voneinander zu unterscheiden sind. Substitution eines C-Atoms mit anderen Zuckern führt zu Signalverschiebung zu niedrigerem Feld (höheren ppm-Werten) bei gleichzeitiger Signalverschiebung an benachbarten C-Atomen zu höherem Feld (niedrigeren ppm-Werten), so daß auf den Bindungstyp geschlossen werden kann. Bei Polysacchariden können Löslichkeits- und Viskositätsprobleme die NMR-Spektroskopie stark erschweren (anderes Lösungsmittel: DMSO). Bei komplex gebauten Polysacchariden können z.T. nur wenig Informationen aus der NMR erhalten werden. Hier werden meist durch Partialhydrolysen erhaltene Spaltstücke der Polysaccharide für die NMR-Analyse eingesetzt.

(Lemieux u. Stevens 1966; Aspinall 1976; Perlin 1976; Jennings u. Smith 1980, Hall 1980; Gorin 1981; Perlin u. Casu 1982; Sweeley u. Nunez 1985)

3 Schluß

Zum Schluß soll ausdrücklich darauf hingewiesen werden, daß bei der Isolierung und Struktur-Aufklärung von Polysacchariden der jeweils gewählte methodische Weg dem jeweiligen Polysaccharid angepaßt werden muß; es läßt sich keine generelle, für alle Polysaccharide gleichermaßen anzuwendende Methode empfehlen. Bei allen Fortschritten in der Polysaccharid-Analytik lassen sich für komplex gebaute, hochmolekulare Polysaccharide meist nur (statistische) Strukturvorschläge erarbeiten; die absolute Struktur und Konformation eines solchen Polysaccharids kann häufig nur erahnt werden.

4 Literatur

Adams GA (1965) Complete acid hydrolysis. In: Whistler RL (ed) Methods in Carbohydrate Chemistry, Vol. 5. Academic Press, New York, pp 269-275 u. 285-287

Aspinall GO (1976) Polysaccharide methodology. In: Aspinall GO (ed) Organic Chemistry, Series Two, Vol. 7, Carbohydrates. Butterworths, Lóndon, pp 201-222

Aspinall GO, (1982a) Isolation and Fractionation of Polysaccharides. In: Aspinall GO (ed) The Polysaccharides, Vol. 1. Academic Press, New York, pp 19-34

Aspinall GO (1982b) Chemical Characterization and structure determination of polysaccharides. In: Aspinall GO (ed) The Polysaccharides, Vol. 1. Academic Press, New York, pp 35-131

Aspinall GO, Molloy JA, Craig JWT (1969) Extracellular polysaccharides from suspension-cultured sycamore cells. Can J Biochem 47:1063-1070

Barker R, Nunez HA, Rosevear P, Serianni AS (1982) ^{13}C NMR Analysis of Complex Carbohydrates. Meth Enzymol 83, pp 58-69

Biermann J, McGinnis GD (1989) Analysis of Carbohydrates by GLC and MS. CRC Press, Boca Raton

Binkley (1965) Dialysis. In: Whistler RL, BeMiller JN, Wolfrom ML (eds) Methods in Carbohydrate Chemistry, Vol. V. Academic Press, New York, pp 54-55

Björndal H, Hellerquvist CG, Lindberg B, Svensson S (1970) Gas-Flüssigkeits-Chromatographie und Massenspektrometrie bei der Methylierungsanalyse von Polysacchariden. Angew Chem 16:643-674

Björndal H, Lindberg B, Svensson S (1967) Mass spectrometry of partially methylated alditol acetates. Carbohydr Res 5:433-440

Blakeney AB, Harris PJ, Stone BA (1983) A simple and rapid preparation of alditol acetates for monosaccharide analysis. Carbohydr Res 113:291-

Blakeney AB, Stone BA (1985) Methylation of carbohydrates with lithium methylsulphinyl carbanion. Carbohydr Res 140:319-324

Blaschek W (1983) Complete separation and quantification of neutral sugars from plant cell walls and mucilages by high performance liquid chromatography. J Chromatogr 256:157-163

Blaschek W., Koehler H., Semler U., Franz G. (1982) Molecular weight distribution of cellulose in primary cell walls. Investigations with regenerating protoplasts, suspension cultured cells and mesophyll of tobacco. Planta 154:550-555

Blumenkrantz N, Asboe-Hansen G (1973) New method for quantitative determination of uronic acids. Anal Biochem 54:484-489

Bouveng HO, Lindberg B (1965) Native acetylated wood polysaccharides. Extraction with dimethyl sulfoxide. In: Whistler RL (ed) Methods in Carbohydrate Chemistry, Vol. 5. Academic Press, New York, pp 147-150

Bradbury AGW, Halliday DJ, Medcalf DG (1981) Separation of monosaccharides as trimethylsilylated alditols on fused-silica capillary columns. J Chromatogr 213:146-150

Brett CT (1981) Polysaccharide synthesis from GDP-glucose in pea epicotyl slices. J Exp Bot 32:1067-1077

Brobst KM (1972) Gas-Liquid Chromatography of Trimethylsilyl Derivatives. In: Whistler RL, BeMiller JN (eds) Methods in Carbohydrate Chemistry, Vol. VI. Academic Press, New York, pp 3-8

Carpita NC (1986) Incorporation of proline and amino acids into the cell walls of maize coleoptiles. Plant Physiol 80:660-666

Chanzy H, Chumpitazi B, Peguy A (1982) Solutions of polysaccharides in N-methyl morpholine N-oxide (MMNO). Carbohydr Polym 2:35-42

Churms SC (1970) Gel chromatography of carbohydrates. In: Tipson RS, Horton D (eds) Advances in Carbohydrate Chemistry and Biochemsitry, Vol 25. Academic Press, New York, p 13-26

Ciucanu I, Kerek F (1984) A simple and rapid method for the permethylation of carbohydrates. Carbohydr Res 131:209-217

Cooper TG (1981) Biochemische Arbeitsmethoden. Walter de Gruyter, Berlin

DeBelder AN, Normann B (1968) The distribution of substituents in partially acetylated Dextran. Carbohydr Res 8:1-6

DeJongh DC (1980) Mass Spectrometry. In: Pigman W, Horton D, Wander J (eds) The Carbohydrates: Chemistry and Biochemistry, Vol. IB. Academic Press, New York, pp 1327-1353

Dische Z (1962) Color reactions of carbohydrates. In: Whistler RL, Wolfrom ML (eds) Methods in Carbohydrate Chemistry, Vol. 1. Academic Press, New York, pp 475-514

Dubois M, Gilles KA, Hamilton JK, Rebers PA, Smith F (1956) Colorimetric method for determination of sugars and related substances. Anal Chem 28:350-356

Fry CF (1988) The growing plant cell wall: chemical and metabolic analysis. Longman Scientific and Technical, Essex

Garcia-Raso A, Martinez-Castro I, Paez ML, Sanz J, Garcia-Raso J, Saura-Calixto F (1987) Gas chromatographic behaviour of carbohydrate trimethylsilyl ethers. I. Aldopentoses. J chromatogr 398: 9-

Goldstein IJ, Hay GW, Lewis BA, Smith F (1965) Controlled Degradation of Polysaccharides by Periodate Oxidation, Reduction, and Hydrolysis. In: Whistler RL, BeMiller JN, Wolfrom ML (eds) Methods in Carbohydrate Chemistry, Vol. V. Academic Press, New York, pp 361-370

Gorin PA (1981) Carbon-13 nuclear magnetic resonance spectroskopy of polysaccharides. Adv Carbohydr Chem Biochem 38:13-104

Guerrant GO, Moss CW (1984) Determination of monosaccharides as aldononitrile, O-methyloxime, alditol, and cyclitol acetate derivatives by gas chromatography. Anal. Chem 56:633-638

Hais IM, Macek K (eds) (1963) Paper Chromatography, a Comprehensive Treatise, 3rd edn. Academic Press, New York

Hakamori S (1964) A rapid permethylation of glycolipid, and polysaccharide catalyzed by methylsulfinyl carbanion in dimethyl sulfoxide. J Biochem 55:205-208

Hall LD (1980) High-Resolution NMR Spectroscopy. In: Pigman W, Horton D, Wander J (eds) The carbohydrates: Chemistry and Biochemistry, Vol. IB. Academic Press, New York, pp 1299-1326

Hay GW, Lewis BA, Smith F (1965) Periodate Oxidation of Polysaccharides: General Procedures. In: Whistler RL, BeMiller JN, Wolfrom ML (eds) Methods in Carbohydrate Chemistry, Vol. V. Academic Press, New York, pp 357-361

Harris PJ (1983) Cell Walls. In: Hall JL, Moore AL (eds) Isolation of membranes and organelles from plant cells. Academic Press, London, pp 25-53

Harris PJ, Henry RJ, Blakeney AB, Stone BA (1984) An improved procedure for the methylation analysis of oligosaccharides and polysaccharides. Carbohydr Res 127:59-73

Harris PJ, Bacic A, Clarke AE (1985) Capillary gas chromatography of partially methylated alditol acetates on a SP-21oo wall-coated open-tubular column. J Chromatogr 350: 304-

Hicks KB, Lim PC, Haas MJ (1985) Analysis of uronic acids, their lactones, and related compounds by high performance liquid chromatography on cation-exchange resins. J Chromatogr 319:159-171

Hon S, Srinivasan KSV (1983) Mechanochemical process in cotton cellulose fiber. J appl Polym Sci 28:1-10

Jansson P-E, Kenne L, Liedgren H, Lindberg B, Lönngren J (1976) A Practical Guide to the Methylation Analysis of Carbohydrates. Chem Comm. 8:2-74

Jarvis MC (1982) The proportion of calcium-bound pectin in Plant cell walls. Planta 154:344-346

Jennings HJ, Smith ICP (1980) Determination of Polysaccharide Structures with ^{13}C-NMR. In: Whistler RL, BeMiller JN (eds) Methods in Carbohydrate Chemistry, Vol. VIII. Academic Press, New York, pp 97-105

John M, Schmidt J, Wandrey C, Sahm H (1982) Gel Chromatography of Oligosaccharides up to DB 60. J Chromatogr 247:281-288

Jork H, Funk W, Fischer W, Wimmer H (1989) Dünnschicht-Chromatographie: Reagenzien und Nachweismethoden. VCH, Weinheim

Joseleau J-P, Chambat G, Chumpitazi-Hermoza B (1980) Solubilization of cellulose and other plant structural polysaccharides in 4-methylmorpholine-N-oxide: an improved method for the study of cell wall constituents. Carbohydr Res 90:339-344

Jones JKN, Stoodley RJ (1965) Fractionation by Ultrafiltration. In: Whistler RL, BeMiller JN, Wolfrom ML (eds) Methods in Carbohydrate Chemistry, Vol. V. Academic Press, New York, pp 47-48

Jones JKN, Stoodley RJ (1965) Fractionation using copper complexes. In: Whistler RL (ed) Methods in Carbohydrate Chemistry, Vol. 5. Academic Press, New York, pp 36-38

Klok J, Nieberg-Van Velzen EH, De Leeuw JW, Schenck PA (1981) Capillary gas chromatographic separation of monosaccharides as their alditol acetates. J Chrom. 207:273-275

Kobota A, Yamashita K, Takasaki S (1987) Biogel P-4 Column chromatography of oligosaccharides: effective size of oligosaccharides expressed in glucose units. Meth Enzymol 138:84-94

Kochetkov NK, Chizhov OS (1966) MS of carbohydrate derivatives. Adv Carbohydr Chem 21:185-240

Layne E (1957) Spectrophotometric and turbidometric methods for measuring proteins. Meth Enzymol 3:447-454

Lecacheux D (1988) Preparative Fractionation of Natural Polysaccharides by Size Exclusion Chromatography. Carbohydr Polymers 8:119-130

Lee YC, Montgomery R (1965) Separations with Molecular Sieves. In: Whistler RL, BeMiller JN, Wolfrom ML (eds) Methods in Carbohydrate Chemistry, Vol. V. Academic Press, New York, 28-34

Lemieux RU, Stevens JD (1966) The proton magnetic resonance spectra and tautomeric equilibria of aldoses in deuterium oxide. Canad J Chem 44:249-262

Lever M (1972) A new reaction for colorimetric determination of carbohydrates. Anal Biochem 47:273-279

Lindberg B, Lönngren J, Svensson S (1975) Specific degradation of polysaccharides. Adv Carbohydr Chem Biochem 31:185-241

Lindberg B, Lönngren J (1978) Methylation analysis of complex carbohydrates: general procedure and application of sequence analysis. Meth Enzym 50:3-32

Loewus F, Shah RH (1972) Gas-Liquid Chromatography of Trimethylsilyl Ethers of Cyclitols. In: Whistler RL, BeMiller JN (eds) Methods in Carbohydrate Chemistry, Vol. VI. Academic Press, New York, pp 14-20

Lomax JA, Conchie J (1982) Separation of methylated alditol acetates by glass capillary gas chromatography and their identification by computer. J Chrom 236:385-394

Lomax JA, Gordon AH, Chesson A (1983) Methylation of unfractionated, primary and secondary cell-walls of plants, and the location of alkali-labile substituents. Carbohydr Res 122:11-22

McGinnis GD, Fang P (1980) High performance Liquid Chromatography. In: Whistler RL, BeMiller JN (eds) Methods in Carbohydrate Chemistry, Vol. VIII. Academic Press, New York, pp 33-43

McNeil M, Darvill AG, Aman AG, Franzen L-E, Albersheim P (1982) Structural analysis of complex carbohydrates using high-performance liquid chromatography, gas chromatography, and mass spectrometry. Meth Enzymol 83:3-45

Meier H (1965) Fractionation by precipitation with barium hydroxide. In: Whistler RL (ed) Methods in Carbohydrate Chemistry, Vol. 5. Academic Press, New York. pp 45-46

Olaitan SA, Northcote DH (1962) Polysaccharides of Chlorella pyrenoidosa. Biochem J 82:509-519

Oshima R, Yoshikawa A, Kumanotani JU (1981) High-resolution gas chromatographic separation of alditol acetates on fused-silica wall-coated open-tubular columns. J Chromatogr 213:142-145

Painter TJ (1965) Partial Acidic and Enzymic Hydrolysis. In: Whistler RL, BeMiller JN, Wolfrom ML (eds) Methods in Carbohydrate Chemistry, Vol. V. Academic Press, New York, pp 280-285

Pecina R, Bonn G, Burtscher E, Bobleter O (1984) High performance liquid chromatographic elution behaviour of alcohols, aldehydes, ketones, organic acids and carbohydrates on a strong cation-exchange stationary phase. J. Chromatogr 287:245-258

Perlin AS (1976) Carbon-13 NMR-spectroscopy of carbohydrates. In: Aspinall GO (ed) Organic Chemistry, Series Two, Vol. 7, Carbohydrates. Butterworths, London, 1-34

Perlin AS, Casu B (1982) Spectroscopic Methods. In: Aspinall GO (ed) The Polysaccharides, Vol. 1. Academic Press, New York, pp133-193

Perry MB, Hulyalkar RK (1965) The analysis of hexuronic acids in biological materials by gas-liquid partition chromatography. Can J Biochem 43:573-584

Pharmacia Fine Chemicals: Gel Filtration: Theory and Practice. Firmenschrift

Phillips LR, Fraser BA (1981) Methylation of carbohydrates with dimsyl potassium in dimethyl sulfoxide. Carbohydr Res 90:149-152

Pittet AO (1965) Dissolution of polysaccharides. In: Whistler RL, BeMiller JN, Wolfrom ML (eds) Methods in Carbohydrate Chemistry, Vol. V. Academic Press, New York, pp 3-5

Read SM, Northcote DH (1981) Minimization of variation in the response to different proteins of the Comassie Blue G dye-binding assay for protein. Anal Biochem 116:53-64

Rocklin RD, Pohl CA (1983) Determination of carbohydrates by anion exchange chromatography with pulsed amperometric detection. J Liqu Chromatogr 6:1577-1590

Scott JE (1965) Fractionation by Precipitation with Quarternary Ammonium Salts. In: Whistler RL, BeMiller JN, Wolfrom ML (eds) Methods in Carbohydrate Chemistry, Vol. V. Academic Press, New York, pp 38-44

Selvendran RR, O'NeillMA (1987) Isolation and analysis of cell walls from plant material. In: Glick D (ed) Methods of Biochemical Analysis, Vol. 32. Wiley, pp 25-153

Selvendran RR, Stevens BJH, O'Neill MA (1985) Developments in the isolation and analysis of cell walls from edible plants. In: Brett CT, Hillman JR (eds) Biochemistry of plant cell walls. Cambridge University Press, pp 39-78

Sherma J, Shirley CC (eds) (1991) CRC Handbook of Chromatography: Carbohydrates, Vol. II. CRC-Press, Boca Raton

Sloneker JH (1972) Gas-Liquid Chromatography of Alditol Acetates. In: Whistler RL, BeMiller JN (eds) Methods in Carbohydrate Chemistry, Vol. VI. Academic Press, New York, pp 20-24

Smith I (ed) (1960) Chromatographic and Electrophoretic Techniques, Vol. 1, Chromatography, 2nd edn. Heinemann, London

Stahl E (ed) (1967) Dünnschicht-Chromatographie: Ein Laboratoriumshandbuch, 2nd edn. Springer, New York

Sweeley CC, Nunez HA (1985) Structural analysis of glycoconjugates by MS and NMR-spectroscopy. Ann Rev Biochem 54:765-801

Taylor RL, Conrad HE (1972) Stoichiometric Depolymerization of Polyuronides and Glycosaminoglycuronans to Monosaccharides following Reduction of their Carbodiimide-Activated Carboxyl Groups. Biochem 11:1383-1388

Thornber JP, Northcote DH (1962) Changes in the chemical composition of a cambial cell during its differentiation into xylem and phloem tissues in trees. 3. Xylan, glucomannan and cellulose fractions. Biochem J 82:340-346

Touchstone JC, Dobbins MF (1983) Practice of thin layer chromatography, 2nd edn. Wiley, New York

Updegraff DM (1969) Semi-micro determination of cellulose in biological materials. Anal Biochem 32:420-424

Valent BS, Darvill AG, McNeil M, Robertson BK, Albersheim P (1980) A general and sensitive chemical method for sequencing the glycosyl residues of complex carbohydrates. Carbohydr Res 79:165-192

Verhaar LAT, Kuster BFM (1981) Liquid chromatography of sugars on silica-based stationary phases. J. Chromatogr 220:313-328

Waeghe TJ, Darvill AG, McNeil M, Albersheim P (1983) Blakeney u. Stone (1985) Determination, by methylation analysis, of the glycosyl-linkage compositions of microgram quantities of complex carbohydrates. Carbohydr Res 123:281-304

Wells GB, Kontoyiannidou V, Turco SJ, Lester RL (1982) Resolution of acetylated oligosaccharides by reverse-phase high pressure liquid chromatography. Meth Enzymol 83:132-137

Whistler RL, Anisuzzaman AKM (1980) Gel Permeation chromatography. In: Whistler RL, BeMiller JN (eds) Methods in Carbohydrate Chemistry, Vol. VIII. Academic Press, New York, pp 45-53

Whistler RL, Feather MS (1965) Hemicellulose. Extraction from annual plants with alkaline solution. In: Whistler RL (ed) Methods in Carbohydrate Chemistry, Vol. 5. Academic Press, New York, pp 144-145

Whistler RL, Sannella JL (1965) Fractional Precipitation with Ethanol. In: Whistler RL, BeMiller JN, Wolfrom ML (eds) Methods in Carbohydrate Chemistry, Vol. V. Academic Press, New York, pp 34-36

Wing RE (1972) Thin-Layer Chromatography. In: Whistler RL, BeMiller JN (eds) Methods in Carbohydrate Chemistry, Vol. VI. Academic Press, New York, pp 42-53; 54-59; 60-64

Wolfrom ML, Franks NE (1965) Partial Acid Hydrolysis. In: Whistler RL, BeMiller JN, Wolfrom ML (eds) Methods in Carbohydrate Chemistry, Vol. V. Academic Press, New York, pp 276-280

Yamasita K, Mizuochi T, Kobata A (1982) Analysis of oligosaccharides by gel filtration. Meth Enzymol 83:105-126

Zweig G, Sherma J, Churms SC (eds) (1982) CRC Handbook of Chromatography: Carbohydrates, Vol. I. CRC-Press, Boca Raton

PHYSIKALISCH CHEMISCHE EIGENSCHAFTEN VON POLYSACCHARIDEN

W. Burchard

1 Einleitung

Polysaccharide sind Makromoleküle, die im Gegensatz zu den üblichen synthetischen Polymeren meist in wässrigen Medien löslich sind. Die Wasserlöslichkeit wird durch eine Vielzahl von OH-Gruppen an dem Polymerrückgrat verursacht. Zusätzliche ionische Substituenten verbessern die Löslichkeit. Die Lösungseigenschaften hängen jedoch noch von der Ionenstärke des Mediums und der Art der niedermolekularen Gegenionen ab. Die polaren Gruppen gehen nicht nur Wechselwirkungen mit dem Wasser ein, wodurch die Polysaccharidkette solvatisiert wird, sondern sie verursachen auch intra- und intermolekulare Bindungen. Bei den ionischen Polysacchariden wirken vor allem abstoßende Coulombkräfte aufeinander ein. Fehlen diese, so können sich zwischen OH-Gruppen H-Brücken ausbilden, die eine reversible Assoziation oder irreversible Aggregation der Ketten bewirken und in einigen Fällen, wie z. B. der Cellulose, eine vollständige Wasserunlöslichkeit bedingen. Durch die Assoziations- bzw. Aggregationsprozesse infolge physikalischer Wechselwirkungen unterscheiden sich Polysaccharidlösungen und -gele in ihren Eigenschaften von chemisch vernetzten Polymeren.

Das Assoziationsvermögen stellt ein ernsthaftes Problem bei der praktischen Nutzung dieser nachwachsenden Rohstoffe dar und erschwert eine molekulare Interpretation der beobachtbaren Phänomene. In den vergangenen Jahren sind große Anstrengungen unternommen worden, durch geeignete Zusätze molekular-dispers gelöste Systeme herzustellen, um einen gut definierten Bezugspunkt zu gewinnen, mit bislang geringem Erfolg.

Zum anderen ergeben sich aus der Assoziationstendenz vielfältige neue Nutzungsmöglichkeiten für Polysaccharide, die noch grundlegend erforscht werden müssen. Bei der Betrachtung ursächlich bedingter Wirkungen ist es sinnvoll, eine Unterscheidung zwischen spezifischen und unspezifischen Wechselwirkungen zu treffen. Jede Wechselwirkung, die aus der Zufälligkeit der Begegnung zweier Segmente resultiert und keine spezifische Abhängigkeit zeigt, an welcher Stelle in der Kette sich das Segment befindet, kann als unspezifisch betrachtet werden. Die Abstoßung zwischen harten Kugeln oder die bekannte van der Waals Wechselwirkung bei synthetischen Makromolekülen in organischen Lösungsmitteln sind typische Beispiele.

Die H-Brückenbildung zwischen zwei OH-Gruppen ist demgegenüber in gewisser Hinsicht spezifisch, da die beiden Gruppen eine Orientierung zueinander einnehmen müssen. Diese Orientierung stabilisiert zunächst nur lokal an der H-Brückenbindungsstelle eine bestimmte Kettenkonformation, z.B. eine erste Helixwindung. In der Folge vermag diese sich kooperativ entlang der Kette weiter auszubreiten. Es bilden sich über einen begrenzten Längenbereich Doppel- oder Tripelhelices und Bündel von lateral assoziierten Ketten, die als Vernetzungszonen in thermisch reversiblen Gelen verantwortlich sind (Rees 1969).

Noch ausgeprägter wird die Spezifität, wenn die assozationsfähigen Gruppen an definierten Stellen im Makromolekül lokalisiert sind. Dann geht der statistische Charakter der Assoziation verloren, und es kommt zur Ausbildung wohl geordneter Überstrukturen, wofür sich in der Literatur der Begriff des Selfassembling eingebürgert hat. Die Nutzung solcher Selfassemblingstrukturen für die Entwicklung neuer Werkstoffe liegt auf der Hand.

Das Selfassembling ist nur ein Aspekt der selektiven Wechselwirkung. Ein anderer resultiert aus der Wechselwirkung mit Zelloberflächen, die Oligo- oder Polysaccharide mit Wiederholungseinheiten definierter Saccharidsequenz in ihrer Membran verankert enthalten. Solche Zelloberflächen können bestimmte Polysaccharide assoziativ binden, und diese Fähigkeit macht es möglich, z.B. geeignete Pharmaka, die an das zugesetzte Polysaccharid gebunden sind oder die das Polysaccharid verkapselt umschlossen halten, gezielt an bestimmte Zellen heranzubringen.

Die Untersuchung der Wechselwirkung muß bei höheren Konzentrationen erfolgen, bei denen die Moleküle miteinander zur Zeit noch nicht gut vorhersagbare Strukturen bilden. Die Charakterisierung dieser halbverdünnten oder moderat konzentrierten Lösungen mit überlagerter Assoziation erfordert spezifische Ansätze für die auszuarbeitende Analytik und Theorie unter verschiedenen thermodynamischen Bedingungen (Burchard 1990). Der Einfluß von Scherkräften, die bei der technischen Nutzung der Polysaccharidlösungen und im lebenden Organismus eine Rolle spielen, muß Berücksichtigung finden. Eine umfassende Charakterisierung der komplexen Strukturen und der Strukturbildung in verdünnten und konzentrierten Systemen durch ineinandergreifende Kopplung geeigneter Methoden ist für die Erkennung von Zusammenhängen, die zu einer breiten Anwendung der Polysaccharide führen

soll, unbedingte Notwendigkeit. Ein Ausschnitt der Methodischen Basis wird unter den fgolgenden Gesichtspunkten abgehandelt:
- Bestimmung der molaren Masse und der Massenverteilung
- Ermittlung der Molekülgestalt
- Messung der thermodynamischen Wechselwirkung
- Anwendung dynamisch-rheologischer Methoden.

2   Bestimmung der molaren Masse und Molmassenverteilung

Hier sind prinzipiell zwei Verfahren zu unterscheiden: (1) die sogenannten Relativmethoden und (2) absolute Molmassenbestimmungen (Billmeyer 1984). Die Relativmethoden sind schnell und experimentell vergleichsweise einfach, können aber zu erheblichen systematischen Fehlern führen. Die absoluten Methoden sind meist apparativ aufwendig und erfordern mehr Zeit. Die Relativmethoden sind nur dann anwendbar, wenn für ein bestimmtes System einmal eine Eichung mit Molekulargewichten vorgenommen wurde, die nach einer Absolutmethode bestimmt wurden.

2.1 Relativmethoden

In der praktischen Anwendung kommen heute nur noch die Gelpermeationschromatographie (GPC) bzw. die Hochdruckflüssigkeitschromatographie (HPLC) sowie die Viskosimetrie in Frage, wobei letztere besonders einfach ist und bis vor 20 Jahren die einzige Relativmethode darstellte. Sie beruht auf der Entdeckung Staudingers, daß die Viskositätszahl $[\eta]$ eines linearen Polymeren eine charakteristische Maßzahl für die Größe des Makromoleküls ist.

2.1.1 Viskosimetrisches Molekulargewicht

Die Viskositätszahl ist definiert als ein Grenzwert der spezifischen Viskosität

$$[\eta] = [(\eta - \eta_o)/(\eta_o c)]_{c=0} = [\eta_{sp}/c]_{c=0} \qquad (1)$$

η_{sp}/c steigt normalerweise mit der Konzentration an und läßt sich für verdünnte Polymerlösungen meist durch die lineare Hugginsgleichung beschreiben

$$\eta_{sp}/c = [\eta](1 + k_H[\eta]c) \qquad (2)$$

wobei k_H Hugginskonstante genannt wird. Sie ist ein Maß der hydrodynamisch bedingten Wechselwirkung zwischen den Makromolekülen.

Die Viskositätszahl folgt der zunächst rein empirisch gefundenen Kuhn-Mark-Houwink Beziehung

$$[\eta] = KM^a \tag{3}$$

Die Auftragung von log[η] gegen logM ergibt eine Gerade

$$\log[\eta] = \log K + a\, \log M \tag{3'}$$

Abb. 1 gibt einige Beispiele.

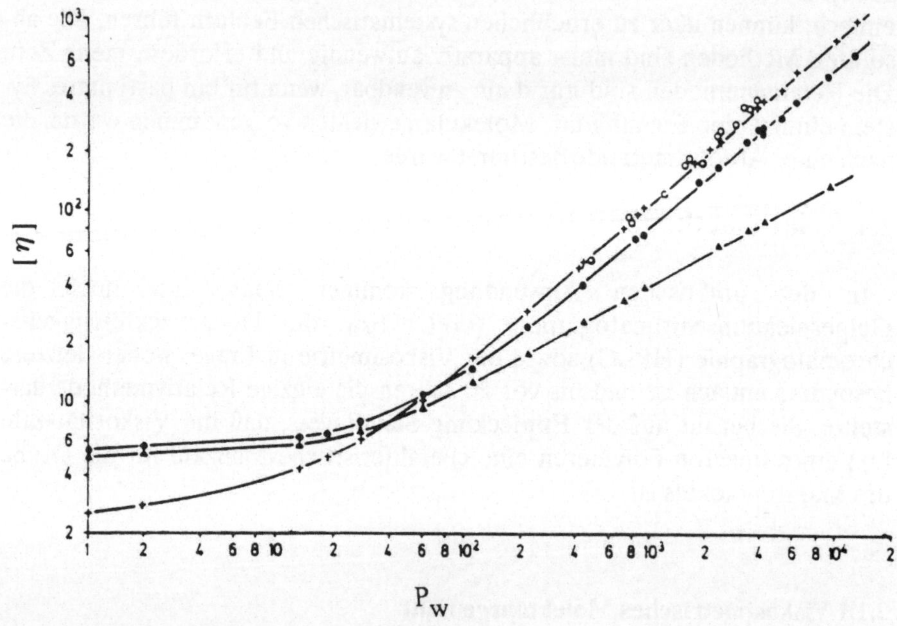

Abb. 1: Abhängigkeit der Viskositätszahl [η] vom Polymerisationsgrad P_w bei synthetischen Amylosen in 0.5 n NaOH (+)und (o), in DMSO (o) und in einem Theta-Lösungsmittelgemisch DMSO/43,5% Aceton ( ). ([η] in ml/g). Oberhalb von P_w = 80 kann das Verhalten durch Kuhn-Mark-Houwink Beziehungen beschrieben werden. Die Abflachung der Kurve bei kleinen Polymerisationsgraden wird durch die Querdimension der kurzen Ketten verursacht (Burchard 1963; Husemann et al. 1961).

Der Exponent kann bei linearen, flexiblen Makromolekülen, je nach Güte des Lösungsmittels, zwischen 0.5 und 0.8 variieren (Billmeyer 1984; Tanford 1967, sowie Lehrbücher der Polymerwissenschaften), die Konstante K ist sowohl lösungsmittelabhängig als auch ein charakteristisches Maß für die Kettensteifheit (Yamakawa 1971). Die Begriffe Güte eines Lösungsmittels und Kettensteifheit werden in späteren Abschnitten genauer definiert. An dieser Stelle ist es nur wichtig festzustellen, daß die Konstanten K und a für jedes System aus absoluten Molmassenbestimmungen ermittelt werden müssen, ehe über $[\eta]$-Messungen die molare Masse M bestimmt werden kann. Die Viskositätszahl ist mit Kapillarviskosimetern sehr einfach zu bestimmen.Da die Durchlaufzeit t eines konstanten Volumens mit bestimmter Konzentration propoertional der Viskosität ist, erhält man

$$\eta_{sp} = (\eta - \eta_o)/\eta_o = (t - t_o)/t_o \tag{4}$$

wobei sich der Index o auf das Lösungsmittel bezieht. Bei konstanten Bedingungen des Lösungsmittels, der Temperatur und der Konzentration hängt die Viskositätszahl von der Molekülgröße, bzw. dem Polymerisationsgrad und der Molekülform ab.

2.1.2 Gelpermeationschromatographie

Bei der GPC bzw. HPLC wurde ebenfalls nur ein empirischer Zusammenhang zwischen dem Elutionsvolumen, bei dem eine bestimmte Substanz detektiert wird, und der molaren Masse gefunden. Diese Beziehung kann, jedenfalls in einem Zwischenbereich der Molmassen, durch die Gleichung

$$\log M = \log M_{max} - k(V_o + V_e') \tag{5}$$

beschrieben werden. Hierin bedeutet V_o das sogenannte Ausschlußvolumen, bei dem erstmals eine Trennung von Molmassen möglich wird, und M_{max} das dazugehörige maximale Molekulargewicht. Kleinere Molmassen werden bei größeren Volumina $V_o + V_e'$ gefunden. Jede reale Trennkurve ist jedoch nicht über den ganzen Bereich linear, sondern hat den Verlauf etwa wie in Abb.2. Auch hier muß zunächst für jedes Polymer/Lösungsmittelsystem die charakteristische Eichkurve erstellt werden, ehe eine zuverlässige Molmassenbestimmung über GPC möglich wird.
Nach heutigen Erkenntnissen erfolgt die Trennung in einem makroporösem Gel nicht nach der molaren Masse sondern nach dem hydrodynamischen Volumen der Moleküle. Aus dieser Vorstellung wurde von Grubisic et al. (1967) eine verallgemeinerte Eichbeziehung postuliert, bei der $\log([\eta]M)$ als Funktion des Elutionsvolumens ermittelt wird. Die Begründung für diese Auftragung wird in den Abschnitten 3,3 und 3.4 gegeben. Die Eigenart eines bestimmten Systems wird durch die Viskositätszahl $[\eta]$ berücksichtigt, die das hydrodynamische Volumen enthält. In der Praxis wird bei synthetischen Polymeren meist nur die Eichkurve von Polystyrol in einem Lösungsmittel (etwa in Tetrahydrofuran) ermittelt und nur in seltenen Fällen in der verallgemeinerten Form für Routinemessungen verwendet. Bei wässrigen Polymeren

bezieht man sich gerne auf Dextrane als Eichstandards, die aber keien Linearpolymere sind. Dieses allgemein übliche Verfahren führt zu schweren Fehlern, wenn die Substanz eine völlig andere Gestalt besitzt wie das beispielsweise bei Ketten hoher Steifheit und bei Molekülverzweigung der Fall ist. Hier sind andere Detektions- und Auswerteverfahren notwendig.

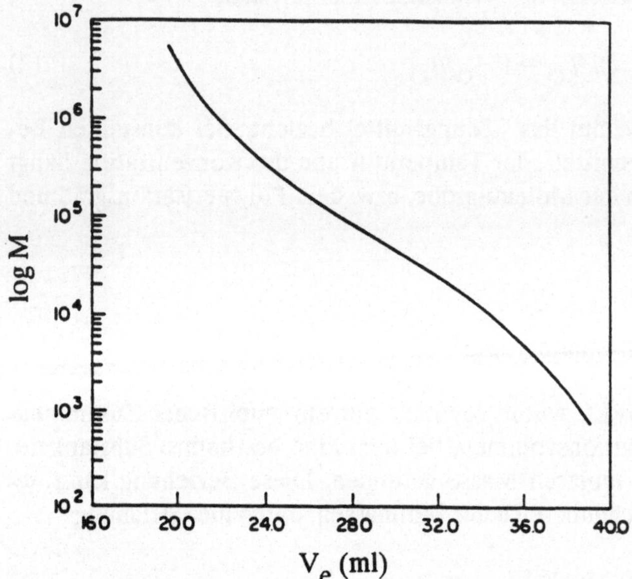

Abb. 2: Typischer Verlauf einer GPC-Eichkurve, hier für Cellulosetricarbanilat in Tetrahydrofuran. (Wenzel et al. 1986)

2.2 Absolutmethoden der molaren Masse

Es gibt im Prinzip die drei Methoden (1) Osmometrie, (2) Sedimentation und (3) Lichtstreuung.

2.2.1 Osmometrie

Sie läßt sich heute mit gängigen Membranosmometern relativ schnell durchführen. Das Molekulargewicht ergibt sich nach der Beziehung

$$\Pi/(RTc) = (1/M_n) + A_2c + \dots \qquad (6)$$

Π ist der osmotische Druck, T die Temperatur in Grad Kelvin und c die Gewichtskonzentration. A_2 ist der zweite osmotische Virialkoeffizient, der ein Maß für die Güte des Lösungsmittels ist. Das sogenannte Zahlenmittel M_n ist wie folgt definiert

$$M_n = c/(\Sigma\, c_i/M_i) \tag{7}$$

wobei c_i der Konzentrationsanteil der Moleküle mit der molaren Masse M_i ist. Man erkennt aus Gl.(6), daß die Methode ihre Grenzen hat (bei ca. $M_n = 800\,000$), weil dann der Meßwert zu klein wird.

2.2.2 Lichtstreuung (Huglin 1972; Berne, Pecora 1976)

Mit der Lichtstreuung und der Ultrazentrifuge wird das Gewichtsmittel M_w bestimmt, das die folgende Gleichung beschreibt

$$M_w = (\Sigma\, c_i M_i)/c \tag{8}$$

Die Sedimentationsmethode wird wegen der hohen Betriebskosten heute nur noch in einigen Fällen, (vorzugsweise bei Nukleinsäuren), genutzt und soll daher im folgenden nicht weiter besprochen werden. Die Messung der Streuintensität kann nach Gl.(9) (hochverdünnte Lösungen) ausgewertet werden

$$Kc/R_{\Theta=0} = (1/M_w) + 2A_2 c + \dots \tag{9}$$

Hierin ist

$$R_\Theta = [i(\Theta) - i(LM)r^2/I_o \tag{10}$$

das sogenannte Rayleighverhältnis der Streuintensitäten beim Streuwinkel Θ, $i(O)$ und $i(LM)$ sind die Streuintensitäten der Lösung und des Lösungsmittels in willkürlichen Einheiten (z.B.in Volt) und I_o die Primärstrahlintensität des Lichts. Der Abstand des Detektors (Photomultiplier) von dem streuenden Volumen ist r. K ist eine optische Konstante, die den Kontrast zwischen Polymer und dem Lösungsmittel beschreibt und gegeben ist durch

$$K = [4\pi^2/(\lambda_o^4 N_L)](dn/dc)^2\, n_o^2 \tag{11}$$

sofern vertikal polarisiertes Licht verwendet wird. Der optische Kontrast wird somit durch das Brechungsindexinkrement

$$dn/dc = (n-n_o)/c \tag{12}$$

bestimmt, wobei n der Brechungsindex der Lösung und n_o der des Löungs-
mittels ist. Hat ein Polymer denselben Brechungsindex wie das Lösungsmittel,
so ist keine Streuung des Makromoleküls meßbar.

2.2.3 Uneinheitlichkeit und Molmassenverteilung

Die beiden Mittelwerte M_w und M_n ergeben einen ersten Eindruck von der
Breite einer Molmassenverteilung. Die Größe

$$U = (M_w/M_n) - 1 \qquad (13)$$

wird Uneinheitlichkeit genannt. Sie liegt sehr häufig bei $U = 1$. Erheblich
größere Werte weisen nur verzweigte Makromoleküle auf. Werte in der Größenordnung von 10^{-2}-10^{-3} werden bei Proteinen sowie einigen synthetischen Makromolekülen, die nach der "lebenden" Polymerisation hergestellt
wurden, gefunden.

Will man genauere Einzelheiten über die Verteilung wissen, muß eine
Fraktionierungsmethode vorgenommen werden. Die wichtigste Methode
stellt zur Zeit die GPC bzw. HPLC dar, wobei die Zuordnung der gemessenen
Elutionskurve über die zuvor beschriebene Eichkurve erfolgt.

2.3 Kopplung mit einem Lichtstreuungsdetektor

Wie bereits erwähnt, versagt diese einfache und sehr schnelle Methode bei
verzweigten und steifen Kettenmolekülen. Die Aussagefähigkeit einer GPC
Analyse wird erweitert, wenn von den Fraktionen das Molekulargewicht direkt durch eine angekoppelte Lichtstreuanlage gekoppelt bestimmt wird.
Dazu muß die Streuintensität entweder bei möglichst kleinen Winkeln gemessen werden, damit der Einfluß des Formfaktors, der im nächsten Abschnitt
beschrieben wird, vernachlässigbar bleibt, oder es muß eine Extrapolation auf
den Winkel $\Theta = 0$ erfolgen. Im ersten Fall, der bei dem KMX6 Gerät von
Milton & Roy realisiert ist, spricht man von LALLS (Low Angle Laser Light
Scattering). Der zweite Fall wird mit dem DAWN Gerät von Wyatt erfüllt,
der mit dem Begriff MALLS (Multi Angle Laser Light Scattering) um-
schrieben wird. Die Genauigkeit der GPC/LALLS bzw. GPC/MALLS Methode ist an den Rändern der Molmassenverteilung, d.h. bei kleinen und bei
großen Molmassen, noch unbefriedigend, jedoch handelt es sich hier um das
einzige Verfahren überhaupt, um Informationen über die molekulare Massenverteilung bei verzweigten Polymeren zu erhalten. Abb. 3 zeigt als Beispiel
mit Epichlorhydrin vernetzte Saccharose, bei der diese Kopplung erfolgreich
war (Hanselmann 1990).

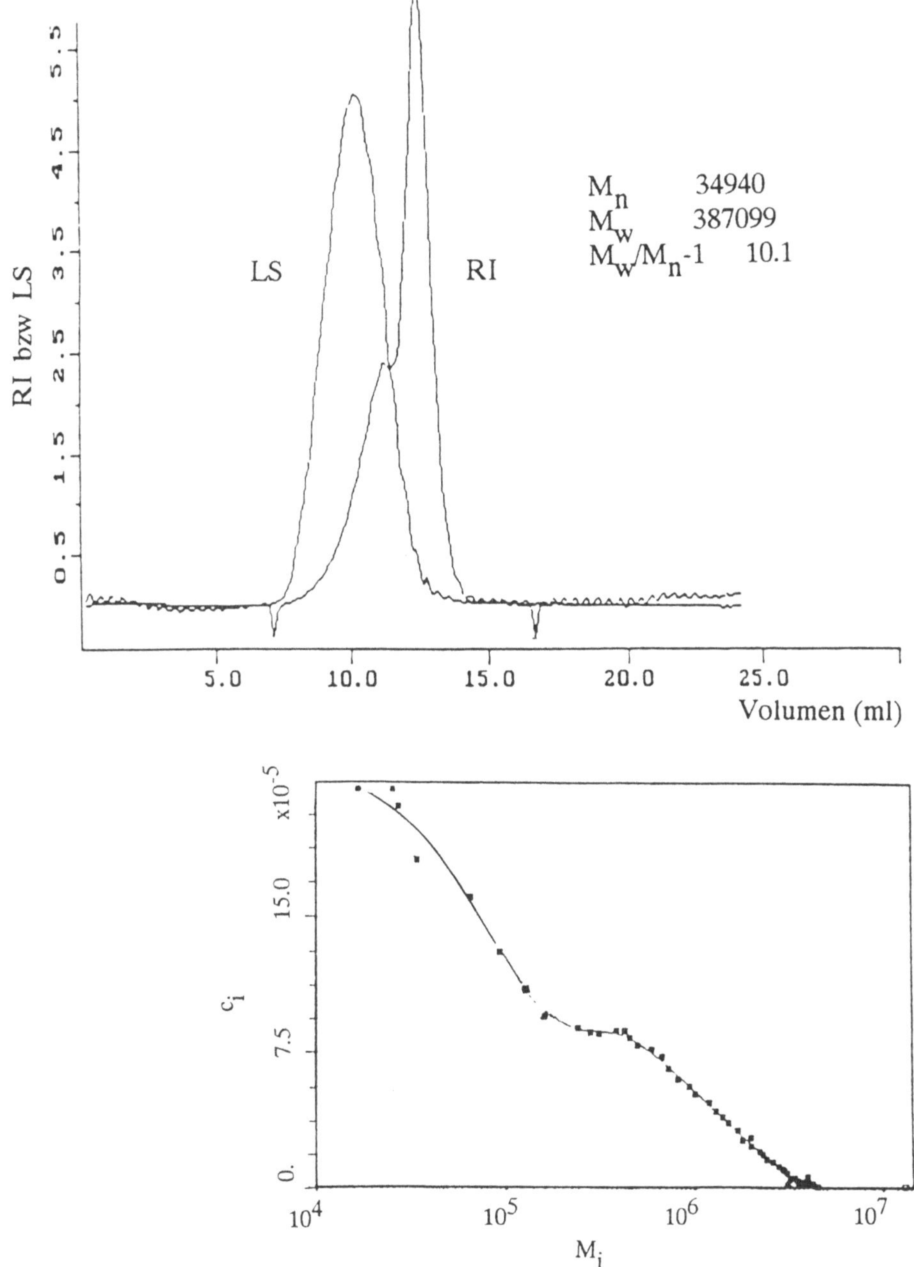

Abb.3 : Oben: RI (refractive index) und LS (Lichtstreuung) Signale einer mit Epichlorhydrin vernetzten Saccharose als Funktion des Elutionsvolumens; gemessen mit einer GPC/LALLS Anordnung. Unten: die aus beiden Kurven resultierende Molmassenverteilung (Hanselmann 1991)

Die GPC kann inzwischen auch mit einem Kapillarviskosimeter gekoppelt werden, woraus sich zusätzliche Informationen über den relativen Verzweigungsgrad gewinnen lassen

3 Molekülgestalt

Fragt man nach den Gründen für eine Trennung der molaren Masse nach ihrer Größe, so zeigt sich, daß diese auf dem Unterschied in dem Volumen beruht, das diese Makromoleküle in der Lösung einnehmen. Dieses Volumen kann auf zweierlei Weise abgeschätzt werden: (1) aus Messungen des Trägheitsradius R_g und (2) aus Messungen des hydrodynamischen Radius R_h.

3.1 Der Trägheitsradius

Dieser Radius ist durch das mittlere Abstandsquadrat aller N Streuzentren (Monomereinheiten) vom Schwerpunkt der Teilchen definiert.

$$R_g^2 = (1/N)\Sigma <s_j^2> \tag{14}$$

Abb 4 verdeutlicht die geometrischen Verhältnisse an dem Beispiel eines Kettenmoleküls.

Das Abstandsquadrat S_j^2 des j-ten Streuzentrums vom Schwerpunkt ist nur bei glasartig erstarrten Partikeln eine konstante Größe. Normalerweise besitzen Makromoleküle wegen ihrer Quellung im Lösungsmittel eine gewisse Beweglichkeit, so daß das Abstandsquadrat zeitlich über einen bestimmten Bereich fluktuiert. Die Spitzklammer < > verdeutlicht, daß der Mittelwert über diese Schwankungen sowie über alle Orientierungen des Moleküls in der Lösung gemeint ist. Die Angabe von R_g allein liefert keine keine eindeutige Aussage über die Gestalt der Moleküle, z.B entspricht R_g eines stäbchenähnlichen Moleküls (Helix) dem Radius einer äquivalenten Kugel.

Der Trägheitsradius kann durch Röntgen- Neutronen- oder Lichtstreuung gemessen werden, vorausgesetzt der Radius des Makromoleküls liegt etwa in der Größenordnung der Wellenlänge. Bei Verwendung von sichtbarem Licht bedeutet dies Radien in der Größenordnung von R_g > 15 nm. Diese Dimensionen werden nur von relativ großen Molekülmassen erreicht (M_w > 100 000 Daltons).

Die Gründe für die Meßbarkeit werden aus dem sogenannten Mie-Effekt verständlich, der in Abb. 5 erläutert ist. Betrachtet man die beiden Streuzentren i und j im Teilchen mit einem Abstand r_{ij} voneinander, so erkennt man, daß die beiden unter dem Winkel Θ gestreuten Wellen eine Phasendifferenz besitzen. Diese hängt von der Größe des Streuwinkels ab und führt zu einer Abschwächung der Intensität durch Interferenz. Die Abschwächung ist von der Größe und Gestalt des Teilchens abhängig und wird durch den Streuformfaktor P(q) beschrieben, der nun als Abschwächungsfaktor mit M_w in Gl.(9) eingeht. Bei nicht zu großen Teilchen nimmt dieser Formfaktor eine besonders einfache Gestalt an

$$1/P(q) = 1 + (1/3)R_g^2 q^2 + ... \tag{15}$$

mit

$$q = (4\pi/\lambda_o)n_o \sin(\Theta/2) \tag{16}$$

wobei λ_o die Wellenlänge des Lichts im Vakuum ist und n_o der Brechungsindex des Lösungsmittels. Einsetzen in Gl.(9) ergibt schließlich die übliche Auswertungsgleichung

$$Kc/R_\Theta = [1/(M_w P(q))] + 2A_2 c + ... \tag{17}$$

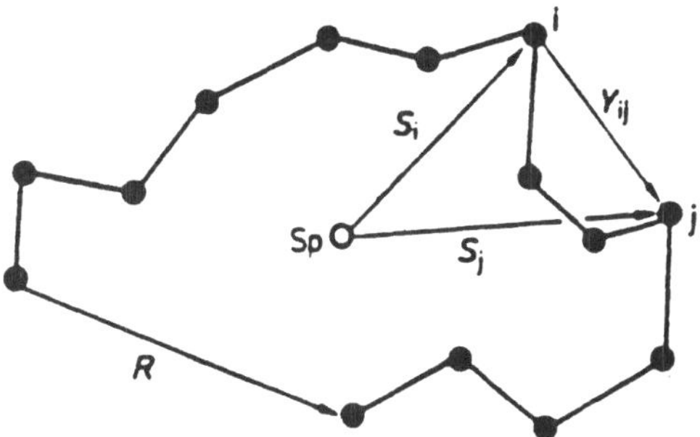

Abb. 4: Schematische Darstellung eines verknäuelten, linearen Makromoleküls. S_P = Schwerpunkt, S_i und S_j sind Radienvektoren der Segmente i und j vom Schwerpunkt. Der Trägheitsradius R_g berechnet sich dann nach Gl.(14).

Diese Gleichung enthält die wichtigen Molekülparameter M_w, R_g und den 2. Virialkoeffizienten A_2. Die Bestimmung dieser Größen erfolgt über die Zimmauftragung (Zimm 1948), bei der Kc/R_Θ gegen $q^2 + kc$ aufgetragen wird. Es ergeben sich dann für jede Konzentration Kurven, die um einen Betrag nach rechts versetzt sind. Die Größe der Verschiebung wird durch den frei wählbaren Wert der Konstante k bestimmt. Abb. 6 zeigt ein Beispiel.

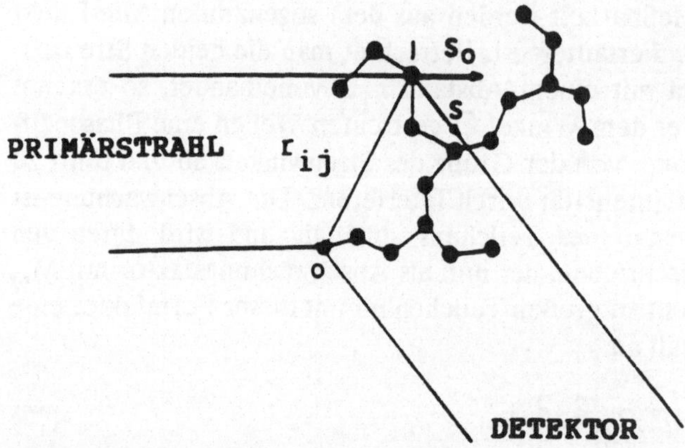

Abb. 5: Strahlengang bei der Streuung von Licht an einem Makromolekül. Zwischen den beiden Strahlen, die den Detektor erreichen, besteht eine Phasendifferenz. Durch die Interferenz wird die Streuintensität abgeschwächt (Mie-Effekt). Diese Abschwächung wird durch den Formfaktor P(q) beschrieben.

Man kann nun jede der 5 Kurven auf den Winkel $\Theta = 0$, d.h. $q^2 = 0$ extrapolieren, und die so erhaltenen Punkte lassen sich schließlich auf $c = 0$ extrapolieren. Diese Extrapolation kann auch für jeden Winkel ausgeführt werden, was zu einer Geraden bei der Konzentration $c = 0$ führt. Die Steigung dieser Geraden ist nach Gl.(7) gleich $(1/3)(R_g^2/M_w)$, und sie schneidet die Ordinate an der Stelle $1/M_w$. Die Gerade der Konzentrationsabhängigkeit hat eine Steigung von $2A_2$ und schneidet die Ordinate wieder an der Stelle $1/M_w$

3.2 Hydrodynamischer Radius (Berne, Pecora 1976)

Es ist heute möglich, die Streuintensität innerhalb sehr kleiner Zeitintervalle von 10^{-7} - 100 Sekunden zu messen, und damit wird es möglich, gewissermaßen den Weg der Moleküle zu verfolgen. Da man jedoch stets eine sehr große Zahl von Molekülen erfaßt und jedes einzelne Teilchen seinem Weg nach Zufallsgesetzen folgt, ergibt sich im Mittel aus dieser Bewegung der translatorische Diffusionskoeffizient D_{trans}. Die Einzelheiten der Methodik der dynamischen Lichtstreuung können in diesem Rahmen nicht dargestellt werden, sind aber in dem Buch von Berne und Pecora (1976) nachzulesen. Der Diffusionskoeffizient korreliert bei harten Kugeln über die Stokes-Einstein Beziehung mit dem Kugelradius. Man kann diese Beziehung aber auch für andere Molekül- und Teilchenformen benutzen, um einen hydrodynamisch wirksamen Kugelradius R_{hD} zu definiern.

$$D_{trans} = kT/(6\pi\,\eta_o R_{hD}) \tag{18}$$

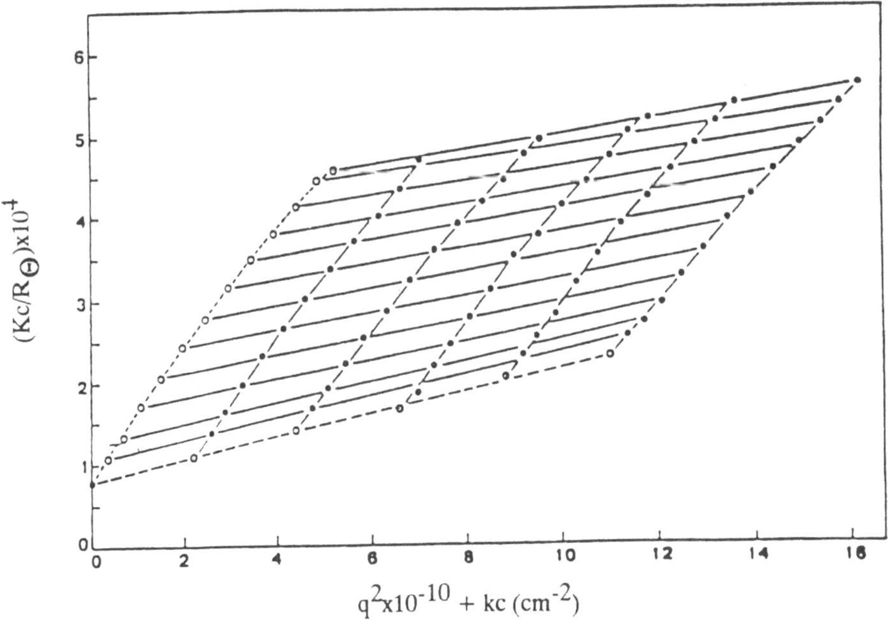

Abb. 6: Zimmdiagramm von Lichtstreumessungen an einem bakteriellen Polysaccharid, synthetisiert durch Rhizobium trifolii, Strain TA-1 (Dentini et al. 1988).

Dieser hydrodynamische Radius ist nicht gleich dem Trägheitsradius, sondern seine Größe hängt von der hydrodynamischen Wechselwirkung ab, also grob gesprochen von der Eindringtiefe des Lösungsmittels in das gequollene Makromolekül oder Teilchen. Diese Eindringtiefe ist von der Molekülgestalt und der Segmentdichte im Molekül abhängig. Die Größe ρ (Tanford 1967;Burchard et al. 1980) in

$$\rho = R_g/R_{hD} \tag{19}$$

62

hat sich als ein sehr nützlicher Parameter zur Charakterisierung der Molekülarchitektur erwiesen. Tabelle 1 gibt eine Übersicht.

3.3 Viskosität

Es war wieder Einstein, der bei harten Kugeln nachwies, daß die Lösungsviskosität von der Konzentration und dem hydrodynamischen Volumen der Kugel abhängt

$$[\eta] = 2.5(V_h/N_L) = (10\pi/3)N_L(R_{h\eta}^{3}/M) \tag{20}$$

wobei der zweite Teil auf der rechten Seite der Gleichung als eine Definition von $R_{h\eta}$ bei nicht kugelförmigen Teilchen aufzufassen ist. Die beiden hydrodynamischen Radien R_{hD} und $R_{h\eta}$ stimmen für harte Kugeln miteinander überein; Abweichungen hiervon sind ein Hinweis auf unterschiedliche Strukturen. Diese Gestaltsabhängigkeit ist noch nicht eingehend untersucht worden, gewinnt aber zur Zeit stark an Bedeutung, weil D_{trans} und $[\eta]$ auch von kleinen Molekülen, z.B. Enzymen, relativ schnell und einfach gemessen werden können. Einige Beispiele werden in Abschnitt 3.6 etwas eingehender diskutiert.

3.4 Verallgemeinerte Eichbeziehung

Wie bereits erwähnt, erfolgt die Trennung eines Gemisches von Molekülen nicht über die molare Masse, sondern über das hydrodynamische Volumen, wobei hierfür meist das über $[\eta]$ definierte Volumen $V_{h\eta}$ gewählt wird. Damit erhält man mit Gl.(20)

$$V_{h\eta} = ([\eta]M)/(2.5N_L) \tag{21a}$$

oder

$$\log(V_{h\eta}) = \text{const.} + \ln([\eta]M) \tag{21b}$$

woraus sich ergibt, daß eine von dem gewählten Lösungsmittelsystem unabhängige Eichbeziehung gelten sollte, wenn $[\eta]M$ als Trenngröße aufgefaßt wird. Abb.7 zeigt das bekannte Beispiel einer solchen universellen Eichkurve von Grubisic et al.(1967).

3.5 Der thermodynamisch wirksame Radius

Neben dem geometrisch definierten Trägheitsradius R_g und den beiden hydrodynamisch definierten Molekül- oder Teilchenradien gibt es noch einen weiteren Radius, der thermodynamisch definiert ist. Er ergibt sich aus dem 2. Virialkoeffizienten harter Kugeln (Yamakawa 1971)

$$A_2 = (16\pi/3)N_L R_{eq}^3/M^2 \tag{22}$$

wobei R_{eq} bei harten Kugeln gleich dem Kugelradius ist. Bei anderen Molekülformen hängt er vom Trägheitsradius und der Wechselwirkung mit dem Lösungsmittel ab. R_{eq} ist in guten Lösungsmitteln etwa gleich R_{hD}, in vielen Fällen aber kleiner, und kann sogar negativ werden. Dies ist ein Hinweis auf attraktive Wechselwirkungen und auf eine Teildurchdringung der Moleküle als Folge einer geringen Segmentdichte.

Die vier Radien R_g, R_{hD}, $R_{h\eta}$ und R_{eq} hängen strukturspezifisch zukammen. Für einige Molekülarchitekturen ist dieser Zusammenhang gut bekannt, für die meisten fehlt jedoch noch eine systematische Zusammenstellung. Einige der Werte sind in Tabelle 1 aufgeführt.

4 Molekülgestalt

In der Kolloid- und Polymerchemie treten vier idealisierte Teilchenformen bzw. Molekülarchitekturen besonders häufig auf. Es sind dies (1) Kugeln, (2) flexible lineare Ketten, (3) steife, stäbchenähnliche Ketten und (4) verzweigte Kettenstrukturen.

4.1 M_w-Abhängigkeit

In vielen Fällen kann von einer Substanz eine homologe Reihe mit unterschiedlichen Teilchengewichten M_w durch Synthese oder durch Extraktion aus einem biologischen Material gewonnen werden. Dann ist es möglich, die verschiedenen Radien als Funktion des Teilchengewichtes aufzutragen, wobei es meist sinnvoll ist, eine doppelt logarithmische Auftragung zu wählen. Statt der Radien können natürlich auch die Meßgrößen selbst, also $[\eta]$, D_{trans} und A_2 gewählt werden. Diese drei zuletzt genannten Größen hängen mit der M_w-Abhängigkeit des Trägheitsradius zusammen. Hier soll exemplarisch nur die Abhängigkeit der Viskositätszahl $[\eta]$ vom Teilchengewicht M_w diskutiert werden (Tanford 1967; Lehrbücher der Polymerwissenschaften).

Abb. 8 verdeutlicht schematisch den Verlauf von $[\eta]$ für Kugeln, flexible lineare Knäuel, steife Ketten, Stäbchen und statistisch verzweigte Ketten.

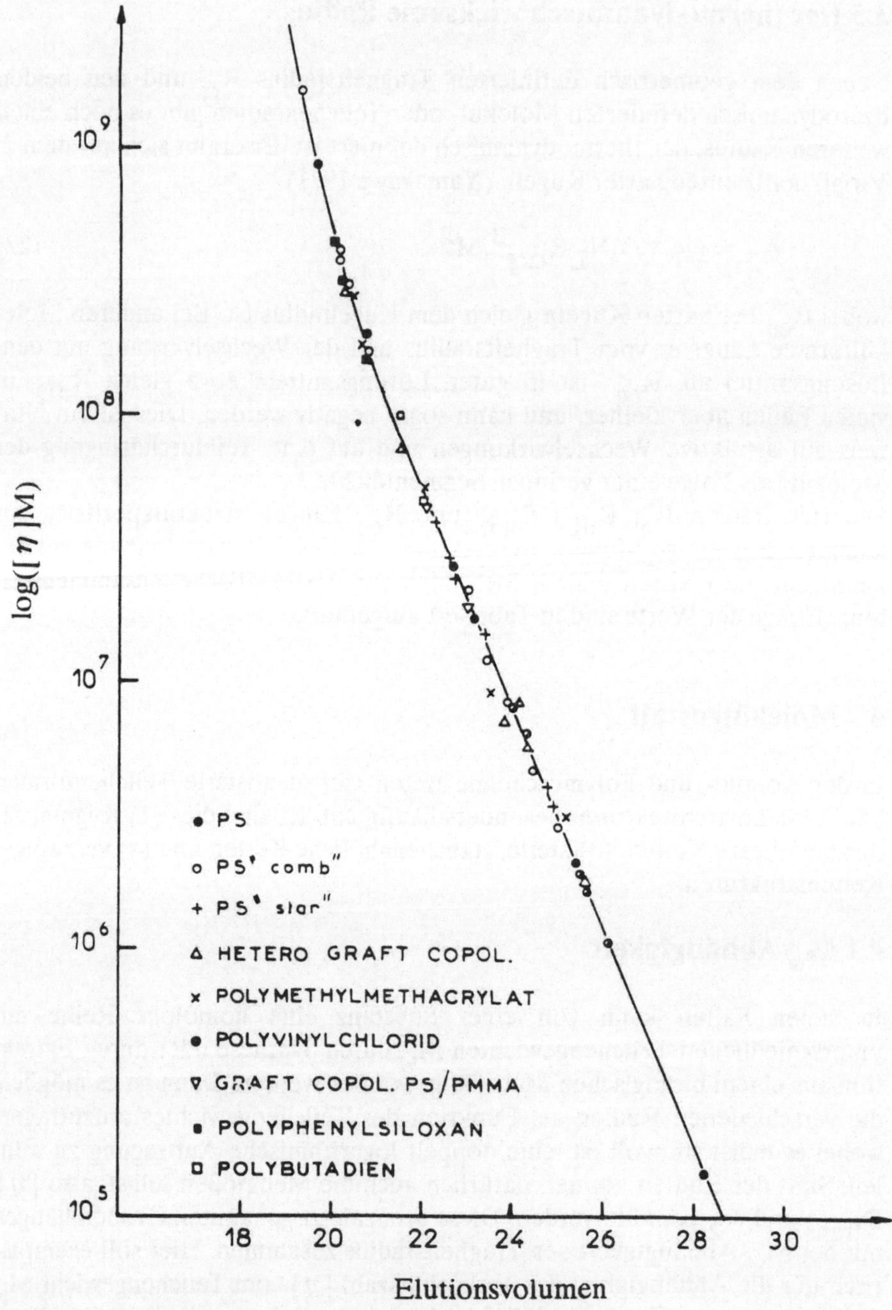

Abb. 7 : Auftragung von $\log([\eta]M)$ gegen das Elutionsvolumen. (Verallgemeinerte Eichbeziehung) für verschiedene Substanzsysteme. (Grubisic et al. 1967).

Tabelle 1: ρ-Parameter, R_{eq}/R_{hD}-Parameter und hydrodynamische Radienverhältnisse für verschiedene Molekülarchitekturen

Architektur	$\rho = R_g/R_h$	R_{eq}/R_{hD}	$R_{hD}/R_{h\eta}$
Kugel	0.778	1.0	1.0
Flexible Knäuel, Theta-Lösungsmittel			
monodispers	1.50	0.0	0.79[b]
polydispers	1.73		
Flexible Knäuel, gutes Lösungsmittel			
monodispers	1.78	1.04[a]	0.498[b]
polydispers	2.05		
sternförmig verzweigt			
f = 4	1.33		
f > 12	1.08		
Stäbchen	>2.0		

(a) Huber et al. (1985), (b) Krigbaum, Carpenter (1955), Tanford (1967)

Häufig werden Geraden in dieser doppelt logarithmischen Auftragung gefunden, die durch Gl.(3) mit charakteristischen Exponenten a_η beschrieben werden können. Tabelle 2 gibt einen Überblick über diese Exponenten für die verschiedenen Molekülstrukturen und für einige typische Beispiele. Auffallend ist das Verhalten der verzweigten und der steifen, sogenannten wurmartig gekrümmten Ketten, die kurz gesondert besprochen werden sollen.

4.1.1 Steife Ketten

Helikale Ketten verhalten sich nur bei relativ kurzen Moleküllängen wie Stäbchen. Mit steigender Länge macht sich zunehmend eine Restbeweglichkeit bemerkbar, und das Molekül zeigt schließlich ein Knäuelverhalten wie bei flexiblen Ketten. Das steife Knäuel ist allerdings wesentlich stärker aufgeweitet. Aus dieser Betrachtung wird deutlich, daß ein allmählicher Übergang vom Stäbchen zum Knäuel auch in den Exponenten der Molekulargewichtsabhängigkeit Ausdruck findet. Die gekrümmte Kurve bei der Viskositätsbeziehung kann mit der Theorie von Yamakawa und Fujii (1973, 1974) gut beschrieben werden. Die Viskositätszahl hängt mit dem Trägheitsradius zusammen und dieser ist exakt mit Hilfe der Beziehung von Doty und Benoit (1953) berechenbar. Hieraus ergibt sich dann zwangsläufig die Abnahme des Exponenten a_R in der Beziehung

$$R_g = KM^{a_R} \tag{23}$$

Der Exponent variiert von $a_R = 1$ (starres Stäbchen) bei kurzen Ketten auf $a_R = 0{,}5$ (Gaußknäuel) im Grenzfall sehr langer Ketten.

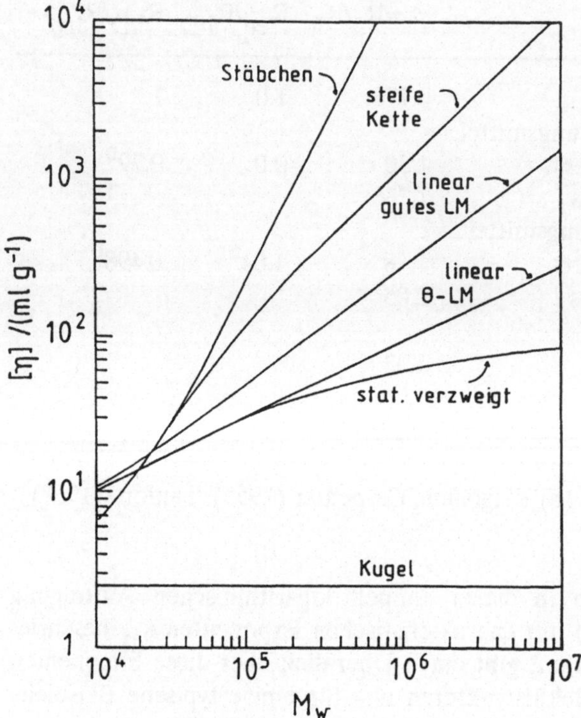

Abb. 8: Viskositäts-Molmassenbeziehung für Kugeln; flexible, lineare Ketten im guten und im Thetalösungsmittel; statistisch verzweigte Ketten und starre Stäbchen (schematisch)

Die Kettensteifheit wird üblicherweise durch die Länge des sogenannten Kuhnsegmentes l_k charakterisiert. Es ist dies die Länge eines Kettenabschnittes, die gerade so groß ist, daß sich zwei solcher zusammengehefteter Segmente praktisch unabhängig voneinander bewegen. Bezogen auf diese statistische Vorzugslänge lautet die Benoit-Doty Formel (1953)

$$R_g^2/l_k = N_k/6 - 1/4 + 1/4N_k - (1/(8N_k^2))[1 - \exp(-2N_k)] \qquad (24)$$

Abb. 9 gibt den Verlauf für verschiedene Polymere als Funktion der Zahl der Kuhnsegmente N_k pro Kette wieder (Fujita 1988). Über die Bestimmung von l_k und N_k sei auf die Originalarbeiten verwiesen. (Denkinger, Burchard 1989, 1991)

Tabelle 2: Exponenten der Kuhn-Mark-Houwink Beziehungen bei verschiedenen Molekülstrukturen

Struktur	a_η	Beispiel	
Stäbchen	1.89	PBLG	1
steife Ketten	1.5-0.8	CTC/Dioxan	2
flexible Ketten gutes Lösunsgmittel	0.7-0.8	Amylose/DMSO	3
flexible Ketten Θ-Lösungsmittel	0.5	Amylose/DMSO/Acet	4
verzw. Ketten	0.5-0.3	Dextran	5
Kugeln	0	Latex Teilchen	

(1) Polybenzylglutamat in Dimethylformamid (Doty et al. 1956). (2) Cellulose-tricarbanilat in Dioxan (Burchard 1965; Wenzel et al. 1986). (3) Amylose in Dimethylsulfoxid (Husemann et al. 1961; Burchard 1963). (4) Amylose in Dimethylsulfoxid/Aceton (56.5/43.5 Vol %) (Husemann et al. 1961; Burchard 1963). (5) Dextran in Wasser (Senti et al. 1955).

4.1.2 Statistisch verzweigte Ketten

Die Abweichung vom linearen Verlauf der Viskositätszahl verzweigter Strukturen ist nicht nicht so einfach zu erklären wie bei den steifen Ketten. Es ist hilfreich, die Eigenschaften eines verzweigten Moleküls mit denen einer linearen Kette des gleichen Molekulargewichts zu vergleichen. Abb 10 verdeutlicht schematisch, was erwartet werden kann. Offensichtlich beansprucht eine verzweigte Kette weniger Raum als eine lineare Kette. Das verzweigte Makromolekül erscheint in seiner Ausdehnung geschrumpft oder kontrahiert. Man kann verschiedene Kontraktions- oder Schrumpfungsfaktoren definieren. Die beiden bekanntesten sind (Zimm, Stockmayer 1949; Stockmayer, Fixman 1953)

$$g = R_{gv}^{\,2}/R_{glin}^{\,2} \tag{25}$$

$$g' = [\eta]_v/[\eta]_{lin} = V_{hv}/V_{hlin} \tag{26}$$

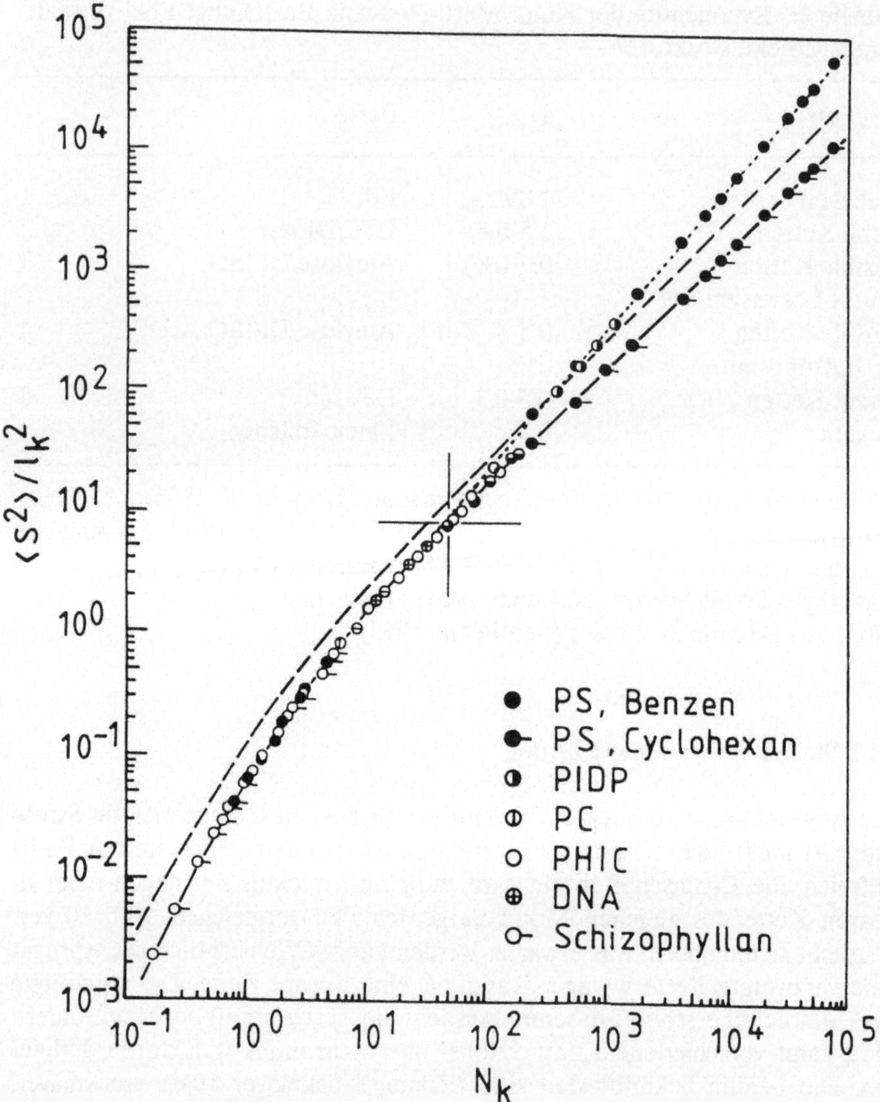

Abb. 9 : Abhängigkeit des Trägheitsheitsradienquadrats steifer Kettenmoleküle von der Zahl der Kuhnsegmente pro Makromolekül. Die Trägheitsradien sind hier bezüglich der Kuhnsegmentlänge l_k normiert (Fujita 1989).

Beide Größen sind kleiner als 1 und fallen um so kleiner aus, je ausgeprägter die Verzweigung ist. Bei statistisch verzweigten Makromolekülen werden die unterschiedlichen molaren Massen durch die Addition von Ketten an Verzweigungspunkten erzeugt. Durch diesen Mechanismus steigt die Verzweigungsdichte, und g' bzw. g nehmen ab. Neuere Theorien (Daoud, Martin 1989) sagen voraus, daß schließlich ein Exponent von $a_\eta = 1/3$ erhalten werden sollte. Experimentell werden vielfach noch kleinere Exponenten gefunden oder sogar überhaupt kein asymptotisches Potenzgesetzverhalten. Vergleiche hierzu Abb 8.

Abb. 10 : Vergleich des Raumbedarfs einer linearen mit einer verzweigten Kette. Beide haben den gleichen Polymerisationsgrad.

4.2 Der Formfaktor der Streuintensität

4.2.1 Klassifizierung von Molekülformen

Der Formfaktor war bereits in Kapitel 3.1, zunächst nur als Korrekturgröße zu dem Molekulargewicht, eingeführt worden. Er hat bei kleinen (qR_g)-Werten die besonders einfache Form der Gl.(15) und ist in diesem Bereich unabhängig von der speziellen Molekülarchitektur. Im Bereich $qR_g >> 1$ kommen dann aber die spezifischen Eigenarten der Form zum Ausdruck (daher der Name Formfaktor).

Abb. 11 zeigt den Verlauf der reziproken Formfaktoren für eine Auswahl von Teilchenformen. Die Auftragung ist bezüglich des Trägheitsradius normiert, so daß alle Kurven mit der Steigung 1/3 beginnen. Kugeln zeigen eine starke Aufwärtsbiegung, flexible Knäuel einen nahezu linearen Verlauf und steife Stäbchen eine Abwärtsbiegung. Mit diesen drei Grenztypen ist eine gute Klassifizierung möglich: globuläre und verzweigte Ketten sind in dem Bereich zwischen Kugeln und linearen Ketten zu erwarten, steife Kettenmoleküle dagegen im Bereich zwischen Stäbchen und flexiblen Kettenmolekülen.

4.2.2 Spezielle Auswertediagramme

Zur genaueren Analyse der unterschiedlichen Formen haben sich besonders drei spezielle Auftragungen als nützlich erwiesen.

4.2.2.1 Guinier-Auftragung (1955)

Sie eignet sich bei globulären Teilchen, die nach Guinier durch die Beziehung der folgenden Gleichung approximiert werden können

$$1/P(q) = \exp[1-(1/3)R_g^2 q^2] \tag{27}$$

Die Aufwärtsbiegung bei der üblichen linearen Zimmauftragung wird weitgehend linearisiert, wenn jetzt $\ln[1/P(q)]$ gegen q^2 aufgetragen wird. Abb. 12 demonstriert den Effekt am Beispiel eines Glykogens aus Leber.

4.2.2.2 Kratky-Auftragung (1949)

Hier wird $q^2 P(q)$ gegen q aufgetragen. Flexible Ketten erreichen bei großen q-Werten ein Plateau. Bei noch größerem q werden schließlich nur noch sehr kurze Kettenabschnitte erfaßt, und die sind meist stäbchenähnlich. In diesem Bereich steigt die Funktion wieder linear an. Abb. 13 verdeutlicht am Beispiel eines Cellulose-tri-carbanilats das Verhalten. Extrapolation des Plateaus und des linearen asymptotischen Teils führt zu einem Schnittpunkt bei einem bestimmten q*-Wert. Aus diesem Wert kann unmittelbar über die Gleichung $q^* = 3.82/l_k$ die Kuhnsegmentlänge bestimmt werden.

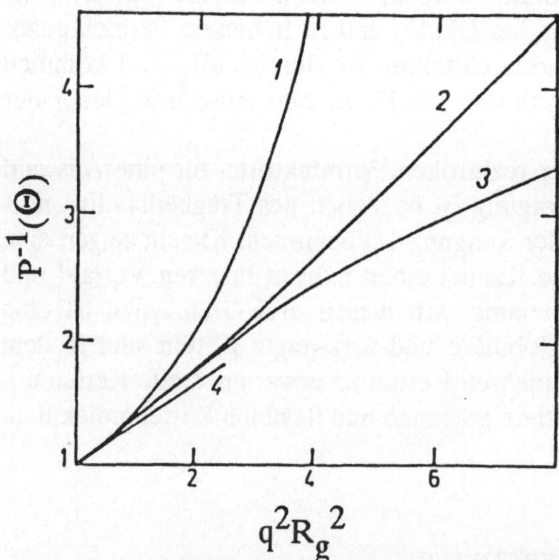

Abb. 11 : Verlauf der reziproken Formfaktoren $1/P(q)$ als Funktion von $q^2 R_g^2$. (1) Kugel; (2) monodisperses Knäuel; (3) starres, unendlich dünnes Stäbchen; (4) gemeinsame Anfangssteigung aller Kurven.

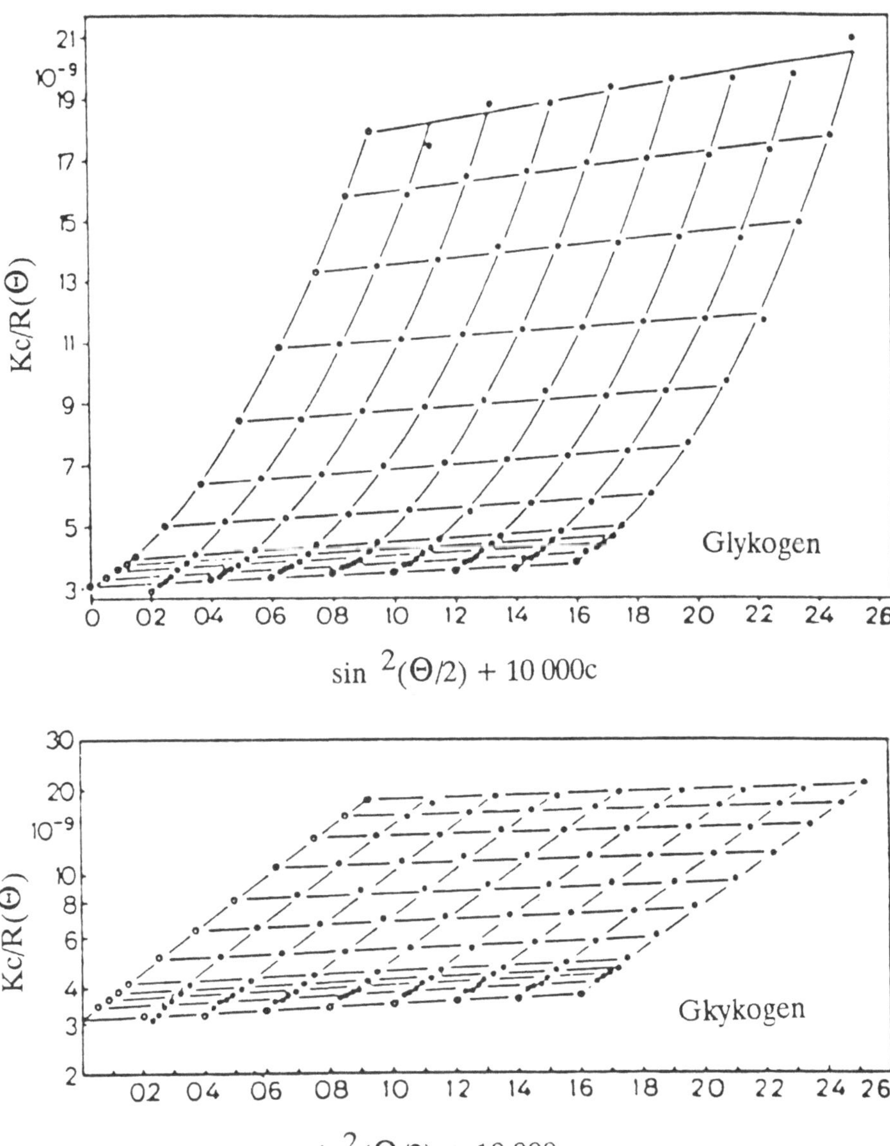

Abb 12 : Normales Zimmdiagramm von Glykogen aus Rattenleber (oben) und die entsprechende modifizierte Guinierauftragung der selben Messung (unten). Die resultierende Linearisierung zeigt eine globuläre Gestalt an, die in elektronenmikroskopischen Aufnahmen bestätigt werden konnte. (Burchard et al. 1968)

4.2.2.3 Casassa-Holtzer Auftragung (1955)

Sie gibt wesentliche Interpretationshilfen bei Stäbchen und sehr steifen Kettenmolekülen, bei denen die Kratky-Auftragung versagt (Coviello et al.1986). Hier wird $(qR/Kc) = qM_wP(q)$ gegen q aufgetragen. Beim völlig starren Stäbchen wird ein Plateau erreicht, dessen Höhe gleich der linearen Massendichte M_L d.h. der Masse pro Länge ist. Diese Größe ist von hohem Wert, da die Massenbelegung meist für eine einsträngige Kette (Einzelhelix) berechnet werden kann. Der experimentelle Wert liegt bei einer Anzahl von Helices deutlich höher, und zwar um ganzzahlige Faktoren von 2 oder 3. Man erhält somit aus dem Vergleich von gemessenem M_L zum berechneten M_{Lo} die Multiplizität der Helix bzw. die Zahl der lateral aggregierten Ketten. In Abb. 14 sind drei Beispiele steifer Ketten dargestellt. Die Flexibilität solcher Ketten äußert sich in einem Maximum bei kleineren q-Werten. Auch dieses Maximum kann quantitativ ausgewertet werden und liefert die Zahl der Kuhnsegmente pro Kette N_k, und die Lage des Maximums gibt Information über die Polydispersität (Denkinger, Burchard 1991)

5 Thermodynamische Wechselwirkung

Wechselwirkungen zwischen mehreren Partikeln treten in zunehmendem Maße bei höheren Konzentrationen auf. Sie lassen sich gut mit der Lichtstreuung untersuchen, wenn die Winkelabhängigkeit auf den Winkel $\Theta = 0$ extrapoliert wird (Vorwärtsstreuung). Für diese Vorwärtsstreuung sagt die statistische Thermodynamik voraus, daß

$$Kc/R_{\Theta=0} = (1/RT)/(d\Pi/dc) \tag{28}$$

wobei Π der osmotische Druck ist. Die Größe auf der rechten Seite wird osmotischer Modul genannt. Eine Reihenentwicklung als Funktion der Konzentration ergibt

$$Kc/R_{\Theta=0} = (1/M_w)(1 + 2A_2M_wc + 3A_3M_wc^2 + ...) \tag{29}$$

Die Virialkoeffizienten beschreiben die Wechselwirkung zwischen zwei bzw. drei Makromolekülen, und der Ausdruck in den eckigen Klammern repräsentiert die gesamte, meist repulsive Wechselwirkung im System.

Ein tieferer Einblick läßt sich aus der genaueren Betrachtung der Größe $A_2M_wc = X = c/c^*$ gewinnen (Burchard 1990, Freed 1987). Die statistisch-thermodynamische Theorie zeigt, daß $1/(A_2M_w)$ die Dimension einer Konzentration $c^* = M_w/(N_LV_m)$ hat, wobei V_m das Volumen ist, das ein Einzelmolekül der molaren Masse M_w in der Lösung beansprucht. Bei dieser Konzentration sind die Moleküle bereits so dicht in der Lösung angeordnet, daß sich ihre Wirkungssphären zu überlagern beginnen. Unterhalb c^* werden die Eigenschaften der Lösung durch die Größe und Gestalt der Einzelmoleküle bestimmt; es handelt sich hier um den Bereich der verdünnten Lösungen. Im Bereich oberhalb c* ist die Wechselwirkung zwischen den Makromolekülen dann so groß, daß der Einfluß der Einzelmoleküle weitgehend verloren geht, und nur der Molekülverband das Verhalten bestimmt. Derartige Lösungen werden als halbverdünnt bezeichnet, weil die aktuelle Konzentration mit etwa 1% immer noch nach herkömmlicher Vorstellung verdünnt ist.

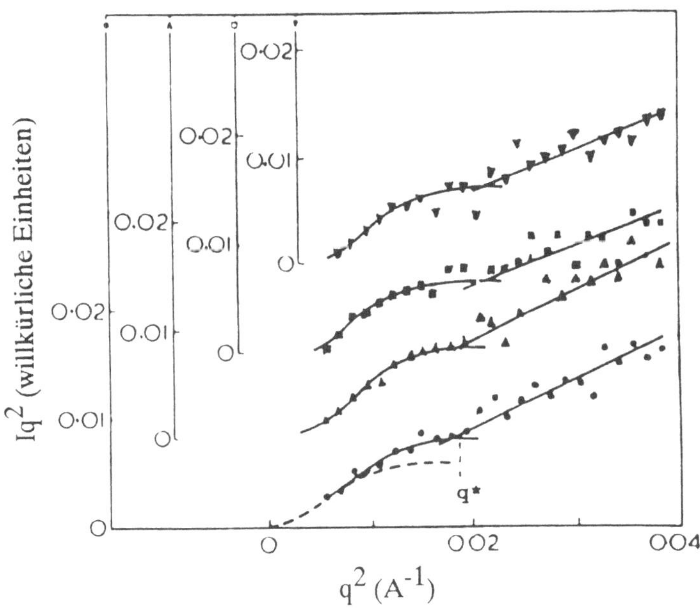

Abb. 13 : Kratky Auftragung der Neutronenstreumessungen von Cellulosetricarbanilat in Dioxan bei Temperaturen von 22°C, 40.9°C, 62.6°C und 80.2°C (von unten). Der Extrapolierte Knickpunkt bestimmt die Länge des Kuhnsegments l_k nach der Beziehung $q^* = 3.82/l_k$. (Gupta et al. 1976)

5.1 Flexible Ketten

Die Eigenart von Polymerlösungen, daß ihre Eigenschaften von der Kettenlänge bzw. der molaren Masse unabhängig wird, wurde erstmals bei linearen Kettenmolekülen erkannt und von des Cloiseaux (1982) und de Gennes (1979) zu der Theorie der halbverdünnten Lösung ausgearbeitet. Die Theorie wird von der wesentlichen Vorstellung geleitet, daß sich die Knäuel der linearen flexiblen Ketten mehr und mehr durchdringen und schließlich ein Verhakungsnetzwerk bilden. Die Ketten sind in diesem Netzwerk nicht über Netzpunkte fixiert, aber sie sind in ihrer Bewegung stark eingeengt. Im Grenzfall kann man nur noch eine Bewegung entlang der eigenen Kontourlänge erwar-

74

ten, die der einer Schlangenbewegung gleicht. De Gennes hat dafür den Ausdruck Reptation geprägt (De Gennes 1979).

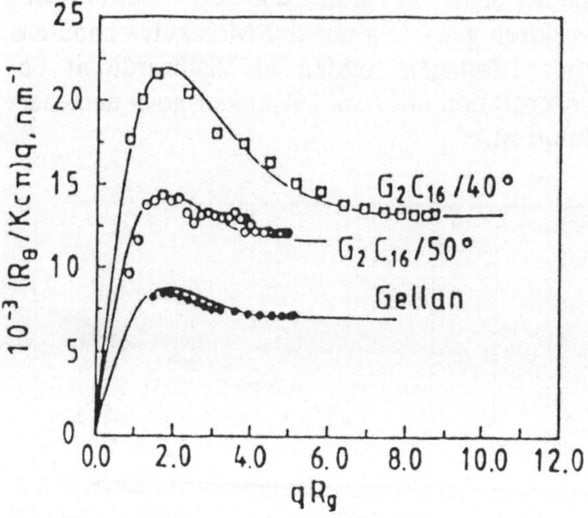

Abb. 14 : Casassa-Holtzer Auftragung bei steifen Ketten. Die Plateauhöhe ist gleich M_L, das Verhältnis der Maximumhöhe zur Plateauhöhe ist ein Maß für die Flexibilität, d.h. die Zahl an Kuhnsegmenten pro Kette N_k. Mit M_w, das aus dem Zimm-Diagramm bestimmt werden kann, ergibt sich mit M_L die Kontourlänge der Kette L_w und zusammen mit N_k schließlich die Kuhn Segmentlänge $l_k = L_w/N_k$ (Denkinger, Burchard 1991). Gellan ist ein bakterielles Polysaccharid und mit G_2C_{16} wird ein Tensid bezeichnet mit Maltose (G2) als hydrophile Kopfgruppe.

Allein aus dieser Vorstellung konnte eine Reihe von Gesetzmäßigkeiten über sogenannte Scaling Beziehungen vorausgesagt werden. Sie sind allerdings nur für c>>c* gültig. Inzwischen konnte auch der Übergangsbereich (cross-over) von der verdünnten zu der halbverdünnten Lösung mit Hilfe der Renormierungs-Gruppentheorie berechnet werden (Freed 1987; Ohta, Oono 1983). Das Ergebnis dieser Theorie ist in Abb. 15 im Vergleich mit Meßergebnissen zu sehen.

5.2 Harte Kugeln

Harte undurchdringliche Teilchen (Kugeln) verhalten sich anders. Da sie sich bei c* gerade berühren, kann eine Erhöhung der Konzentration nur dann noch erreicht werden, wenn die Teilchen deformiert werden. Je nach innerer

Festigkeit der Teilchen wird dann der osmotische Modul sehr hoch bzw. praktisch unendlich hoch. Der Verlauf des Moduls ist seit langem in der Theorie bekannt und wurde von Carnahan und Starling (1969) berechnet. Abb. 15 zeigt den Verlauf sowie experimentelle Ergebnisse von Delay und Mitarbeitern (1983).

5.3 Steife stäbchenähnliche Ketten

Infolge der Brownschen Bewegung nehmen z.B. stäbchenförmige Partikel im Laufe einer relativ kurzen Zeit von ca 10^{-5} Sekunden alle möglichen Orientierungen im Raum ein. Die Wirkungssphäre solcher Stäbchen ist sehr groß, doch der Raum, der von diesen rotierenden Stäbchen aufgespannt wird, nur wenig mit Materie ausgefüllt. So wird keine große Energie benötigt, um zwei oder mehrere solcher Stäbchen in einen Überlappungsbereich zu bringen. Tatsächlich wird weniger Energie benötigt als bei den flexiblen Ketten; der osmotische Modul ist kleiner. Dieses Verhalten ist in Abb. 13 dargestellt.

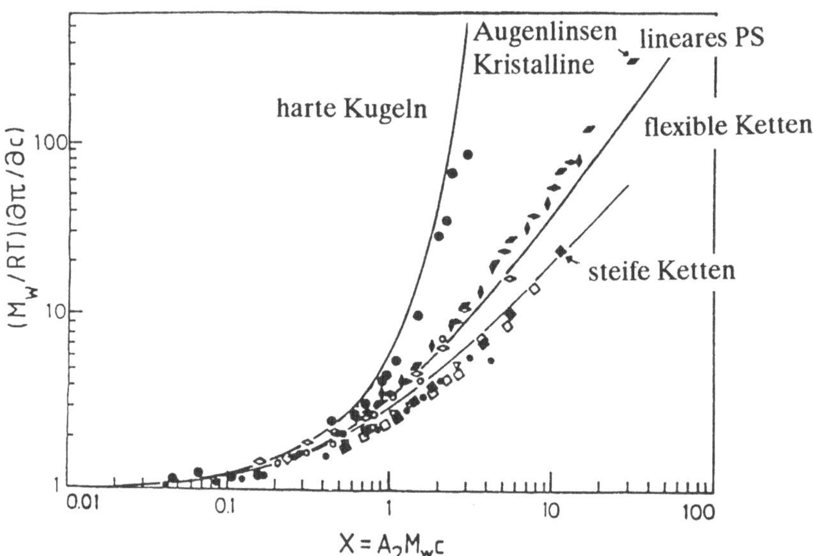

Abb. 15 : Verlauf des osmotischen Moduls als Funktion des Parameters $X = A_2 M_w c$ bei harten Kugeln, flexiblen Knäueln und steifen Ketten. Die ausgezogenen Kurven entsprechen den Theorien von Carnahan und Starling (1969), Ohta und Oono (1983) und von Cotter und Martire (1970). Die Symbole repräsentieren die Messungen. Augenlinsen Crystalins (Delay et al. 1983) Polystyrol (Burchard 1988), steife Ketten (Denkinger, Burchard 1990, 1991).

5.4 Schlußfolgerungen

Die Zusammenstellung in Abbildung 13 erbrachte ein überraschendes Ergebnis. Die Struktur der Einzelmoleküle kann nicht nur aus dem Verhalten in verdünnter Lösung bestimmt werden, sondern auch über die Art der Wechselwirkung der Moleküle untereinander, die stark von der Architektur der Teilchen abhängt und der dadurch begrenzten Möglichkeit einer wechselseitigen Durchdringung. Abb. 15 erlaubt auch eine Klassifizierung. Wir können erwarten, daß verzweigte Makromoleküle eine Wechselwirkung zeigen, die zwischen der von harten Kugeln und flexiblen Ketten liegt, während steife Ketten ein Verhalten zwischen Stäbchen und flexiblen Knäueln zeigen sollten. Dies wurde auch experimentell bestätigt. Zur Zeit ist allerdings noch nicht genügend geklärt, wie sich eine ausgeprägte Polydispersität auswirkt.

5.5 Assoziation

Die Universalität der verschiedenen Klassen von Polymeren wird nur bis zu einem moderat konzentrierten Bereich erfüllt. In fast allen Fällen tritt ab einer bestimmten Konzentration eine drastische Veränderung ein, die an einigen Beispielen in Abb. 16 zu sehen ist.(Burchard 1991, 1988; Burchard, Schulz 1990) Der osmotische Modul sinkt plötzlich stark ab und scheint gegen Null zu gehen. Ein solches Verhalten ist nur in der Weise zu erklären, daß oberhalb dieser Konzentration eine Zusammenlagerung mehrerer Teilchen zu größeren Assoziaten auftritt. Eine Assoziation ist immer eine Gleichgewichtsreaktion zwischen mindestens zwei funktionellen Gruppen verschiedener Teilchen.

Kommen Makromoleküle genügend nahe zueinander, und wird diese Wahrscheinlichkeit durch Konzentrationserhöhung erhöht, so bildet sich kurzfristig eine Bindung aus. Bei hohen Konzentrationen wird demnach eine unspezifische Abstoßung von einer spezifischen Anziehung überlagert, die zur Clusterbildung führt. Diese Cluster wachsen sehr schnell bei weiterer Konzentrationserhöhung, und es kommt schließlich zum Phänomen einer reversiblen Gelbildung, die meist thermoreversibel ist, da ja die Gleichgewichtskonstante eine temperaturabhängige Funktion ist.

6 Ausblick

In der Einleitung zu diesem Kapitel war auf die Bedeutung der Dynamik und rheologischen Scherbelastung strukturierter Polysaccharidlösungen hingewiesen worden. Als Methodik kam lange Zeit bevorzugt die mechanische Rheologie zur Anwendung. Man versuchte, z.B. aus der zeitlichen Abnahme der Scherspannung $\sigma(t)$ bei konstant gehaltener Deformation γ, einen zeitabhängigen Schermodul

$$G(t) = \sigma(t)/\gamma \tag{30}$$

zu bestimmen. Das System relaxiert bei solcher Deformation über eine Vielzahl von Relaxationszeiten τ, zunächst über schnelle Segmentbewegungen dann, mit fortschreitender Zeit, über sukzessiv langsamere Umordnungprozesse, und es gilt

$$G(t) = G_e + \int_0^\infty H(\tau)\exp(-t/\tau)\,d\ln\tau \tag{31}$$

Hierin bedeutet G_e einen Gleichgewichtsmodul mit der unendlich langsamen Relaxationszeit τ_e, die bei permanenten Netzwerken auftritt. Bei unvernetzten Ketten ist $G_e = 0$. Das Spektrum der verschiedenen Relaxationszeiten wird durch $H(\tau)$ beschrieben.

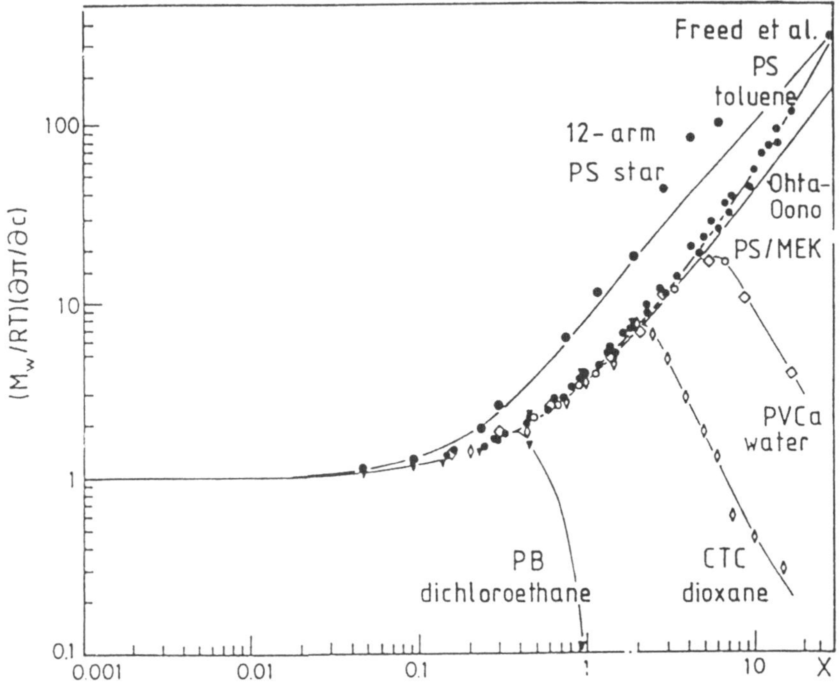

Abb 16 : Verhalten des osmotischen Moduls bei großen $X = A_2 M_w c$ Werten. Die plötzliche Änderung des Kurvenverlaufs oberhalb eines bestimmten X-Wertes zeigt die Bildung von Assoziaten an.

Häufig werden statt G(t) die frequenzabhängigen Speicher- und Verlustmodule G'(ω) und G"(ω) in Oszillationsrheometern gemessen, die beide ebenfalls mit dem Relaxationspektrum H(τ) zusammenhängen

$$G'(\omega) = G_e + \int_o^\infty [H(\sigma)\omega^2\tau^2/(1 + \omega^2\tau^2)]d\ln\tau \tag{32}$$

$$G''(\omega) = [H(\tau)\omega\tau/(1 + \omega^2\tau^2)]d\ln\tau \tag{33}$$

Die Anwendbarkeit der Gleichungen (31)-(33) setzt voraus, daß durch die angelegte Deformation Strukturen nicht zerstört werden. Diese Bedingung ist bei reversiblen Netwerken in der Nähe des Gelpunktes nicht leicht zu erfüllen. Bereits kleine Deformationen können die sehr schwachen Bindungen zerreißen, was zu inkorrekten Rückschlüssen über die Flexibilität des Systems führt. Die Voraussetzung einer zerstörungsfreien Rheologie muß vorher überprüft werden. Dies kann in der Weise geschehen, daß bei konstanter Frequenz der Speichermodul als Funktion der Scheramplitude γ_o gemessen wird. Erhält man unterhalb einer bestimmten Auslenkung keine Veränderung des Speichermoduls, so kann die Bedingung einer zerstörungsfreien Rheologie als gegeben angesehen werden.

Seit der Entwicklung der dynamischen Lichtstreuung läßt sich das Relaxationspektrum eines Polymersystems durch ein weiteres Verfahren erfassen. Bei dieser Methode wirken keine äußeren Kräfte auf das System ein. Die Dynamik wird allein durch die thermische Bewegung im System ausgelöst, und die gemessene Zeitkorrelationsfunktion g_1(t) wird in vergleichbarer Weise wie in der mechanischen Rheologie von dem Relaxationszeitenspektrum bestimmt

$$g_1(t) = \int_o^\infty h(\tau)\exp(-t/\tau)d\ln\tau \tag{34}$$

Pecora (1968) deckte bei flexiblen Linearpolymeren den exakten Zusammenhang zwischen den Häufigkeitsverteilungen H(τ) und h(τ) auf, und de Gennes und Violette (1967) sowie Akcasu und Benmouna (1980) leiteten daraus geschlossene mathematische Beziehungen ab. Bei strukturierten Lösungen ist jedoch der Zusammenhang noch weitgehend unbekannt.

Die zeit- und frequenzabhängigen Schermodule von vernetzten und unvernetzten Ketten als auch die entsprechende Zeitkorrelationsfunktion der Lichtstreuung unterscheiden sich in charakteristischer Weise voneinander (Ferry 1980), so daß es in der Regel leicht zu entscheiden ist, ob ein Netzwerk oder eine Lösung vorliegt. Dennoch blieb es lange Zeit unklar, wie sich das System am Gelpunkt verhält und ob sich aus diesem Verhalten eine genaue Methode zur Bestimmung des Gelpunktes ableiten ließe. Winter und Mitarbeiter (Winter 1987; Chambon, Winter 1985) zeigten erstmals an kovalent vernetzten Polymerketten, daß G(t) und die entsprechenden frequenzabhängigen Schermodule G'(ω) und G"(ω) in einem engen Übergangsbereich der

Temperatur, des Umsatzes oder der Konzentration Potenzgesetzen genügen. Wenig später gelang Martin und Wilcoxon (1988) der Nachweis eines solchen Potenzverhaltens auch für die Zeitkorrelationsfunktion der dynamischen Lichtstreuung. Diese Gesetzmäßigkeit wird als ein typisches Merkmal eines Systems am Gelpunkt angesehen.

Gleichartige Potenzgesetze ließen sich kürzlich auch an zwei thermoreversibel gelierenden Netzwerken realisieren (Lang, Burchard 1991; Coviello, Burchard 1992). Ein Beispiel (Coviello, Burchard 1992) ist in Abbildung 17 gegeben.

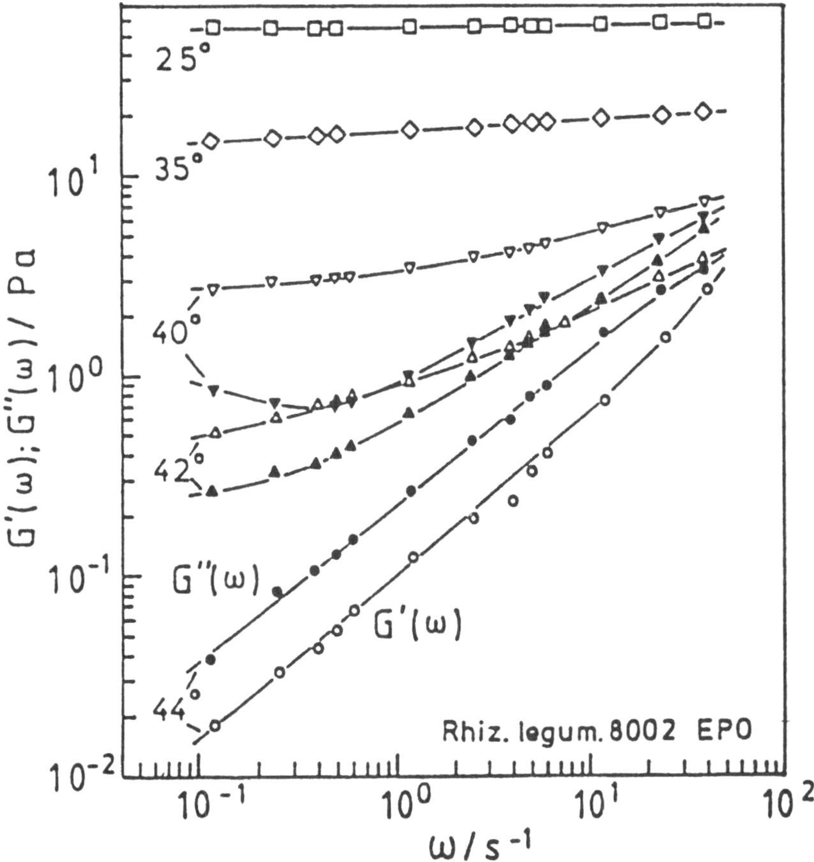

Abb. 17 : Verlauf der frequenzabhängigen Schermodule $G'(\omega)$ (Speichermodul, offene Symbole) und $G''(\omega)$ (Verlustmodul, ausgefüllte Symbole) bei verschiedenen Temperaturen eines exozellulären Polysaccharid von Rhizobium leguminosarum 8002 in wässriger 0.1 n NaCl Lösung. Die Verlustmodulkurven bei 25°C und 35°C unterscheidet sich nur unwesentlich von der bei 40°C. Bei 44° verlaufen beide Schermudule parallel zu einander und erfüllen ein Potenzgesetz mit Exponenten von 0.80 ±0.02.

Zur Zeit kann jedoch noch nicht eindeutig entschieden werden, ob dieses Verhalten eine universelle Eigenschaft aller denkbaren Netzwerke darstellt. Es gibt Hinweise (Schurtenberger et al. 1989), daß einige physikalische Gele sich anders verhalten, weil in der dynamischen Lichtstreuung noch immer das typische Bild von Lösungen sichtbar ist. Es erscheint denkbar, daß eine schnelle Dynamik der Clusterbildung und des Zerfalls im mikroskopischen Bereich den Eindruck von Lösungen vermittelt, obwohl die makroskopische Erscheinung eindeutig einem Gel entspricht.

Diese noch offenen Fragen werden geklärt werden können, wenn eine umfangreiche Methodenkombination bei den zukünftigen Messungen vorgenommen wird. Hierzu gehört auch der Einfluß von Schergradienten, der in diesem Zusammenhang nicht diskutiert werden konnte, und die bereits erwähnte Kombination der Oszillationsrheologie mit der dynamischen Lichtstreuung.

7 Literatur

Akcasu AZ, Benmouna M (1978) Macromolecules 11:1193

Akcasu AB, Benmouna M, Han CC (1980) Polymer 21:866

Akcasu AZ (1981) Polymer 22:1169

Benoit H, Doty PM (1953) J Phys Chem 57:958

Berne BJ, Pecora R (1976) Dynamic Light Scattering. Wiley, New York

Billmeyer FW Jr (1984) Textbook of Polymer Science, Wiley, New York; siehe auch Lehrbücher der Polymerwissenschaften

Burchard W (1963) Makromol Chemie 64:110

Burchard W, Keppler D, Decker K (1968) J Colloid Sci 4:35

Burchard W (1988) Makromol Chemie, Macromol Symposia 18:1

Burchard W, Schmidt M, Stockmayer WH (1980) Macromolecules 13:1265

Burchard W, Stadler R, Freitas LL, Möller M, Omeis J, Mühleisen E (1988) In: Kramer O (ed) Biological and Synthetic Polymer Networks. Elsevier, London

Burchard W (1990) Makromol Chemie, Macromol Symposia 39:179

Carnahan NF, Starling KE (1969) J Chem Phys 51:635

Casassa EF (1955) J Phys Chem 23:596

Chambon F, Winter HH (1985) Polym Bull 13:499

Cotter MA, Martire DC (1970) J Chem Phys 52:415

Coviello T, Dentini M, Kajiwara K, Burchard W, Crescenzi V (1986) Macromolecules 19:2826

Coviello T, Burchard W (1992) Manuscript in preparation

Des Cloiseaux J (1982) J Physique (Paris) 36:281

Daoud M, Martin JE (1989) In: Fractal Approach to Heterogeneous Che mistry. Avenir O (ed). Wiley, London

Denkinger P, Burchard W (1991) J Polym Sci 29:589

Dentini M, Coviello T, Burchard W, Crescenzi V (1988) Macromolecules 21:3312

Delay M, Tardieu A (1983) Nature 30L:415

Delay M, Gromiec A (1983) Biopolymers 22:1203

Doty P, Bradbury JH, Hotzer A (1956) J Am Chem Soc 78:947

Ferry JD (1980) Viscoelastic Properties of Polymers. Wiley, New York

Freed KF (1987) Renormalization Group Theory of Macromolecules. Wiley, New York

Fujita H (1988) Macromolecules 21:179

De Gennes P-G (1967) Physics 3:37

De Gennes P-G (1979) Scaling Concepts in Polymer Physics. Cornell University Press, Ithaca, N.Y.

Grubisic Z, Rempp P, Benoit H (1967) J Polym Sci B5:753

Guinier A, Fournet G (1955) Small Angle Scattering of X-Rays. Wiley, New York

Gupta AK, Cotton JP, Marchal E, Burchard W, Benoit H (1976) Polymer 17:363

Hanselmann R (1991) Diplomarbeit, Universität Freiburg

Huber K, Burchard W, Akcasu AZ (1985) Macromolecules 18:2743

Holtzer AJ (1955) J Polymer Sci 17:433

Huglin MB (1972) Light Scattering from Polymer Solutions. Academic Press, London

Husemann E, Pfannemüller B, Burchard W, Werner R (1961) Stärke/Starch 13:196

Krigbaum WR, Carpenter DK (1955) J Chem Phys 59:1166

Kratky O, Porod G (1949) J Colloid Sci 4:35

Lang P, Burchard W (1991) Macromolecules 24:814

Martin JE, Wilcoxon JP (1988) Phys Rev Lett 61:373

Ohta T, Oono Y (1983) Phys Lett 79:839

Rees DA (1969) Adv Carbohydr Chem Biochem 24:267

Schurtenberger P, Scartazzini R, Luisi PL (1989) Rheol Acta 28:372

Senti FR, Hellmann NN, Ludwig NH, Babevek GE, Tobin R, Glass CA, Lambert BL (1955) J Polym Sci 17:533

Stockmayer WH, Fixman M (1953) Ann NY Acad Sci 57:334

Tanford C (1967) Physical Chemistry of Macromolecules. Wiley, New York

Wenzel M, Burchard W, Schätzel K (1986) Polymer 27:195

Winter HH (1987) Polym Eng Sci 27:1698

Yamakawa H (1971) Modern Theory of Polymer Solutions. Harper & Row, Evenston

Yamakawa H, Fujii M (1973) Macromolecules 6:407

Yamakawa H, Fujii M (1974) Macromolecules 7:128

Zimm BH (1948) J Chem Phys 16:1099

Zimm BH, Stockmayer WH (1949) J Chem Phys 17:179

Einsatz von Polysacchariden in der Pharmazeutischen Technologie

E. Nürnberg

Herrn Prof. Dr. Dres. h. c. Herbert Oelschläger zum 70. Geburtstag gewidmet.

1 Allgemeine Vorbemerkungen

In allen Darreichungsformen und zahlreichen Arzneizubereitungen sind polymere Hilfs- und Wirkstoffe aus der Gruppe der Polysaccharide enthalten. Polymere mit Wirkstoffcharakter sind als Plasma-Ersatzmittel in Form von Dextranen oder Hydroxyethylstärke und Galactomannane zur unterstützenden Behandlung des Dibetes mellitus gebräuchlich.

Als Hilfsstoffe übernehmen sie wichtige Funktionen im Rahmen der Formgebung, zur Gewährleitstung der Stabilität und zur Sicherung der therapeutischen Wirkung. In flüssigen Systemen erhöhen sie die Viskosität, verleihen den Präparaten vorteilhafte rheologische Eigenschaften, verzögern oder verhindern weitgehend Sedimentationsprozesse und sind in der Lage kristallwachstumsinhibierend zu wirken. In festen Darreichungsformen wirken sie als Binde- und Klebemittel, verbessern die Zerfallseigenschaften von Komprimaten, verleihen Pulvermischungen und Granulaten günstige Gleit- und Schmiermitteleigenschaften und sind vielfach in der Lage mehrere Funktionen gleichzeitig zu erfüllen. So ist bekannt, daß Polysaccharide in relativ niedriger Dosierung desintegrationsfördernd und in höherer Dosierung zerfallsinhibierend wirken. Im letzteren Fall besteht die Möglichkeit durch Gerüst- und Gelbildung Präparate mit verlängerter Wirkstofffreisetzung herzustellen. Darüberhinaus sind Polymere aus dieser Substanzklasse in der Lage, Hydrogele zu bilden, die nach Verdunstung des Lösungsmittels mehr oder weniger flexible Filme bilden.

Die galenisch relevanten Eigenschaften von Polysacchariden werden durch ihren strukturellen Aufbau beeinflußt (Bauer 1990; Krämer 1990).

Viele hochpolymere Stoffe wie zum Beispiel Stärke, Cellulose, Chitosan sowie deren Abkömmlinge liegen weder vollständig kristallisiert noch amorph vor. Sie bestehen aus einem Gemisch kristalliner und nichtkristalliner Bereiche von kolloidaler Größe. Die kristallinen Bereiche bezeichnet man bekanntlich auch als Mizellen, die nichtkristallinen gelegentlich als Fransenbereiche oder als parakristalline Bezirke, in denen die Unordnung zwischen der eines Parakristalls - von Störstellen durchsetzter Kristall - und völliger Regellosigkeit schwanken kann. Die kristallinen Bereiche liegen nicht ungeordnet durcheinander, sondern sie weisen in vielen Fällen eine gesetzmäßige Richtungsverteilung (Textur) auf (Nürnberg 1987).

In Abb. 1 ist eine Fransenmizelle dargestellt, bei der die geordneten Bereiche keine Vorzugsrichtung aufweisen (Elias 1975).

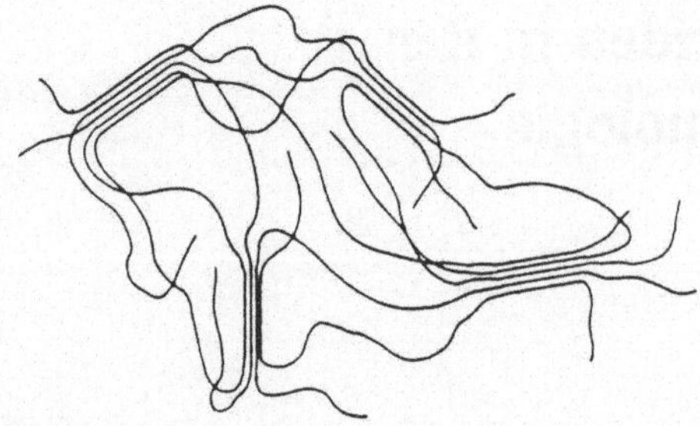

Abb. 1. Fransenmizelle: eine einzelne Kette läuft durch mehrere kristalline und amorphe Bereiche

Aussagen über Größe und Kristallinitätsgrad können durch röntgendiffraktometrische Untersuchungen gewonnen werden.

Neben faserförmigen Polymeren, die aus Fransenmizellen bestehen, besitzen z.B. Kohlenhydrate helikalen Aufbau. Stärkekörner, die aus etwa 1 000 Glukoseeinheiten und mehr aufgebaut sind, erweisen sich in polarisiertem Licht als doppelbrechend und zeigen daher bei polarisationsmikroskopischer Betrachtung die charakteristischen Polarisationsfarben. Es handelt sich um Sphärokristalle, die als Aggregate und Kristallteilchen angesehen werden können. Die zentrisch oder exzentrisch um einen Wachstumskern gelagerten Schichten bestehen aus wasserärmeren und wasserreicheren Bezirken, wodurch die unterschiedliche Lichtbrechung verursacht wird (Hartke 1987).

Im Gegensatz zu rein kristallinen, niedermolekularen Stoffen zeigen diese Poymere Glasübergänge anstelle von Schmelzpunkten. Eine wichtige Kenngröße von Polysacchariden und anderen hochpolymeren Verbindungen ist die Glasübergangstemperatur Tg, bei der Polymere vom glasartigen in den kautschukelastischen Zustand übergehen (Krämer 1990).

Diese Temperatur kann durch Weichmacherzusatz, wie z. B. Wasser gesteuert werden. Das Phänomen "Glasübergang" beruht darauf, daß die Molekularbewegung der betreffenden Substanzen mit steigender Temperatur sich nicht sprunghaft, sondern langsam bzw. stufenweise ändert. Es wird damit ein Zwischenschritt oder Übergangszustand zwischen fest und flüssig angezeigt, der u. a. auch darauf zurückzuführen ist, das die betreffenden Substanzen keine einheitliche Molekülmasse besitzen. Es sind auch Änderungen des Elastizitätsmoduls festzustellen, wie aus Abb. 2 hervorgeht (Stricker 1987).

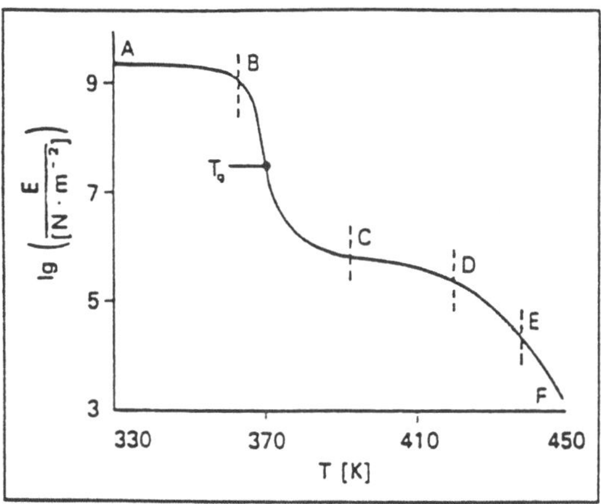

E: Elastizitätsmodul; $A-B$: Glaszustand (hart);
$B-C$: Lederzustand (Wendepunkt = Glasübergangstemperatur T_g); $C-D$: kautschukela-
stischer Zustand; $D-E$: kautschukelastisches
Fließen; $E-F$: viskoser Zustand;

Abb. 2. 5 Viskoelastizitätsbereiche amorpher Polymere, Beispiel Polystyrol

2 Systematik

In Abhängigkeit von den Kennzeichnungskriterien können Polysaccharide ebenso
wie andere hochmolekulare Substanzen klassifiziert werden. Zunächst ist eine pharmazeutische kennzeichnende Einteilung in:

-Wirkstoffe: Hydroxyethylstärke, Dextrane, und
-Hilfsstoffe: Stärke, Cellulose, Galactomannane

möglich.
Eine andere Einteilung kann die Wasserlöslichkeit berücksichtigen:

-wasserlösliche Kohlenhydrate: Amylose, Cellulosether und Celluloseester,
 Galactomannane
-wasserunösliche Kohlenhydrate: Amylopektin, Cellulose, Ethylcellulose

Eine weitere Möglichkeit der Unterscheidung besteht darin, hochmolekulare und
partiell depolymerisierte Kohlenhydratpolysaccharide zu klassifizieren. Ein Beispiel
für partiell depolymerisierte Polysaccharide ist das Galactomannanhydrolysat.
Zweckmäßig ist in den meisten Fällen eine anwendungsorientierte Einteilung der
Polysaccharide vorzunehmen:

Arzneizubereitungen	Funktionen:
Pulver und Granulate	Entmischungshemmer, Bindemittel, Klebstoff
Tabletten	Trockenbindemittel, Sprengmittel, Retard-Hilfsstoff
Dragees und überzogenen Tabletten	Bindemittel, Filmbildner
Parenteralia	Plasmaersatzmittel bzw. Plasma-expander, Suspensionsstabilisator
Lyophilisate	Gerüstbildner
orale Liquida	Viskositätserhöhung, Suspensions-stabilisator
Dermatika	Viskositätserhöhung, Gelbildung, Stabilisierung (Kristallwachstums-inhibition)
Verbandmittel	Wundabdeckung, Förderung der Blutgerinnung
Verpackungsmaterial	Schutz der Arzneizubereitungen

Zur Erfüllung der genannten Funktionen sind Polysaccharide unterschiedlichen chemischen Aufbaus bzw. Konformation geeignet. Da in der Regel eine Polymersubstanz verschiedene Funktionen erfüllen kann, soll im folgenden eine Einteilung nach Produktgruppen erfolgen:

Stärkeprodukte
-Stärke aus verschiedenen Pflanzen: Kartoffel-, Reis-, Mais- und
 Weizenstärke/Amylose, Amylopektin
-Mechanisch und thermisch vorbehandelte Stärke
-Dextrin/Cyclodextrine
-Dextrane
-Modifizierte, nicht quellbare Stärken
-Carboxymethylstärke (CMS)
-Hydroxyethylstärke (HES)

Cellulose und Celluloseabkömmlinge
-Cellulosepulver/mikrokristalline Cellulose
-Celluloseether
 Methylcellulose (MC)
 Ethylcellulose (EC)
 Propylcellulose (PC)
 Carboxymethylcellulose-Natrium (CMC-Na)
 Hydroxyethylcellulose (HEC)
 Hydroxypropylcellulose (HPC)
 Methylhydroxyethylcellulose (MHEC)
 Methylhydroxypropylcellulose (MHPC)
 Carboxymethylethylcellulose (CMEC, Duodcel[R])

-Celluloseester
 Celluloseacetatphthalat (CAP)
 Methylhydroxypropylcellulosephthalat (MHPCP)
 Celluloseacetat (CA)

Chitosane

Guar Produkte
-Guar-Gummi/Galactomannane vom Guaran Typ und
 Guarhydrolysate
-Guarderivate
 Carboxymethyl-Guar
 Hydroxypropyl-Guar
 Carboxymethylhydroxypropyl-Guar
 Hydroxypropyl-Trimethylammonium-Guar (Chlorid)

Xanthan

Alle aufgeführten Substanzen werden von der pharmazeutischen Industrie - teilweise
in erheblichen Mengen - eingesetzt oder sie sind Gegenstand von Forschungs- bzw.
Entwicklungsarbeiten. Angesichts der Tatsache, daß zahlreiche Substanzen im DAB
9 oder im DAC aufgeführt sind und andere Produkte wie z. B. Cyclodextrine, Chitosane und Xanthan in letzter Zeit häufiger beschrieben wurden, sollen bei den folgenden Betrachtungen die zu den Heteroglycanen gehörenden Galactomannane und
Galactomannanabkömmlinge ausführlicher besprochen werden.

3 Galenisch relevante Eigenschaften von Polysacchariden

3.1 Stärkeprodukte

3.1.1 Stärke aus verschiedenen Pflanzen

Die im DAB 9 aufgeführten vier Stärkearten bestehen aus ca. 1 000 oder mehr Glucoseeinheiten. Sie enthalten 15-25 % Amylose und 75-85 % Amylopektin. Obwohl in beiden Polysacchariden die D-Glucopyranose-Einheiten α-glykosidisch in 1,4-Stellung verknüpft sind, unterscheiden sie sich in ihren chemischen und physikalischen Eigenschaften.

Amylose bildet überwiegend unverzweigte Ketten mit etwa 300 bis 1000 Glucosebausteinen. Sie weist eine spiralige Sekundärstruktur in Form einer Helix mit 6 Glucosemolekülen pro Windung auf (s. Abb. 3).

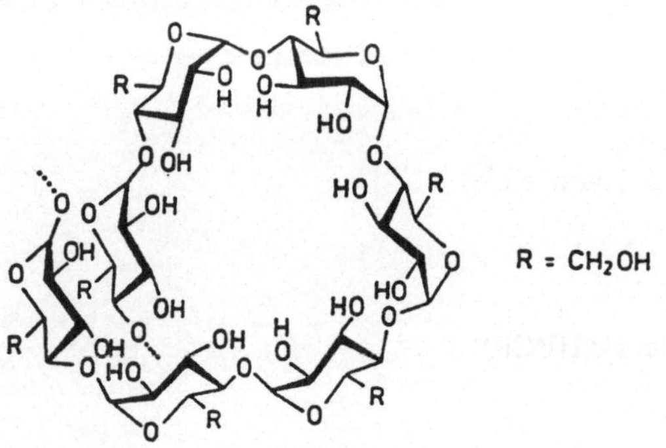

R = CH$_2$OH

Abb. 3. Amylosehelix (Ausschnitt)

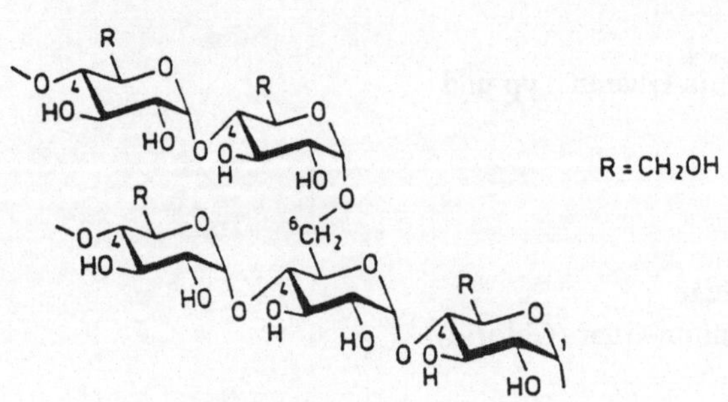

R = CH$_2$OH

Abb. 4. Amylopektin (Ausschnitt)

Amylopektin ist stark verzweigt und besteht aus ca. 9.000 bis 10.000 Glukoseeinheiten (M_r etwa 1.500.000). Es liegt gleichfalls eine 1,4-α-glykosidische Bindung vor; auf ca. 20 Glucoseeinheiten kommt eine 1,6-α-Seitenverzweigung, siehe Abb. 4 (Hartke 1987).

Bis zu 20 % Wasser, das z. T. am Aufbau der kristallinen Mizellbereiche der Stärkekörner beteiligt ist, sind in den einzelnen Stärkearten enthalten. Wie bereits eingangs erwähnt, sind Stärkekörner doppelbrechend: Das charakteristische dunkle Kreuz im hell aufleuchtenden Stärkekorn weist sie als Sphärokristalle aus.

Reine, nicht veränderte Amylose ist in kaltem Wasser praktisch unlöslich, da das spiralige Makromolekül durch intramolekulare Wasserstoffbrücken stabilisiert ist und daher schlecht solvatisierbar ist. Reines Amylopektin ist hingegen kaltwasserlöslich. Zur Identitätsprüfung zieht DAB 9 das Verhalten von Stärke gegenüber heißem Wasser an: Wird 1 g Stärke in 50 ml Wasser 1 min lang zum Sieden erhitzt und anschließend abgekühlt, bildet sich ein dicker, opaleszierender Kleister. Diese Eigenschaft wird beispielsweise bei der Granulation ausgenutzt, da in diesem Falle Stärkekleister eingesetzt wird.

Praktisch geht man in der Weise vor, daß zunächst die Stärkeprodukte in kaltem Wasser knollenfrei angerüht bzw. suspendiert und erst anschließend über die günstigste Verkleisterungstemperatur erwärmt werden. Es ist notwendig, die Verkleisterungsbedingungen nicht zu ändern, um Produkte konstanter Qualität mit optimalen Bindemittelquältitäten zu erhalten. Nach Bauer (1990) kann man in der Weise vorgehen, daß ein Teil Stärke in einem Teil kaltem Wasser suspendiert wird. Dann wird die Suspension mit 4 oder 6 Teilen siedendem Wasser versetzt und 5 min lang gerührt. Anschließend wird durch Zusatz von zwei Teilen kalten Wassers abgeschreckt und so der Verkleisterungsprozeß beendet. Der in dieser Weise hergestellte 10- bzw. 12,5 %ige Kleister weist noch gute Fließfähigkeit auf.

Werden Stärkekörner getrocknet, so ist eine Temperatur von 125-130 °C erforderlich. Mit der Wasserabgabe findet ein Verlust der charakteristischen Sphärokristalloidstruktur statt.

Folgende Einsatzgebiete stehen im Vordergrund:
-Füllmittel (Tabletten, Puder)
-Sprengmittel bzw. Zerfallsbeschleuniger (Quellfähigkeit in Wasser)
-Fließreguliermittel
-Formentrennmittel
-Bindemittel
-Adsorptionsmittel (Puder)
-Hydrogelgerüstbildner

3.1.2 Mechanisch und thermisch vorbehandelte Stärke

Durch Einwirkung *mechanischer* Kräfte oder durch eine *Hitzebehandlung* wird der helikale Aufbau der Stärkekörner verändert, so daß Produkte, die in kaltem Wasser kolloidal löslich sind oder sich durch einen erhöhten Anteil kaltwasserlöslicher Substanzen auszeichnen, entstehen.

Eine durch Walzenkompaktion behandelte Maisstärke ist als *STA-RX 1500* als Bindemittel - auch als Trockenbindemittel - zur Direkttablettierung oder Brikettierung im Handel. Als Prijel[R] ist eine in kaltem Wasser kolloidal lösliche, thermisch behandelte Stärke als Bindemittel erhältlich. Wäßrige Lösungen dieses Produktes gelieren bei Zugabe mehrwertiger Ionen (Ca^{2+}, Al^{3+}).

3.1.3 Dextrin/Cyclodextrine/Cyclodextrinether

Dextrin: Als *Dextrin* bezeichnet man partiell abgebaute Stärke. *Weißes Dextrin* entsteht beim Erhitzen von Stärke, die durch eine geringe Menge verdünnter Salpetersäure angefeuchtet ist, auf 110-120 °C; Es enthält bis zu 10 % lösliche Stärke (Dannhardt 1988).

Gelbes Dextrin ist weitergehend abgebaut und enthält, abweichend vom weißen Dextrin nachweisbare Mengen an Maltose.

Cyclodextrine: Besondere Bedeutung haben in den letzten Jahren Cyclodextrine erlangt, da sie in der Lage sind als Wirtsmoleküle Arzneistoffe zu stabilisieren und - bei wasserschwerlöslichen Substanzen - die Löslichkeit zu verbessern. Zur Gewinnung von Retard-Arzneimitteln sind sie jedoch nicht geeignet.

Cyclodextrine sind aus 6 bis 8 Glucoseeinheiten aufgebaut und liegen damit an der Grenze zwischen Oligo- und Polysacchariden. Sie entstehen bei dem enzymatischen Abbau von Stärke, durch die in verschiedenen Bacillus-Arten vorkommenden Cyclodextringlykosyltransferasen (Brauns 1986). Dabei entstehen keine einheitlichen Produkte: Nach ihrer Ringgröße werden die am häufigsten vorkommenden Komponenten aus 6, 7 und 8 Glukosemolekülen als α-, ß- und -Cyclodextrine bezeichnet. Aus der folgenden Abbildung ist der Aufbau von α- und ß-Cyclodextrin ersichtlich (Dannhardt 1988).

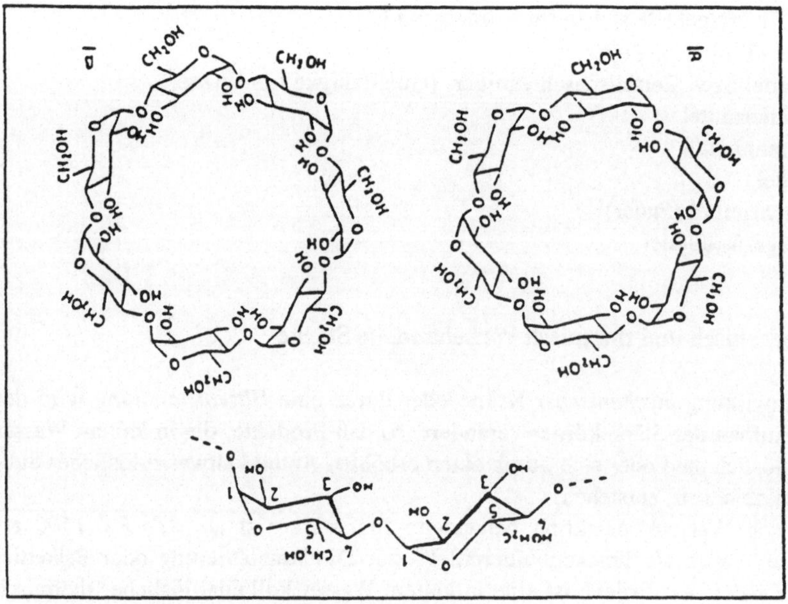

Abb. 5. α- und ß-Cyclodextrin

Die in Cyclodextrinen als Gastmoleküle eingelagerten Wirkstoffe sind im allgemeinen gegen Licht, Sauerstoff und hydrolytische Zersetzung geschützt, so daß diese Produkte nicht nur in festen Zubereitungen, sondern auch in flüssigen Formen zur Anwendung kommen können.

Cyclodextrinether: Cyclodextrine und deren Abkömmlinge können auch zur Lösungsvermittlung schwerlöslicher Wirkstoffe herangezogen werden. Die lösungsvermittelnden Eigenschaften der Cyclodextrine und insbesondere der Cyclodextrinether beruhen auf deren komplexbildenden Eigenschaften. Bekanntlich versteht man unter einer Komplexbildung die reversible Assoziation zwischen a Molekülen oder Ionen eines Substrates S und b Molekülen oder Ionen eines Liganden L gemäß folgender Beziehung:

$$a\,S + b\,L \rightleftharpoons [S_aL_b]$$

Im Gegensatz zu "normalen" chemischen Verbindungen beruht der Zusammenhang eines Komplexes ausschließlich auf Nebenvalenzkräften. In der Regel werden die physiko-chemischen Eigenschaften eines Komplexes von denen der Ausgangssubstanzen abweichen. Falls man für einen schwerlöslichen Arzneistoff einen Liganden findet, der zur Bildung wasserlöslicher Komplexe befähigt ist, kann damit eine Lösungsvermittlung des Arzneistoffes erreicht werden. Wenn man als wichtige Auswahlkriterien für derartige Liganden, deren pharmakologische, toxikologische und chemische Indifferenz fordert, so müßten Cyclodextrin-Präparate gegenüber anderen komplexbildenden Liganden wie Xanthinen, Gentisinsäurederivaten und Nicotinsäureamid Vorteile aufweisen (Brauns 1986).
Cyclodextrine entstehen - wie erwähnt - beim enzymatischen Abbau von Stärke durch die in verschiedenen Bacillus-Arten vorkommenden Cyclodextringlycosyltransferasen. Wichtigste Eigenschaft der Cyclodextrine besteht in ihrer Fähigkeit, durch Aufnahme von Gastsubstanzen in ihren zentralen Hohlraum Einschlußkomplexe zu bilden. Für die Komplexbildung sind Dipol- und andere van-der-Waals-Kräfte verantwortlich. Durch Verdrängung des in der hydrophoben Cavität des Cyclodextrinmoleküls eingeschlossenen Wassers durch das Gastmolekül findet ein Entropiegewinn statt. Falls eine Arzneistoff-Cyclodextrin-Komplexbildung stattfindet, so ist die Lösungsgeschwindigkeit des festen Komplexes im Regelfall höher, als die des freien Arzneistoffes und es besteht die Möglichkeit zur Bildung übersättigter Lösungen. Dadurch sind die Voraussetzungen für eine beschleunigte Resorption und eine Erhöhung der Bioverfügbarkeit gegeben.
Außer in festen Arzneizubereitungen wurde auch der Einsatz von derartigen Komplexen in Suppositorien und Salben beschrieben. Die Anwendungsmöglichkeiten für flüssige Arzneiformen sind durch die sehr begrenzte Wasserlöslichkeit des hauptsächlich verwendeten ß-Cyclodextrins bedingt. Die Löslichkeit dieses Hilfsstoffs beträgt bei 25 °C nur ca. 1,8 % und liegt bei tieferen Temperaturen noch niedriger. Es wurde daher in Analogie zur unlöslichen Cellulose eine größere Anzahl von Cyclodextrinderivaten durch Alkylierung der Hydroxylgruppen mit kurzkettigen aliphatischen Resten durchgeführt. Die in der folgenden Tabelle zusammengefaßten Substanzen sind dargestellt und beschrieben worden.

Tabelle 1: Verwendete Substituenten und deren Abkürzungen

Substituenten	Name	Abkürzung
- CH_3	Methyl-	M
- CH_2-CH_3	Ethyl-	E
- $CH_2-COONa$	Carboxymethyl-	CM
- CH_2-CH_2-OH	Hydroxyethyl-	HE
- $CH_2-CHOH-CH_3$	Hydroxypropyl-	OP
- $CH_2-CHOH-CH_2CH_3$	Hydroxybutyl-	HB
- $CH_2-CHOH-CH_2-N(CH_3)_3{}^+Cl^-$	Trimethylammonium- hydroxypropyl-	Q

Die Wasserlöslichkeit der ß-Cyclodextrinderivate ist außerordentlich günstig. Es resultieren problemlos 20 %ige wäßrige Lösungen. Eine Auskristillisation aus diesen Lösungen ist praktisch nicht möglich. Weder durch Erhitzen, noch durch Abkühlen konzentrierter Lösungen der statistisch alkylierten Cyclodextrinderivate führt zu einer Niederschlagsbildung. Beim Eintrocknen derartiger Lösungen bei Raumtemperatur oder im Trockenschrank kommt es zunächst zu einer Hautbildung an der Oberfläche der Lösung, schließlich bleiben glasartige Massen zurück. Wäßrige Lösungen der ß-Cyclodextrinether senken in Abhängigkeit von der Konzentration und den Substituenten die Oberflächenspannung des Wassers. Daraus könnte sich eine Aggressivität dieser Substanzen gegenüber der Biomembran ergeben. Aus diesem Grunde wurden auch einige Cyclodextrinderivate auf ihre hämolytische Wirkung überprüft. Dabei wurde festgestellt, daß Cyclodextrinderivate mit sehr hydrophilen Substituenten (CM, HE) kaum hämolytische Eigenschaften besitzen, während lipophilere Ether (OP, M) stärker hämolytisch aktiv sind. Es wird diskutiert. daß die Hämolyse durch ß-Cyclodextrine zum großen Teil auf der Komplexierung von Membranbestandteilen - insbesondere den Phospholipiden - beruht. In einer systematischen Arbeit von Brauns (1986) wurden folgende Wirkstoffe in ß-Cyclodextrinether inkorporiert und die pharmazeutisch relevanten physikalisch-chemischen Eigenschaften bestimmt:

-Hydrocortison,

-Digitoxin

-Diazepam

-Indometacin

-Progesteron

-Dexamethason

-Triamcinolonacetonid

-Ketoconazol

Allgemein kann gesagt werden, daß das Ausmaß der lösungsvermittelnden Wirkung von Art und Ausmaß der Substitution abhängt. Große Substituenten und hohe Substitutionsgrade verringern die Einschlußfähigkeit, während Derivate mit kleinen Substituenten bzw. niedrigen Substitutionsgraden mitunter stabilere Arzneistoff-Hilfsstoffkomplexe als die unveretherten Cyclodextrine bilden.

Der Substitutionsgrad wirkt sich auch auf die enzymatische Abbaufähigkeit aus. Cyclodextrinether mit niedrigem Substitutionsgrad können durch Pilzamylase partiell abgebaut werden. Daher ist eine Konservierung cyclodextrinhaltiger wäßriger Lösungen erforderlich; Allerdings muß berücksichtigt werden, daß die Cyclodextrinderivate auch Konservierungsstoffe einschließen, und dadurch die mikrobiologische Wirksamkeit inhibieren können .

3.1.4 Dextrane

Dextrane sind verzweigte Polysaccharide aus Glucosebausteinen, die durch Mikroorganismen vorwiegend der Leuconostoc-Gruppe gebildet werden und die meistens 1,6-Verknüpfungen aufweisen; daneben kommen auch 1,2-, 1,3- und 1,4-Verknüpfungen vor. Sie werden als Plasma-Ersatzmittel verwendet und bilden die Grundlage der Sephadex^R-Gele, die aus ihnen durch dreidimensionaler Vernetzung mit Epichlorhydrin gewonnen werden. Kennzeichnend für Dextran-Plasmaersatzmittel ist die Eigenschaft, daß nach der Infusion ein erheblicher Einstrom von Gewebewasser in die Blutbahn erfolgt und damit den Anstieg des intravasalen Volumens in einem höheren Maße, als der infundierten Flüssigkeitsmenge entspricht, eintritt. Man spricht daher auch von *Plasmaexpandern*.

3.1.5 Modifizierte, nicht quellbare Stärken

Unter der Bezeichnung *ANM-Stärken* sind Produkte im Handel, die nicht mehr quellbar sind und auch unter den Bedingungen einer Dampfsterilisation nicht mehr verkleistern. Diese als "amylum non mucilaginosum" bezeichneten Substanzen werden durch Quervernetzung von Stärke mit Tetramethylol-acetylendiharnstoff gewonnen. Als Pudergrundlagen - die jedoch geringe Mengen Formaldehyd abscheiden können - können sie eingesetzt werden.

Eine Quervernetzung mit Epichlorhydrin ist zur Gewinnung nichtquellbarer Stärkeprodukte geeignet. Das gleiche gilt für phosphorierte Stärken, die durch ihre Abwesenheit von Formaldehyd und Ethylenoxid günstiger zu bewerten sind. Nach Bauer (1990) entsprechen sie den Pharmakopöeanforderungen der Monographien für *nicht-quellende*, sterilisierbare und/oder resorbierbare Stärken.

3.1.6 Carboxymethylstärke-Natrium (CMS)

Durch Carboxymethylierung der Cellulose gewinnt man Produkte, die sich durch eine starke Quellbarkeit in kaltem Wasser - verbunden mit einer gravierenden Volumenexpansion - auszeichnen. Sie werden daher als Tablettensprengmittel (zur Beschleunigung des Zerfalls) eingesetzt (Primojel[R] und Explotab[R], Ultraamylopektin[R], Ultraquellstärke[R]).

Die Eigenschaften dieser Verbindung ähneln denen der Natriumcarboxymethylcellulose, so daß auch Gele - z. B. zur externen Behandlung - gewonnen werden können. Als Nachteil ist die Empfindlichkeit gegenüber pH-Einflüssen anzuführen.

3.1.7 Hydroxyethylstärke (HES)

Durch alkalische Hydroxyethylierung von Amylopektin mit Ethylenoxid wird Hydroxyethylstärke gewonnen. Bekanntlich ist Amylopektin aus Glucoseeinheiten aufgebaut, wobei in den Ketten α-1,4-glykosidische Verknüpfungen vorliegt und an den Verzweigungsstellen α-1,6-glykosidische Bindung. Jedes Molekül trägt nur eine reduzierende Aldehyd-Endgruppe. Abb. 6 zeigt die Struktur der Anhydroglucose-Einheit mit α-1,4-glykosidischer Bindung.

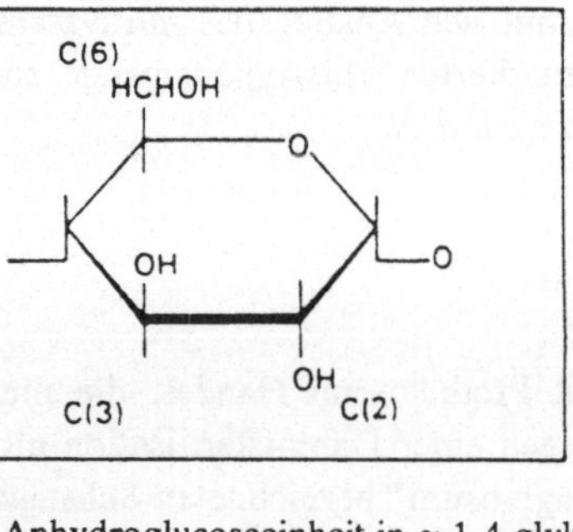

Abb. 6. Anhydroglucoseeinheit in α-1,4-glykosidischer Verknüpfung.

Bei der alkalischen Hydroxyethylierung mit Ethylenoxid sind demnach die Einführung einer Hydroxyethylgruppe nach Reaktionsgleichung 1

$$\text{(1)} \quad ROH + CH_2 \overset{O}{-} CH_2 \xrightarrow{\text{Base}} RO\text{-}CH_2\text{-}CH_2OH$$

in Positition 2, 3 und 6 der Anhydroglucoseeinheit möglich (Sommermeyer et al.
1987). Mit einem geringerem Wahrscheinlichkeitsgrad ist auch eine Umsetzung
schon eingeführter Hydroxyethylgruppen mit Ethylenoxid nach Gleichung 2 möglich

$$(2) \quad RO\text{-}CH_2\text{-}CH_2OH + CH_2 \overset{O}{-} CH_2 \xrightarrow{\text{Base}} RO\text{-}CH_2\text{-}CH_2\text{-}OCH_2\text{-}CH_2OH$$

Formal resultiert dann eine wie in Abb. 7 wiedergegebene substituierte Anhydroglucose-Einheit.

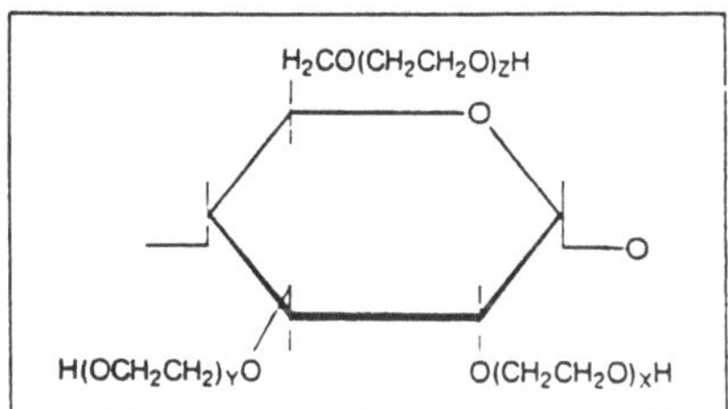

Abb. 7. Substituierte Anhydroglucoseeinheit in α-1,4-glykosidischer Verknüpfung

Man muß davon ausgehen, daß die Reaktivität der einzelnen Hydroxygruppen in der
unsubstituierten Anhydroglucose-Einheit gegenüber Hydroxyethylierung in Abhängigkeit von den angewandten Reaktionsbedingungen unterschiedlich ist. Innerhalb
gewisser Grenzen ist dadurch das Substitutionsmuster beeinflußbar. Somit sind nicht
nur der Substitutionsgrad DS und die Molekülmassenverteilung für den α-
Amylaseabbau in vivo, sondern auch das Mengenverhältnis von 2-Hydroxyethylan-
hydroglucose zu 6-Hydroxyethylanhydroglucose sowie die Anteile anders substitu-
ierter Produkte wichtig. Innerhalb der am Markt befindlichen Hydroxyethylstärke-
Präparate wurden bezüglich dieser Parameter deutliche Unterschiede festgestellt
(Sommermeyer et al. (1987).
  Diese Verbindung hat als Plasmaersatzmittel in den letzten Jahren eine hohe Akzeptanz im Bereich des Volumenersatzes (beispielsweise hämorrhagischer Schock)
oder der Hämodilation (z. B. arterielle Verschlußkrankheit) gefunden. Für die gute
Akzeptanz der HES sind die geringe Störung der Blutgerinnung und die deutlich
verminderte Inzidenz schwerer anaphylaktoider Reaktionen im Vergleich zu Dextran
verantwortlich Sommermeyer et al. (1987).
Nach einer neuen Information vom Juni 1990 wurde vom BGA mitgeteilt, daß die
zur Prophylaxe und akuten Behandlung von Volumenmangelzuständen sowie zur
therapeutischen Blutverdünnung eingesetzten HES-Infusionslösungen Juckreiz auslösen können. In Infusionslösungen wird HES mit unterschiedlichen relativen Molekülmassen und unterschiedlichen Substitutionsgraden eingesetzt:

M_r 450 000, DS 0,7 (HES 450/0,7)
M_r 200 000, DS 0,5 (HES 200/0,5)
M_r 40 000, DS 0,5 (HES 40/0,5)

HES 450/0,7 persistiert lange im Organismus, HES 200/0,5 hat eine mittlere Verweildauer und HES 40/0,5 wird schnell eliminiert.

Dem BGA liegen mehrere Berichte über unerwünschte Arzneimittelwirkungen nach Anwendung von HES-haltigen Infusionslösungen vor. Sie beschreiben einen starken und zum Teil länger (bis zu mehrere Monate) andauernden Juckreiz. In diesen Fällen wurde vornehmlich HES 200/0,5 über einen längeren Zeitraum (1-3 Wochen) und in einem mittleren bis höheren Dosierungsbereich (500-1000 ml/Tag) infundiert. Im Mittel wurden 40 g HES verabreicht. In einigen Fällen trat der Juckreiz bereits unter der Therapie auf, in den meisten Berichten jedoch eher unmittelbar nach Beendigung der Therapie. Auch nach Anwendung von Infusionslösungen mit HES 450/0,7 trat Juckreiz auf. Diese unerwünschte Wirkung ist bisher nach Anwendung von HES 40/0,5 nicht beobachtet worden.

Wichtig ist die Feststellung, daß der Juckreiz - wenn auch zum Teil erst nach mehreren Monaten - spontan reversibel ist.

Bezüglich des Wirkungsmechanismus wird angenommen, daß eine Speicherung von HES (ebenso wie die anderer makromolekularer Substanzen) in verschiedenen Geweben und Zellen des retikulohistiozytären Systems (RHS) stattfindet.

Wenngleich über die Menge und die Dauer der Speicherung beim Menschen derzeit keine genauen Angaben gemacht werden können, so ist nachgewiesen worden, daß sich in der menschlichen Haut in Makrophagen noch nach 19 Monaten HES 200/0,5 befindet. Ob zwischen der Speicherung von HES in der Haut und dem Auftreten von Juckreiz ein Zusammenhang besteht, ist nicht geklärt. Eine Behandlung ist derzeit nur symptomatisch möglich.

3.2 Cellulose und Celluloseabkömmlinge

3.2.1 Cellulosepulver/mikrokristalline Cellulose

Das lineare Gerüstpolysaccharid Cellulose ist aus ß-1,4-glykosidisch verknüpften D-Glucoseeinheiten aufgebaut. Cellulose bildet wegen der wechselnden räumlichen Anordnung der Sauerstoffbrücken lange Ketten, die zu Bündeln vereinigt sind.

Außer verschiedenen Verbandsstoffen wie Watte, Verbandmull, Pflaster u. s. w. sind zwei Monographien im DAB 9 enthalten: Cellulosepulver und mikrokristalline Cellulose. Beide Substanzen erscheinen bei polarisationsmikroskopischer Betrachtung anisotrop und man erkennt eine ausgeprägte Faserstruktur. Zur Unterscheidung beider Cellulosepulvertypen, die sich in ihrem Kristallinitätsindex unterscheiden, kann nach DAB 9 eine wäßrige Suspension herangezogen werden: Unter definierten Bedingungen resultieren Suspensionen, von denen die mit mikrokristalliner Cellulose hergestellte, eine gleichmäßige Verteilung ohne überstehende Flüssigkeit zeigt. Cellulosepulver (Fasercellulose) sedimentiert und läßt eine überstehende Flüssigkeit erkennen.

Die pharmazeutisch-technologische Anwendung von Cellulosepulverprodukten ist durch die Unlöslichkeit in Wasser und die hydrophilen Eigenschaften gekennzeichnet. So finden Celluloseprodukte als Bindemittel und zerfallsfördernde Hilfsstoffe sowie als Füllmittel und Entmischungshemmer bei der Herstellung von Tabletten und Kapseln Verwendung. Auch bei der Feuchtgranulation, der Brikettierung, wird Cellulosepulver ebenso eingesetzt, wie als Hilfsstoff bei der Dragierung und zur Herstellung stabiler, gut redispergierbarer Suspensionen. Auch als Pudergrundlage oder Zusatz für Suppositorien wird diese Hilfsstoffsubstanz eingesetzt.

3.2.2 Celluloseether

Während Cellulose in Wasser nicht löslich und nur geringfügig quellbar ist, weisen Celluloseether bessere Lösungseigenschaften auf. Der Grund für diese Erscheinung liegt dem festen Zusammenhalt der Molekülketten durch Wasserstoffbrücken, was mit einer Behinderung der Hydratation verbunden ist. Werden einige Wasserstoffatome der OH-Gruppen durch Methyl-, Hydroxyethyl- oder andere geeignete Gruppen substituiert, so findet eine Vergrößerung der Abstände zwischen den Molekülketten statt und ermöglichen daher das Eindringen von Lösungsmitteln. Somit besitzen viele Celluloseether in Abhängigkeit vom Substitutionsgrad und den Substituenten günstige Lösungseigenschaften in Wasser oder anderen Solventien.

Celluloseether mit hydrophilen Substituenten neigen weniger, diejenigen mit lipophilen stärker zur Ausflockung. Der Bereich dieser ansteigenden Viskositäten bei der Erwärmung von Celluloseethern wird Geltemperaturbereich genannt.

Von den pharmazeutisch gebräuchlichen Celluloseethern ist Ethylcellulose wasserunlöslich und findet daher vorwiegend Anwendung bei der Herstellung von Filmen mit begrenzter Wasserlöslichkeit oder im Rahmen der Retardierung. Im DAB 9 sind folgende Celluloseether aufgeführt:

-Carboxymethylcellulose-Natrium (CMC-Na)
-Methylcellulose (MC)
-Hydroxyethylcellulose (HEC)
-Hydroxypropylcellulose (HPC)
-Methylhydroxyethylcellulose (MHEC)
-Methylhydroxypropylcellulose (MHPC)

Alle Substanzen sind zur Viskositätserhöhung flüssiger Zubereitung, zur Stabilisierung von Emulsionen und Liquida, als Hilfsstoffe zur Herstellung von Hydrokolloid-Gelen, Bindemittel für Granulate, Zusatz zu Dragiersuspensionen und als Grundlage zur Gewinnung von Einbettungen sowie als Filmbildner zur Herstellung von Lacktabletten geeignet. Auch als Matrixbildner für Retardzubereitungen können sie eingesetzt werden. Sie können das Kristallwachstum suspendierter Wirkstoffe in Suspensionen und Cremes inhibieren.

Einige Eigenschaften verschiedener Celluloseether sind in der folgenden Tabelle zusammengefaßt (Nürnberg 1987):

Tabelle 2. Eigenschaften verschiedener Celluloseether

Cellulose-derivate	Löslichkeit in Ethanol	Hitzekoagulation bei >50 °C	Inkompatibilität m. Phenol und Tannin
CMC-Na	-	-	-
MC	-	+	+
HEC	-	-	+
HPC	+	+	+
MHEC	-	+	+
MHPC	-	+	+

Wie aus der Zusammenstellung hervorgeht, ist das anionische Cellulosederivat CMC-Na mit Phenol und Tannin kompatibel, so daß es in diesen Fällen gegenüber den nichtionischen Produkten bei gleichzeitiger Anwesenheit dieser phenolischen Körper vorgezogen werden muß.

Natriumcarboxymethylcellulose ist in organischen Lösungsmitteln praktisch unlöslich, sie quillt in Wasser unter Gelbildung und geht bei weiterem Wasserzusatz in eine kolloidale Lösung mit pseudoplastischem Fließverhalten über. In heißem und kaltem Wasser löst sich Na-CMC gleich gut und unterscheidet sich in dieser Eigenschaft von Methylcellulose, die beim Erhitzen ausfällt. Die Wasserlöslichkeit der Substanz nimmt mit höherem Substitutionsgrad und niedriger relativer Molekülmasse zu. Vor der Wasserzugabe kann das Pulver mit Ethanol oder Glycerol angefeuchtet werden, um relativ rasch gleichmäßige Lösungen zu erhalten. Andernfalls empfiehlt es sich unter kräftigem Rühren dem zuvor erwärmten Wasser die feingesiebte Substanz zuzusetzen. Die Stabilität wäßriger Lösungen ist im pH-Bereich von 2-10 gut; unter pH 2 findet eine Ausfällung statt und oberhalb pH 10 sinkt die Viskosität. Durch Ausfällung wäßriger Lösungen mit Alkohol bei pH 2,5 kann die freie CMC gewonnen werden.
Wäßrige Lösungen von CMC-Na sollten antimikrobiell wirksame Zusätze enthalten. Hinsichtlich der Toxizität ist anzumerken, daß für die orale und lokale Anwendung

keine Bedenken bestehen. Allerdings ist der Einsatz für Injektionspräparate prohibitiv (vergl. Nürnberg 1987 DAB 9 Kommentar, S. 1096).

Außer CMC-Natrium ist im DAB 9 eine Monographie über Carboxymethylcellulosegel aufgenommen worden. Die Rezeptur enthält 5 Teile CMC-Natrium, 10 Teile 85 %iges Glycerol und 85 Teile Wasser.

Ein nichtionischer Celluloseether von dem auch im DAB 9 eine Hydrogelzubereitung als Monographie aufgeführt ist, stellt Hydroxyethylcellulose dar. Die feinkörnige oder pulverförmige, rieselfähige Substanz ist relativ wenig hygroskopisch. Beim Quellen in Wasser entsteht ein klares oder schwach opaleszierendes Gel, das ebenso wie eine verdünnte Lösung beim Schütteln schwach schäumt. Die Substanz setzt die Oberflächenspannung des Wassers ebenso herab, wie andere Celluloseether. Abweichend von Methylcellulose, deren wäßrige Lösungen beim Erhitzen koagulieren, tritt diese Erscheinung bei Hydroxyethylcellulose nicht ein. Wichtig ist die hohe Elektrolytbeständigkeit wäßriger Lösungen; sie werden in Gegenwart der meisten Salze, Säuren und Alkali nicht ausgeflockt.

In der DAB 9 Monographie Hydroxyethylcellulosegel ist eine Rezeptur mit einem Gehalt von 10 % 85 %igem Glycerol aufgeführt. Als Vorteil dieses Cellulosederivates ist die Kombinationsmöglichkeit mit anderen Hydrokolloiden anzusehen, da es z. B. mit Carboxymethylcellulose-Natrium, Alginat, Tragant, synthetischen Polymeren zu Mischpräparaten verarbeitet werden können. Der Zusatz von Netzmitteln und insbesondere auch von Alkoholen, wie Ethanol, Glycerol und Propylenglycol erweitern die galenischen Einsatzmöglichkeiten erheblich, was insbesondere bei der Inkorporierung wasserschwerlöslicher Wirkstoffe vorteilhaft sein kann.

HEC, HPC und CMC-Na sind hydrophiler als MC und EC. Mischderivate mit hydrophileren und lipophilen Substituenten weisen amphiphile Eigenschaften auf. HPMC ist nicht nur in Wasser sondern auch in bestimmten binären organischen Lösungsmitteln löslich. HPC ist noch besser als HPMC in organischen Lösungsmitteln löslich. Diese Typen sind daher vorzugsweise für die Verwendung als Schutzumhüllung geeignet, vor allem wenn unter Feuchtigkeitsschutz gearbeitet werden soll.

HEC ist im Gegensatz zu MC und HPC sowohl in kaltem als auch in heißem Wasser löslich. Eine Übersicht über weitere Eigenschaften ist bei Bauer (1990) aufgeführt.

3.2.3 Celluloseester

Celluloseacetatphthalat (CAP) und Methylhydroxypropylcellulosephthalat (HPMCP) sind anionische Polymere zur Herstellung magensaftresistenter und dünndarmlöslicher Zubereitungen.

Celluloseacetat ist ein weiterer Hilfsstoff, der als Überzugsmittel - z. B. bei OROS-Präparaten, d. h. den oralen Therapeutischen Systemen - verwendet wird. Der galenisch relevante Unterschied zwischen CAP und HPMCP besteht in der pH-abhängigen Löslichkeit: CAP löst sich oberhalb pH 6 in Wasser, während HPMCP in Abhängigkeit vom Typ oberhalb pH 5 bzw. 5,5 in Lösung geht. Beide Substanzen sind im DAB 9 monographiemäßig beschrieben.

3.3 Chitosane

Unter dieser Bezeichnung versteht man Aminopolysaccharide, d. h. Aminozucker. Aus Hummerschalen entsteht bei saurer Hydrolyse D-Glucosamin (Chitosamin). Chitosan sowie von dieser Substanz abgeleitete Polymere sind Gegenstand von Forschungsarbeiten verschiedener Gruppen. Auch im kosmetischen Bereich bestehen Einsatzmöglichkeiten; So wird z. B. ein kosmetisches Mittel zur Bekämpfung des Fettigaussehens von Haaren beschrieben, bei dem ein polymeres Chitosanderivat eingesetzt wird. Es handelt sich um einen Verbindungstyp, der im folgenden dargestellt ist (Deutsche Offenlegungsschrift 1987).

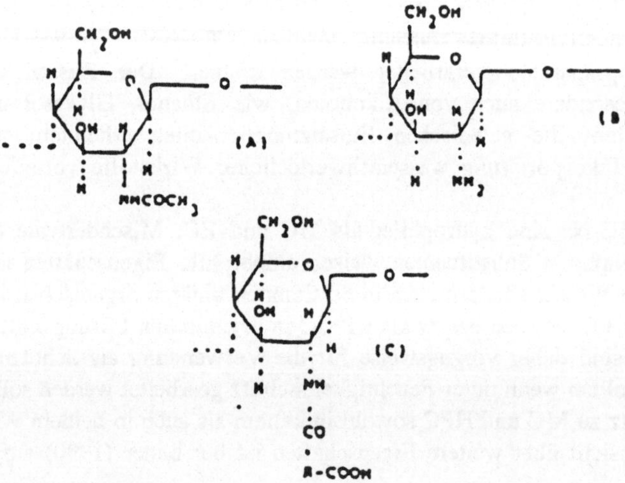

Abb. 8. Chitosanderivate

3.4 Guar Produkte

3.4.1 Guar-Gummi/Galactomannane vom Guaran-Typ und Guarhydrolysate

Aus den Samen der Guarpflanze (Cyamopsis tetragonolobus L. leguminosae) wird durch Mahlen des Endosperms Guar-Gummi gewonnen. Hauptbestandteile sind hochmolekulare Polysaccharide, die aus D-Galactose und D-Mannose im Molekülverhältnis von 1 : 1,4 bis 1 : 2 aufgebaut sind; Sie werden auch als Galactomannane bezeichnet. Kennzeichnend für diese Substanzklasse ist eine lineare Hauptkette von ß-1,4-glykosidisch gebundenen Mannopyranosen und einzelnen α-1,6-glykosidisch gebundenen Galactopyranosen (vergl. Abb. 9).

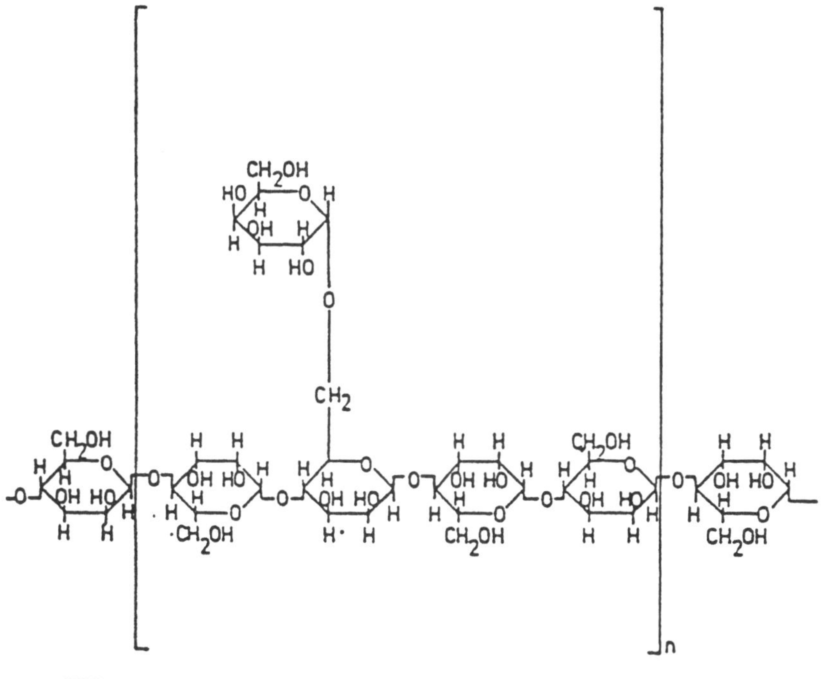

Abb. 9. Galactomannan (GM)

Galactomannane dieses Typs werden auch Guaran genannt. Der Anteil an D-Mannose beträgt ca. 64 % und der an D-Galactose ca. 36 %. Bei dem ähnlich gebauten Carubin lauten die Anteile ca. 84 % an D-Mannose und ca. 16 % D-Galactose.

Pharmazeutisch verwendet werden Produkte mit unterschiedlichen rel. Molekülmassen. Sie liegen nach Bleimüller (1980) zwischen 80 000 und 610 000. Es handelt sich um teilkristalline Substanzen, deren Kristallinitätsindex bei den hochmolekularen Typen ca. 0,1 und bei den stärker depolymerisierten Typen (GM7) 0,3-0,5 beträgt (Bleimüller 1980). Die Bestimmung kann röntgendiffraktometrisch bequem durchgeführt werden.

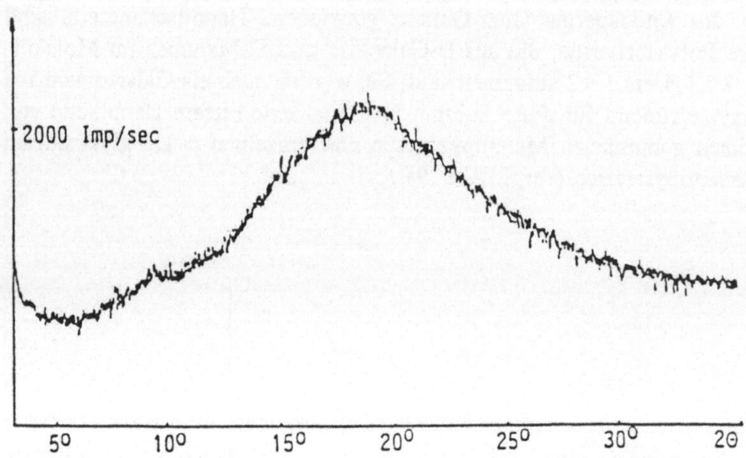

Abb. 10. Pulverdiffraktogramm von GM 7 - röntgenamorph - (100 Stunden gemahlen)

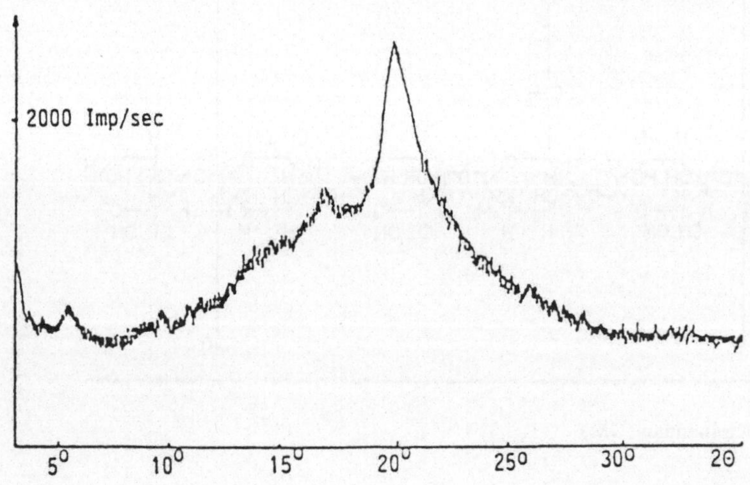

Abb. 11. Pulverdiffraktogramm von GM 7

Wie aus Abb. 10 und 11 hervorgeht, kann man aus einem stärker depolymerisierten Produkt, das einen gewissen Ordnungszustand (Kristallinitätsindex = 0,48) durch Mahlung in einer Kugelmühle (100 Stunden) ein röntgenamorphes Produkt gewinnen, d. h. die mizellaren Einheiten genauso wie bei Cellulosepulver beseitigen.

Werden wäßrige Galactomannanlösungen sprühgetrocknet, so resultieren optisch isotrope, hohlkugelartige, röntgenamorphe Produkte, wie Abb. 10 und 11 zeigen. Es besteht auch die Möglichkeit gemeinsame Lösungen von Wirkstoffen mit depolymerisierten Galactomannan zu versprühen, wodurch stabile Einbettungen mit vorteilhaften Auflösungseigenschaften gewonnen werden können.

Die Wirkstofffreisetzung aus festen oralen Darreichungsformen der Polymeren kann sowohl durch die rel. Molekülmasse als auch durch die Konzentration in einer Tablette beeinflußt werden. Während depolymerisierte Galactomannaneinbettungen in relativ geringer Konzentration (unter 5 %) eine Beschleunigung der Wirkstofffreisetzung ermöglichen, ist bei höheren Konzentrationen - insbesondere falls Produkte mit hohen rel. Molekülmassen zum Einsatz kommen - eine verzögerte Freisetzung (Retardierung) die Folge. Hochmolekulare Galactomannane sind jedoch nicht grundsätzlich mit einer verzögerten Freisetzung verbunden: Setzt man sie in geringer Konzentrationen ein, so kann auch eine Beschleunigung des Zerfalls und damit ein rascherer Wirkungseintritt erzielt werden.

Auch als Suspensionsstabilisatoren werden Galactomannane verwendet. Sie sind resistent gegen pH- und enzymbedingten Abbau. Im sauren Milieu des künstlichen Magensaftes - mit und ohne Pepsin - tritt erst nach einem Tag ein mehr oder weniger rasch verlaufender Viskositätsabfall auf.

Guarhydrolysate werden aus Guar-Gummi durch saure, alkalische, thermische oder enzymatische Hydrolyse gewonnen. Die rel. Molekülmassen liegen zwischen 35 000 und 630 000.

Guar findet auch in der Therapie des Diabetes mellitus und der Hyperproteinämie Verwendung (Kohl 1983).

1983 wurde das Präparat Glucotard^R, das ein Granulat mit 0,5 g Guarmehl als Einzeldosis enthält, eingeführt. Als Indikationen werden angegeben: "Zur oralen Behandlung des Dibetes mellitus vom Typ I und Typ II und zur Senkung erhöhter Blutfette. Unter Nebenwirkungen wird angegeben, daß zu Therapiebeginn gastrointestinale Beschwerden wie Sodbrennen, Völlegefühl, Oberbauchdruck, Inappetenz, Übelkeit, Flatulenz und Diarrhoe auftreten können. Da der Wirkstoff zu den Ballaststoffen gezählt werden muß, verursacht diese Substanz Erscheinungen, wie jede faserreiche Kost, z. B. Gemüse, Obst, Hülsenfrüchte, Weizenkleie u. s. w.. Diese Begleiterscheinungen verschwinden meist nach wenigen Tagen, ohne daß die Therapie abgebrochen oder die Dosis herabgesetzt werden muß. Um ihr Auftreten zu vermindern oder zu vermeiden wird eine einschleichende Dosierung empfohlen.

Das Präparat Glucotard^R bewirkt im Verdauungstrakt nur eine Verzögerung der Nahrungsaufnahme. Eine Veränderung der Diabetes Diät ist nicht erforderlich, da alle Kohlenhydrate aufgenommen werden. Glucotard^R selbst enthält keine anrechenbaren Kohlenhydrate; es ist immer vor einer Mahlzeit einzunehmen, da es sich zur Entfaltung seiner vollen Wirksamkeit mit der Nahrung im Magen mischen muß. Diabetiker sollen die 1. Tagesdosis immer vor dem Frühstück nehmen, da nach dem

Frühstück im allgemeinen der höchste Blutzuckerwert im Tagesprofil auftritt. Die restlichen Dosen sind vor den Hauptmahlzeiten zu nehmen.

Wechselwirkungen mit anderen Mitteln: Bei der gleichzeitigen Gabe von Glucotard[R] und anderen Medikamenten kann nicht ausgeschlossen werden, daß deren Wirkstoffe nur verzögert oder nicht vollständig aus dem Darm aufgenommen werden.

Bei gleichzeitiger Verabreichung von Glucotard[R] und Glibenclamid an stoffwechselgesunde Probanden wurde gefunden, daß die Bioverfügbarkeit von Glibenclamid um 25 % vermindert war. Dennoch wurde bei gleichzeitiger Verabreichung beider Medikamente der Blutzucker stärker gesenkt als bei alleiniger Gabe von Glibenclamid. Im Gegensatz zu diesen Untersuchungen mit Semi-Euglucon[R] haben Untersuchungen mit Semi-Euglucon[R] N an stoffwechselgesunden Probanden gezeigt, daß Bioverfügbarkeit und kinetische Kenngrößen von Glibenclamid bei gleichzeitiger Verabreichung von Glucotard nicht beeinflußt werden. Eine Änderung der Glibenclamid-Dosis ist daher aus pharmakokinetischen Gründen nicht erforderlich. Es kann nicht ausgeschlossen werden, daß eine Resorptionsbeeinträchtigung von Medikamenten bei gleichzeitiger Glucotard[R]-Einnahme eintritt. Da Guarmehl nicht resorbiert wird, sind toxische Reaktionen als Ausdruck einer Überdosierung nicht zu erwarten.

Guar bei Hyperlipoproteinämie: Nach den Ergebnissen zweier Untersuchungen bei Patienten mit Hyperlipoproteinämie vom Typ IIa, IIb oder IV bewirkte Guar einen hauptsächlich auf die LDL-Cholesterinverminderung zurückzuführenden Abfall des Cholesterinspiegels um 6-13 %. Die Triglyceridwerte reduzierten sich gleichzeitig um 13-17 % während das HDL-Cholesterin unbeeinflußt blieb. In einer weiteren Studie mit Hyperlipoproteinämie-Patienten fand man trotz Vorbehandlung einiger Probanden mit Cholestyramin und Clofibrat ebenfalls eine Verringerung der Cholesterinspiegel durch Guar; der Triglyceridspiegel veränderte sich nicht signifikant. Bei Bezafibrat (z. B. Cedur[R]) eingestellten Hypercholesterinämie-Patienten rief die zusätzliche Gabe von Guar eine weitere Senkung des LDL-Cholesterins um 13 % hervor; die Spiegel von VLDL- und HDL-Cholesterin blieben konstant. Parallel mit dem Rückgang des LDL-Cholesterins verminderte sich das Apoprotein B zusätzlich um 20 %. Die Serumtriglyceride und die Verteilung der Triglyceride in den einzelnen Lipoproteinfraktionen wurden nicht signifikant verändert.

Einfluß von Guar auf Stoffwechsel-regulierende Hormone: Die Untersuchung der Glukagon- und Insulinbeeinflussung durch Guar bei Stoffwechselgesunden und Diabetikern zeigte eine Verringerung des postprandialen Insulinanstiegs sowie eine deutliche Abnahme des Glukagonspiegels. Möglicherweise beruht dieser Effekt teilweise auf den nach Guar-Gabe reduzierten GIP (Glucose-dependent-Insulin-Releasing Peptide)- und GLI (Glucagon-Like Immunoreactivity)-Spiegeln. Allerdings war die Verminderung des GIP bei Gesunden am deutlichsten , und auch GLI ging nur bei den gesunden Probanden statistisch signifikant zurück (Kohl 1983).

Interaktion von Guar mit anderen Nährstoffen: Eine Resorptionshemmung oder Malabsorption von Kohlenhydraten wurde nicht beobachtet. Die Verwertung von Proteinen wird durch Guar nur unwesentlich beeinflußt, doch verlagert sich die Stickstoffausscheidung signifikant von Urin zu den Fäces. Auch der Vitamin- und Mineralstoffhaushalt wird im allgemeinen nicht gestört. Lediglich für Vitamin A fand man eine Erhöhung der postprandialen Serumkonzentration unter Guar. Bei Patienten mit gestörten Resorptionsverhältnissen ist jedoch bei einer Guar-Langzeittherapie eine Kontrolle des Mineralstoff- und Vitaminhaushalts angezeigt (Bauer 1990, Kohl 1983).

3.4.2 Guarderivate

Im Hinblick auf die Gewinnung von Produkten mit speziellen rheologischen Eigenschaften, mit Rücksicht auf die Elektrolytverträglichkeit und die Verträglichkeit mit organischen Lösungsmitteln und dispergierten Feststoffen sowie zur Stabilisierung von Emulsionen und zur Schaumstabilisierung wurden die in der folgenden Tabelle zusammengestellten 4 Substanzen entwickelt; es handelt sich um Produkte, die von der Firma Meyhall AG, Kreuzlingen/Schweiz unter den Bezeichnungen Meypro Gum^R R558[1], Jaguar^R HP8[2], Jaguar^R CMHP[3] und Jaguar^R C-13[4] vertrieben werden.

Produkt	Umsetzungs-Reaktion	Reaktionspartner	
(1) Carboxymethyl- GM-Na (CMGM)	Carboxymethylierung Substitutionsgrad 1,8	$Cl \cdot CH_2 \cdot COONa$ Na-monochlorazetat	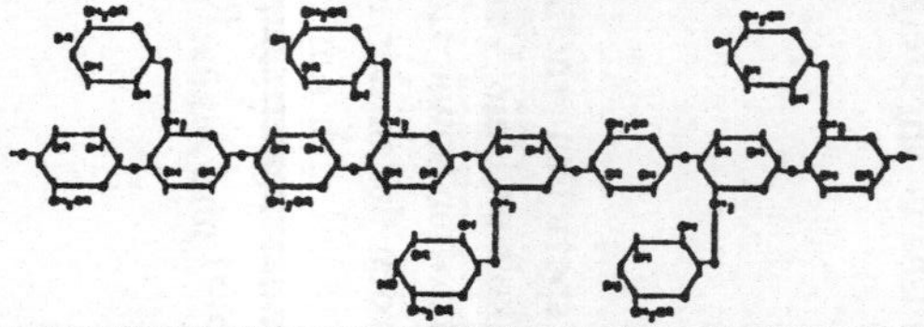 $R = -CH_2COONa$
(2) Hydroxypropyl- GM (HPGM)	Hydroxyalkylierung Substitutionsgrad 0,35–0,45	$CH_2-CH-CH_3$ Propylenoxid	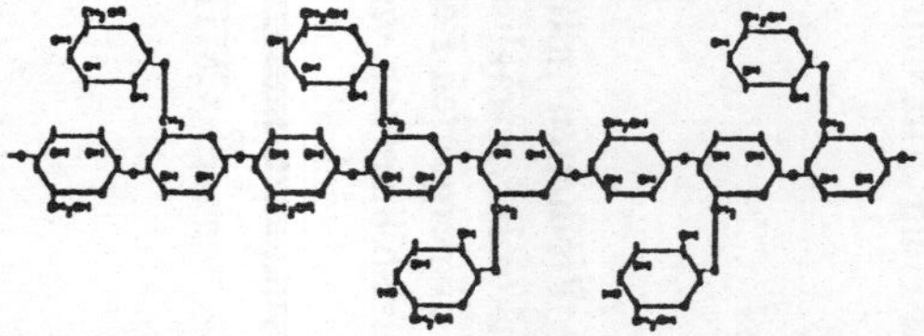 $R = -(C_3H_6O)_x \cdot H$
(3) Carboxymethyl- hydroxypropyl- GM (CMHPGM)	a) Carboxymethylierung 0,06 b) Hydroxyalkylierung 0,35–0,45	$Cl \cdot CH_2 \cdot COONa$ $CH_2-CH-CH_3$	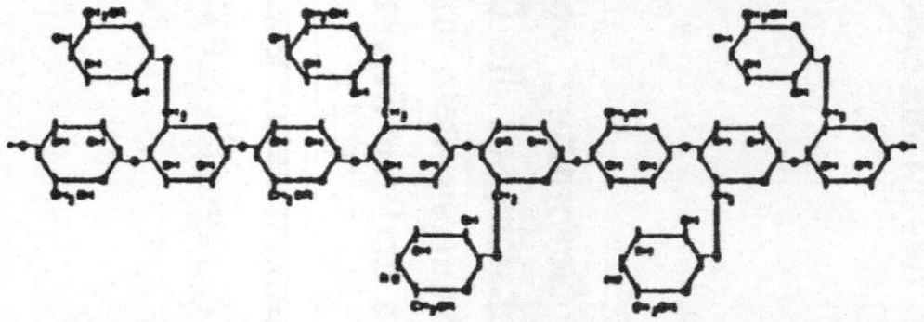 $R = -CH_2COONa$ $R = -(C_3H_6O)_x \cdot H$
(4) Hydroxypropyl- trimethylam- monium-GM Chlorid (HPTAGM)	Kationisierung Substitutionsgrad 0,13	$CH_2-CH-CH_2 \cdot \overset{\oplus}{N}(CH_3)_3 \, Cl^{\ominus}$ 2,3-epoxypropyl- trimethylammonium- chlorid	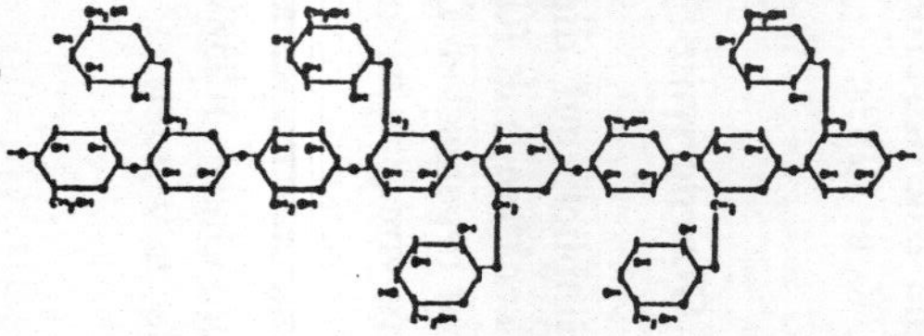 $R = -C_3H_6ON(CH_3)_3$ Cl

Abb 12. Guar-Derivate

Guarhydrolysate werden aus Guar-Gummi durch saure, alkalische, thermische oder enzymatische Hydrolyse gewonnen. Die rel. Molekülmassen liegen zwischen 35.000 und 630.000.

Carboxymethyl-Guar mit einem DS von 0,5 war Gegenstand eingehender Untersuchungen im Hinblick auf die Eignung dieses Hilfsstoffs für verschiedene pharmazeutische Zubereitungen (Prütting 1982). Diese anionische Polymersubstanz ist ebenso wie Guar-Gummi weitgehend resistent gegen pH- und Enzymeinflüsse. Im Hinblick auf eine Anwendung am Auge wurden auch Messungen der Oberflächenspannungen durchgeführt und Werte von ca. 44 mN x m^{-1} festgestellt. Die Werte liegen im gleichen Bereich, wie die der physiologischen Tränenflüssigkeit. Der Kristallinitätsindex dieses Produktes liegt mit 0,1 sehr niedrig und ist vergleichbar den neutralen hochmolekularen Galactomannanen.

Anionische Galactomannanabkömmlinge führen sowohl mit mehrwertigen anorganischen Kationen, wie Ca^{2+} oder Al^{3+} und mit bestimmten kationischen Wirkstoffen zu einer Gerüstbildung, so daß die Einsatzmöglichkeit als Grundlagenkomponente für Hydrokolloidmatrixtabletten besteht. Auf diese Weise könnte ein Retardprinzip sowohl durch die Ausbildung einer Matrix als auch durch Wechselwirkungen kationischer Wirkstoffe mit den Polymeren erreicht werden. Es gelang auch die Darstellung kleiner Formkörper mit geringen Massen von ca. 15 mg, die zum Einbringen in Körperhöhlen - z. B. im unteren Bindehautsack des Auges - geeignet sind. Derartige kleindimensionierte lamellenartige Komprimate sind nach vorhergehender Sprühtrocknung des Polymers realisierbar. Die Prüfung der Freisetzungskinetik ergab eine Retardwirkung von inkorporiertem Pilocarpin über einen Zeitraum von 6 Stunden (Prütting 1982).

Kationische Galactomannanabkömmlinge können aus Hydroxypropylguar gewonnen werden und stellen quartäre Ammoniumsalze, die als Guarhydroxypropyltriammoniumchlorid bezeichnet werden, dar. Die Handelsprodukte zeichnen sich durch eine stark viskositätserhöhende Wirkung aus. Wenngleich unter kontinuierlichem Rühren sehr rasch die maximalen Viskositätswerte erreicht werden können, so kann eine Beschleunigung durch Zusatz von Zitronensäure (resultierender pH-Wert ca. 6) vorgenommen werden. Zwei Präparate mit unterschiedlichem Gehalt an quartären Ammoniumgruppen sind für den Einsatz in Kosmetika zur Konditionierung von Shampoos, Cremes und Lotionen geeignet.

Gelbildung: Versetzt man 5 g einer 1 %igen wäßrigen GM- oder GM-Derivatlösung mit 0,5 ml einer 1 %igen Lösung von *Natriumtetraborat*, so entsteht nach kurzer Zeit eine gelartige Verfestigung. Es können auch hochviskose, fadenziehende oder weiche bis feste Gele in Abhängigkeit von den Konzentrationsverhältnisse entstehen. Die Gele können verschnitten werden und wachsen wieder zusammen. Sie kleben nicht an Glas und zeigen keine Synärese. Die für Galactomannane spezifische Boraxreaktion wird allgemein wie folgt beschrieben (Firmenschrift Fa. Meyhall 1989).

3.5 Xanthan

Xanthan oder Xanthangum ist ein von dem Bakterium Xanthomonas campestris ausgeschiedenes anionisches Polysaccharid. An einer aus ß-1,4-Glucan bestehenden Hauptkette sind durchschnittlich mit jedem Baustein in der Drei-Position Trisaccharide verknüpft. Etwa 50 % der endständigen D-Mannose jeder Seitenkette sind in 4,6-Stellung mit Brenztraubensäure acetyliert und die mit der Glucose der Hauptkette verbundene α-D-Mannose ist in der 6-Stellung acetyliert.

Aus Abb. 13 ist die Struktur von Xanthan ersichtlich:

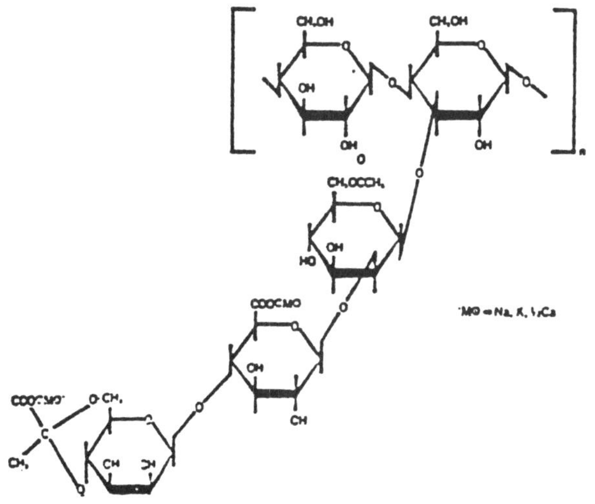

Abb. 13. Struktur des Xanthan Gummi

Die Molekülmasse dieser Polymersubstanz liegt bei etwa 2.000.000; es wird aber auch darüber berichtet, daß Werte von 13.000 bis 50.000.000 gefunden wurden. Diese Unterschiede sind wahrscheinlich auf Assoziationsphänomene zwischen den Polymerketten zurückzuführen. Drei verschiedene Monosaccharide wurden im Xanthan-Gummi gefunden. Mannose, Glucose und Glucuronsäure, letztere als gemischtes Kalium-, Natrium-, und Kalziumsalz. Die Hauptkette von Xanthan Gummi besteht aus ß-D-Glucoseeinheiten, die in 1-4 Position miteinander verbunden sind; Somit ist die chemische Struktur der Hauptkette des Xanthan Gummis identisch mit der, der Cellulose. Xanthan bildet hochviskose wäßrige Lösungen, die als Emulgatoren, Stabilisatoren und Gelierungsmittel in großem Maßstab verwendet werden.

Rheologische Eigenschaften von Xanthan Lösungen: Wäßrige Lösungen von Xanthan Gummi sind stark pseudoplastisch. Unter dem Einfluß von Scherkräften nimmt die Viskosität in Abhängigkeit vom Schergefälle ab. Dieses Verhalten von Xanthan Lösungen kann auf die helikale Struktur zurückgeführt werden. Es ist nämlich möglich, daß die Helices zu größeren Einheiten assoziieren, wie aus Abb. 14 hervorgeht.

110

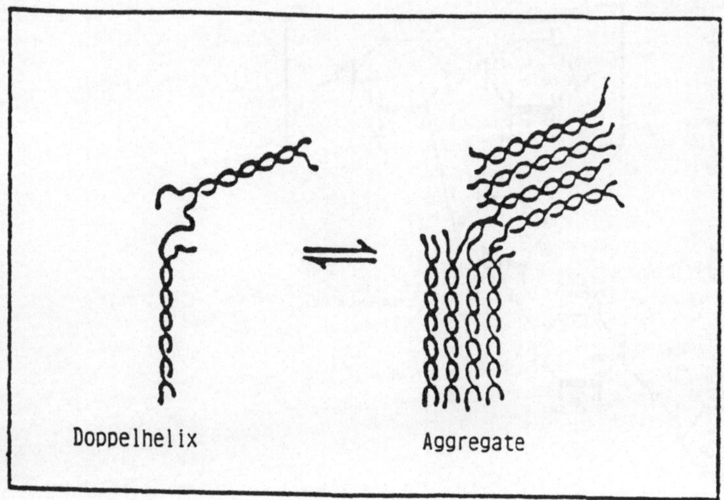

Abb. 14. Mögliche dreidimensionale Struktur von Xanthan Gummi in Lösung
(links: Doppelhelix, rechts: Aggregate)

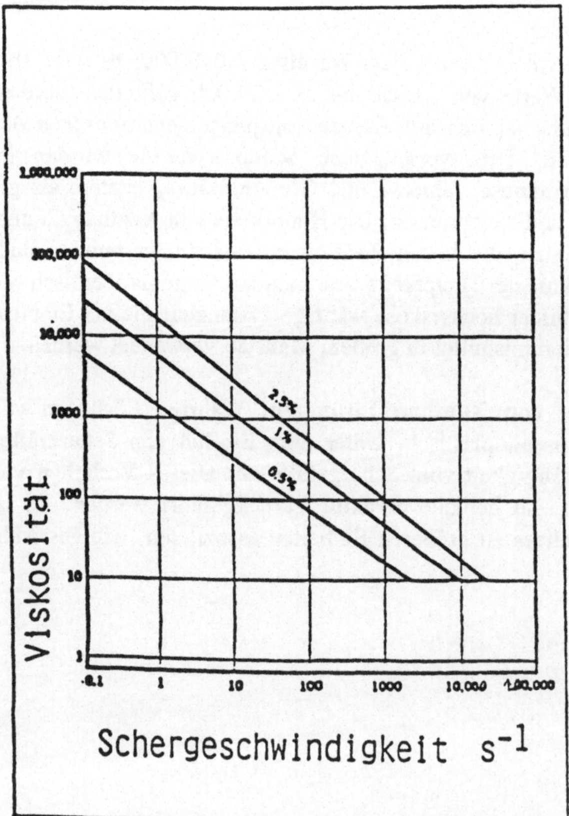

Abb. 15. Einfluß der Schergeschwindigkeit auf die Viskosität v. Xanthan Gummi Lösungen

Wie aus Abb. 15 ersichtlich, besteht eine Abhängigkeit zwischen der Viskosität und der Schergeschwindigkeit über einen Bereich zwischen 0,1 und 40.000 s^{-1}. Dies bedeutet, daß bei geringen Schergeschwindigkeiten suspendierte Partikeln eine geringe Sedimentationstendenz aufweisen. Im Vergleich zu anderen viskositätserhöhenden Stoffen, sind wäßrige Xanthan Lösungen unempfindlich bei längerer Scherung. Eine 1 %ige Xanthan Gummilösung zeigt bei Scherung von 46.000 s^{-1} während einer Stunde keinen Viskositätsverlust. Dies bedeutet, daß auch bei einer Behandlung durch einen Homogenisierapparat oder eine Kolloidmühle keine Viskositätsveränderungen festzustellen sind.

Handelsprodukte: Xanthanprodukte mit unterschiedlichem Gehalt an Pyruvat und verschiedenen Acetylierungsgraden sind von der Firma Kelco Co. Inc. (Sant Diego, USA) unter der Bezeichnung Keltrol[R] und Kelzan[R] und von der Firma Rhone Poulenc (Paris, Frankreich) unter dem Warenzeichen Rhodopol[R] und Rhodigel[R] sowie von der Firma Lohmann Fermantations GmbH (Cuxhafen, D) unter dem Warenzeichen Viskotan[R] im Handel.

Wechselwirkungen zwischen Xanthan und Galactomannanen: Werden wäßrige Lösungen von Xanthan Gummi mit Galactomannanen, wie Guar oder Johannisbrotkernmehl (locust bean gum) bei verschiedenen Temperaturen vereinigt, so findet eine Viskositätserhöhung statt. Die Zugabe von locust bean gum (Carubin) bewirkt die Ausbildung thermoreversibler Gele, falls eine Temperaturerhöhung und anschließendes Abkühlen erfolgt. Zur Erklärung dieser Erscheinung, muß man sich vorstellen, daß ein dreidimensionales Netzwerk durch Ausbildung von physikalischen Bindungen zwischen den Polysaccharidketten erfolgt. Fragt man nach dem Verhalten von Galactomannan (guar gummi) und Carubin (Johannisbrotkernmehl), so muß man die D-Galactopyranose-Seitenketten genauer betrachten: Im Falle des Galactomannans sind sie statistisch gleichmäßig an der D-Mannopyranose-Kette verteilt, wogegen beim Carubin eine größere Anzahl von D-Mannopyranoseeinheiten unsubstitutiert sind und daher in Wechselwirkung mit dem Xanthan Gummi treten können. Schematisch kann man die statistisch gehäufte Verzweigung beim Carubin (locust bean gum) aus folgender Abb. 16 ersehen.

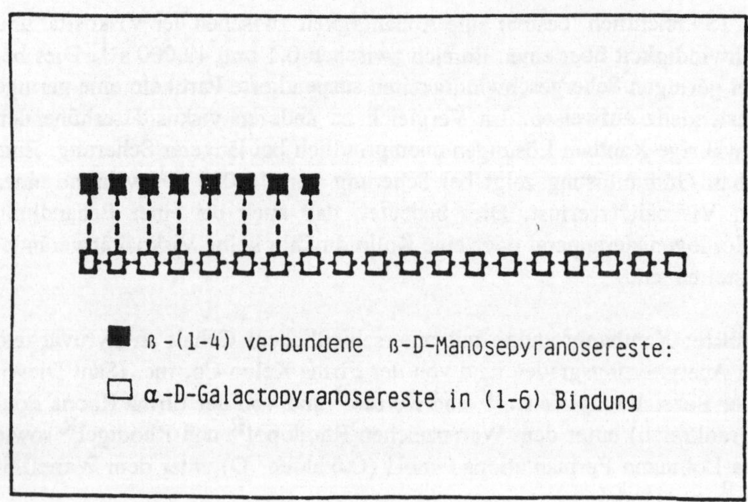

Abb. 16. Schematische Darstellung der Struktur des locust bean gum

Die Interaktion zwischen Xanthan Gummi und dem locust bean gum (Carubin) kann man der Abb. 17 entnehmen.

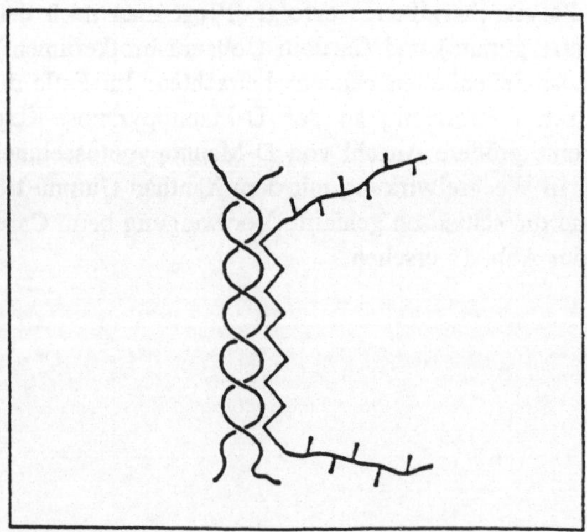

Abb. 17. Mögliches Modell für die Wechselwirkung zwischen Xanthan Gummi und locust bean gum, Ergebnis in Gelzubereitung

Eigenschaften: Bei trockener Lagerung ist die Stabilität von Xanthan Pulver sehr gut.

Säuren: Xanthan kann in zahlreichen Säuren direkt gelöst werden. Die besten Resultate erhält man, wenn wäßrige Xanthan Lösungen mit Säure versetzt werden. Die Stabilität in Anwesenheit der meisten organischen Säuren ist sehr gut. Die Kompatibilität mit Mineralsäuren hängt vom Säuretyp und der Konzentration ab.

Basen: Xanthan ist mit einer Anzahl basischer Verbindungen einschließlich konzentriertem Ammoniumhydroxid kompatibel. Natriumhydroxid-Konzentrationen über 12 % sollten vermieden werden. Werden basische Salze, wie Natriumcarbonat, Natriumphosphat oder Natriummetasilicat zu wäßrigen Lösungen gegeben (über 5 %), so kann nach längerer Lagerung eine Gelbildung erfolgen.

Salze: Mit Ausnahme von mehrwertigen Metallionen bei höheren pH-Werten ist die Verträglichkeit mit Salzen gut. In Anwesenheit sehr geringer Boratmengen (weniger als 300 ppm) kann eine Gelbildung erfolgen. Diese Erscheinung kann vermieden werden, falls die Borat-Ionen-Konzentration über 300 ppm beträgt oder der pH-Wert unter 5 gesenkt wird. Eine Zugabe von Substanzen, die vicinale Hydroxylgruppen tragen, wie beispielsweise Ethylenglycol und Mannitol, verhindern die Gelbildung durch Komplexierung.

Oxidationsmittel/Reduktionsmittel: Stärkere Oxidanzien, wie Persulfate, Peroxide und Hypochloride führen zu einem Abbau von Xanthan. Diese Reaktion wird bei höheren Temperaturen beschleunigt. Xanthan ist normalerweise in Anwesenheit von Reduktionsmitteln stabil. Bei Anwesenheit von freien Radikalen ist mit Veränderungen zu rechnen.

Hydrokolloidzusatz: Xanthan ist mit den meisten üblichen Dickungsmitteln - synthetische und natürliche Produkte - kompatibel. So können Natrium-Alginat, Stärkeprodukte, wie Dextrin und Galactomannane unter Viskositätsanstieg zugesetzt werden.

Enzyme: Protease, Cellulase, Pektinase und Amylase haben normalerweise keinen Einfluß auf die Stabilität. Allerdings sollen Enzyme aus Bazillus Spezies und Corynebacterium strain einen Abbau des Polymeren bewirken.

Tenside: Mit nichtionischen Tensiden ist die Verträglichkeit bei einem Anteil bis zu 20 % oberflächenaktiver Substanz sehr gut. Anionische und amphotere Tenside können Xanthan aus wäßrigen Lösungen ausfällen; dies ist z. B. bei Tensidkonzentrationen von mindestens 15 % der Fall. Unter 15 % Tensid ist die Stabilität gut.

Konservierung: Xanthan ist mit den meisten, üblicherweise verwendeten Konservierungsstoffen kompatibel. Allerdings trifft dies nicht für quartäre Ammoni-

114

umverbindungen zu. Unkonservierte wäßrige Lösungen von Xanthan sollten nicht länger als 24 Stunden gelagert werden.

Verträglichkeit und Toxizität: Kurzzeit-Fütterungsversuche (12 Wochen) von Xanthan an Hunde erbrachten keine Anzeichen für eine akute Toxizität oder eine Beeinträchtigung des Wachstums. Toxikologische Langzeitstudien über 2 Jahre zeigten bei Ratten und Hunden keinen Effekt auf Wachstum, Überlebensrate oder eine tumorauslösende Wirkung. Ebenfalls kein Effekt wurde bei einer Prüfung über 3 Generationen an Ratten festgestellt. Eine sensibilisierende oder irritierende Wirkung auf Haut und Auge wurde ebenfalls nicht beobachtet. Aufgrund dieser Befunde wird Xanthan z. B. in Kanada als Emulgator und Stabilitsator für Lebensmittel verwendet. Die Einsatzmöglichkeiten im Lebensmittelbereich basieren auf der viskositätserhöhenden und stabilisierenden Wirkung. So wird für Soßen und Gemüse, für Salatdressings, für Speiseeis und andere Tiefkühlprodukte, auch für Fruchtsaftzubereitungen und Konserven dieser Hilfsstoff eingesetzt. In Kombination mit Galactomannanprodukten werden diese Polymere in Käse, Fleischprodukte und Desserts eingearbeitet. Im Non-Food Bereich findet Xanthan als Zusatz für Düngemittel und andere Produkte in der Landwirtschaft, als Zusatz zu keramischen Gläsern während der Herstellung sowie in der Erdölindustrie Anwendung. Mischungen mit Carubin können für Deodorantgele verwendet werden. Die Gelbildung kann auch mit zwei- und dreiwertigen Metallionen oder Borat erreicht werden. Bei der Papierherstellung und Gewinnung von Explosivstoffen sowie als Zusatz zu fotographischen Erzeugnissen wird ebenfalls Xanthan verwendet.

Kennzahlen eines typischen Xanthan Produktes:
Ein standardisiertes Xanthan Produkt stellt Keltrol^R dar. Die wichtigsten Eigenschaften sind im folgenden aufgeführt:

Aussehen: Trockenes, schwach gefärbtes Pulver
Wassergehalt: 11 %
Asche: 9 %
Dichte: 1,5
In 1 %iger Lösung:
 Refraktionsindex (20 °C): 1,3338
 pH: 7,0
 Oberflächenspannung (mN/m): 75
Viskosität (60 UPM, Brookfield LVF)
(in 1 %iger Lösung unter Zusatz von 1 % Elektrolyt): 1.400 cps

Polysaccharide sind wichtige Hilfsstoffe bei der Bereitung von Arzneiformen. Sie erlangen steigendes Interesse, da toxikologische Probleme im allgemeinen weniger auftreten, als bei synthetischen Produkten. Es ist allerdings notwendig, für jede Applikationsform und jeden Wirkstoff die optimale Polymersubstanz aus dieser Verbindungsklasse herauszusuchen.

Literatur

Bauer K.H., DAZ, 130, Nr. 9, 447-462 (1990)

Bleimüller G., Dissertation Universität Erlangen-Nürnberg (1980)

Brauns U., Eigenschaften lösungsvermittelnder Cyclodextrinether, Dissertation Universität Kiel (1986)

Dannhardt G., DAZ, 128, 67-75 (1988)

Deutsche Offenlegungsschrift DE 37 13099 A 1, Int. A 61 K 7/06, Anmelder: L'Oreal, Paris, FR, Anmeldetag: 16.4.1987

Elias H.-G., Markromoleküle, Hüthig & Wepf Verlag Basel, Heidelberg, 3. Auflage, S. 150 (1975)

Firmenschrift der Fa. Meyhall Chem. AG Ch-Kreuzlingen (1989)

Hartke K., Hartke H., Kommentar zum DAB 9, Band II, S. 2080 (1987)

Kohl E., Pharm. Ztg. 128, 1060-1062 (1983)

Krämer J., PZ, 135, Nr. 21, 30-32 (1990)

Nürnberg E., Rettig E., Pharm Ind. 36, 194 (1974)

Nürnberg E., Bleimüller G., Pharm. Ztg. 124, 285-289 (1979)

Nürnberg E., Bleimüller G., Pharm Ind. 43, 672 und 1238 (1981)

Nürnberg E. in Hrtke-Mutschler, Kommentar zum DAB 9, Band II, S. 1096 (1987)

Nürnberg E. in Hartke-Mutschler, Kommentar zum DAB 9, Band II, S. 1122 (1987)

Nürnberg E., DAZ, 127, 1053-1058 (1987)

Prütting D., Dissertation Universität Erlangen-Nürnberg (1982)

Sommermeyer K., Ceck F., Schmidt M, Weidler B., Krankenhauspharmazie, 8, 271-278, (1987)

Stricker H., Physikalische Pharmazie, Wiss. Verlagsgesellschaft mbH Stuttgart, S. 564 (1987)

5. Polysaccharide mit spezifischem Einfluß auf das Immunsystem

H. Wagner

1 Einleitung

Das Kapitel behandelt zwei Aspekte bioaktiver Polysaccharide:

- Die Fähigkeit von antigenen Polysaccharidstrukturen mikrobieller Herkunft, das spezifische Immunsystem des Menschen in Gang zu setzen, und
- die Möglichkeit, Polysaccharide mikrobieller und nichtmikrobieller Herkunft in prophylaktischer oder therapeutischer Weise zur Stimulierung von Immunabwehrvorgängen einzusetzen.

Der zweite Vorgang folgt nicht notwendigerweise aus dem ersten, denn bei dem ersten handelt es sich um eine <u>spezifische</u> Beeinflussung des Immunsystems, während im zweiten Falle in erster Linie <u>unspezifische</u> Abwehrmaßnahmen des Körpers ausgelöst werden. Der Ausdruck "spezifisch" im Titel dieses Beitrages bedeutet demnach, daß allein Wirkungen von Polysacchariden auf das Immunsystem behandelt werden.

2 Spezifische Beeinflussung des Immunsystems

2.1 Antigene Strukturen - Immunspezifität (siehe auch Jann 1985 und Wilkinson 1977)

Das Stichwort "antigene Strukturen" läßt zunächst an die bekannten Lipopolysaccharide (LPS), die sog. Endo-und Exotoxine von <u>Gram-negativen Bakterien</u> denken, die auch als O-Antigene bezeichnet werden. Sie stellen Polysaccharid-Protein-Lipid-Komplexe dar, deren hydrophober Teil, das Lipid A, in der äußeren Bakterienwand verankert ist. Der hydrophile Teil, ein langkettiges Polysaccharid, ragt aus der Membranfläche heraus (siehe Abb. 1). Er hat 2 Regionen: C I und II. Region I ist ein Polymer, aufgebaut aus 100-1000 gleich- oder verschiedenartigen Einzelbausteinen, die man zu sich wiederholenden Einheiten, den sog. "repeating units", jede bestehend aus 2-8 Monosacchariden, zusammenfassen kann. Die Variation der Zuckerbausteine ist ungemein groß. Neben gewöhnlichen Zuckern findet man Desoxyzucker, Didesoxyzucker, Aminozucker und und O-Methylzucker, aber auch Hexuronsäuren und Aminohexuronsäuren. Region I (S-Form, smooth) ist Träger der immunologischen Spezifität der O-Antigene. Die Region II, auch "Core"- oder Basalteil genannt, besteht aus ca. 10 Zuckereinheiten. Charakteristisch für viele Gram-negative Bakterien sind Heptose- und 2-Keto-3-desoxyoctonsäure-Bausteine (KDO) als Verbindungsglieder zum

Lipid A. In Abb. 2 sind Partialstrukturen der Core-Region von LPS von Salmonella-Mutanten dargestellt. Wenn die Polysaccharide von Region I oder II teilweise oder ganz abgespalten werden, was wegen der Säurelabilität der Bindung zwischen Lipid A und dem Kohlenhydratteil leicht gelingt, so erhält man Bakterienmutanten mit stark abgeschwächter Antigenität. Nicht verloren geht dabei die fiebererzeugende Eigenschaft, die Pyrogenität, denn diese ist an den Lipid A-Teil gebunden.

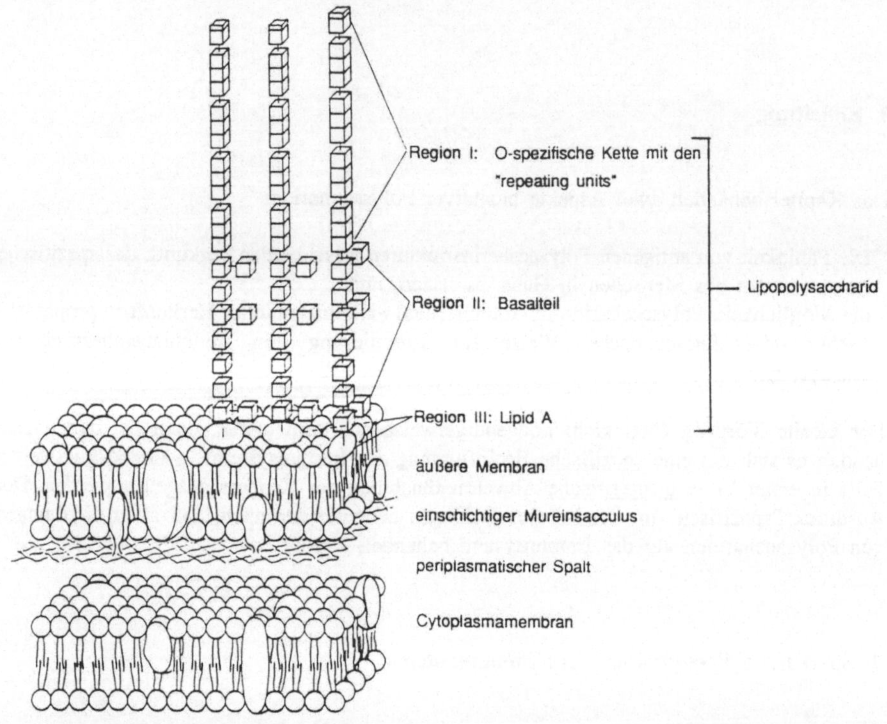

Abb. 1. Schematischer Aufbau der Lipopolysaccharide und ihre Lokalisierung in der Bakterienhülle (nach Scheer 1984)

Im Gegensatz zu den LPS der Gram-negativen Bakterien bestehen die antigenen Strukturen der Gram-positiven Bakterien aus lipidfreien Polysacchariden. Diese Polysaccharide finden sich hauptsächlich in der Kapsel und in der sog. Mureinschicht. Am Aufbau dieser Polysaccharide sind relativ wenig Zucker beteiligt. Neben den Neuztralzuckern Glucose, Galaktose, Rhamnose, Fucose und Mannose findet man Glucuronsäure, Galakturonsäure und die N-haltigen Zucker wie z.B. Glucosamin, Galaktosamin, Fucosamin zusammmen mit ihren N-Acetyl-Verbindungen. Sehr häufig erscheint die Teichonsäure, die aus komplexen Strukturen von Polyglyzerin- oder Polyribitolphosphat besteht und über Glykosyl- oder Alanyleinheiten in mannigfacher Weise mit den Zuckerketten verknüpft ist.

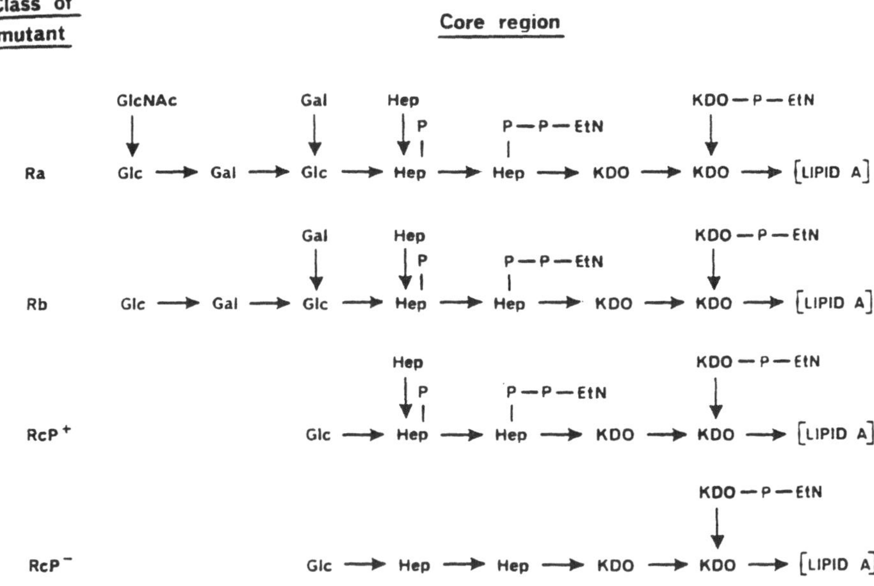

Abb. 2. Einige Partialstrukturen der Core-Region von LPS von einigen Salmonella Mutanten

Die Antigenspezifitäten von Polysacchariden zentrieren um einzelne Zuckereinheiten. Sie können sich entlang der Zuckerkette über Regionen unterschiedlicher Länge ausdehnen.

Wenn Polysaccharide unterschiedlicher Herkunft identische Imundeterminanten enthalten, kann es zu serologischen Kreuzreaktionen kommen; z.B. zeigen Kapselpolysaccharide von Pneumococcus Typ VIII Kreuzreaktion mit einem vom Typ III, einem Polysaccharid von E. coli K 87 und mit einem Glucan aus Avena (Hafer), da beide die gleiche ß-Glucosyl-1,4-Glucose-Region enthalten (Abb. 3). Das Phänomen der Kreuzreaktivität ist von Heidelberger u. Nimmich (1976) zur Strukturaufklärung von Polysacchariden herangezogen worden.

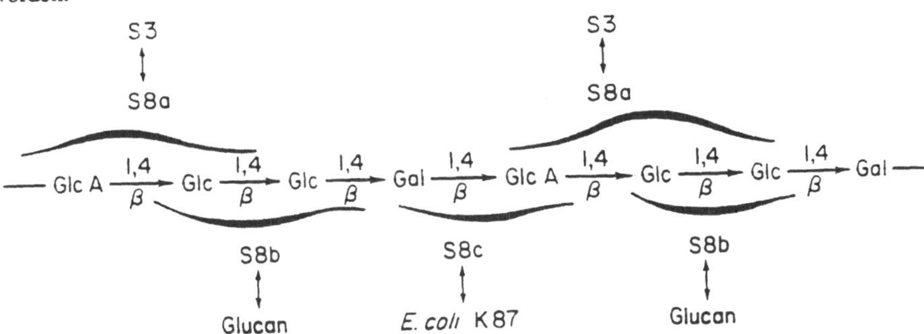

Abb. 3. Kreuzreaktion des Kapselpolysaccharides vom Pneumococcus Typ VIII auf Grund der Partialstrukturen S8a, b und c mit identischen Partialstrukturen in dem Kapselpolysaccharid vom Pneumococcus Typ III (S3), dem Glucan von Avena und dem Kapselpolysaccharid von E. coli K 87

120

Solche Oligosid-Untereinheiten besitzen zwar Antigenspezifität d.h. Reaktivität mit Antikörpern, sie sind selbst aber nicht immunogen, d.h. sie sind nur "Haptene", die noch keine Antikörperbildung induzieren können. Zu Vollimmunogenen werden sie erst, wenn viele solcher Untereinheiten zu Polymerstrukturen vereinigt sind.

Die Frage, ob Bakterienpolysaccharide auch in freiem d.h. aus der Zellwand losgelösten, rein isolierten Zustand Immunogenität besitzen, kann nicht pauschal beantwortet werden. Zahlreiche Untersuchungen sprechen eher dagegen. Tatsache ist jedenfalls, daß sich Antikörper im allgemeinen an Determinanten eines nativen, strukturell unversehrten Moleküls orientieren.

Die natürlichen Bakterienpolysaccharide haben Molgewichte in der Größenordnung von Proteinen, d.h. in Millionenhöhe. Die Abhängigkeit der Immunogenität vom Molgewicht wurde ausführlich an den nativen Dextranen von Leuconostoc mesenteroides studiert (Jann u. Jann 1977). Dextrane mit Molgewichten > 90.000 erwiesen sich als Immunogene. Dextrane mit Molgewichten < 50.000, die in der Medizin als Plasmaexpander verwendet werden, sind nicht mehr immunogen. Ähnliche Relationen wurden bei Polysacchariden vom Pneumococcus Typ III erhalten.

Während früher für die Impfprophylaxe nur attenuierte Bakterien verwendet wurden, dienen hierfür heute auch Polysaccharid-Präparationen.

2.2 Immunerkennung und Antikörper-Bildung (siehe auch Owen u. Lamb 1991)

Die durch antigene Polysaccharidstrukturen ausgelöste Antikörperbildung kann T-Lymphozyten abhängig und unabhängig erfolgen. Im ersten Falle bei Vorliegen von thymusabhängigen Antigenstrukturen auf den Bakterien treten als erstes die sog. T-Helferzellen in Aktion. Die Erkennung des Fremdantigens erfolgt in der Regel in Verbindung mit einem sog. MHC-Molekül (Major Histocompatibility-Complex), das sich auf allen kernhaltigen Zellenoberflächen (Klasse I) befindet. Die mit dem Antigen beladenen T-Helfer-Zellen präsentieren dieses Antigen den B-Zellen, wo sie an spezifische Rezeptoren gebunden werden und liefert damit das Signal zur Bildung von Antikörpern, d.h. die B-Zellen werden dadurch in Antikörper produzierende Plasmazellen transformiert. Die Aktivierung, Vermehrung und Differenzierung von B-Zellen, an denen auch Interleukin 2 und 4 beteiligt sind, ist in Abb. 4 schematisch dargestellt.

Neben der T-Zellenabhängigen Antigen-Erkennung gibt es noch eine durch B-Zellen. Diese erfolgt auf der Basis einer direkten Wechselwirkung zwischen Rezeptor und Ligand. Zu den Polysaccharid-Strukturen, die keine T-Lymphozyten benötigen, gehören z.B. Pneumokken-P. und enterobakterielle Lipopolysaccharide. Der Grund für die T-Zellenunabhängigkeit einiger Polysaccharide könnte sein, daß bei diesen die Zahl der dicht beeinanderliegenden antigenen Determinanten (Epitope) für eine effektive Direktwechselwirkung größer als bei anderen Polysacchariden ist.

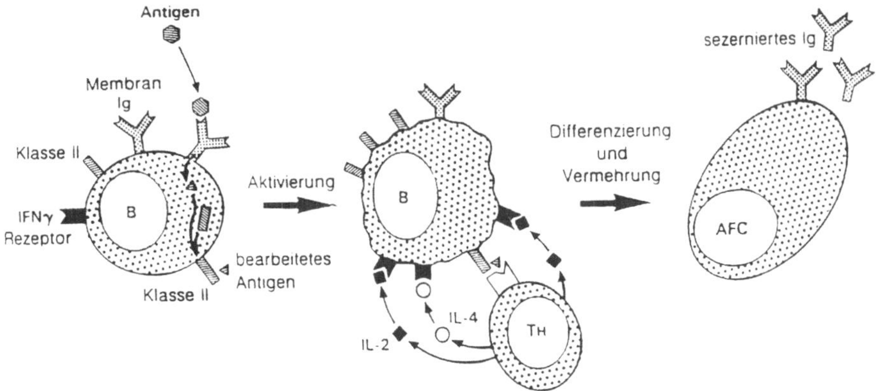

Abb. 4. Aktivierung, Vermehrung und Differenzierung von B-Zellen. Das Antigen wird von membranständigem Immunglobulin auf der B-Zelle gebunden, bearbeitet und in Verbindung mit MHC-Proteinen der Klasse II auf der Zelloberfläche spezifischen Helfer-T-Zellen dargeboten. Aktivierte B-Zellen tragen außerdem Rezeptoren für IL-2 und IL-4 auf ihrer Oberfläche. Sie sind die Empfänger für die von den T-Zellen stammenden Signale, welche die Differenzierung und die Teilungsaktivität der B-Zellen ankurbeln. Dadurch werden sie zu antikörperbildenden Zellen (AFC, antibody forming cells), welche Immunglobuline bilden und sezernieren (nach Owen u. Lamb 1991).

Die Antikörper binden direkt an die Bakterien und deren Toxine und führen dadurch zur Agglutination bzw. Neutralisierung. Antigen- Antikörperkomplexe können in Gegenwart von Komplement zusätzlich phagozytiert werden. Weitere anikörperabhängige Eliminierungreaktionen sind bekannt.

2.3 Antigen-Antikörper-Bindung - Bindungsmechanismus

> 70% der Antikörper, die bei der Immunisierung mit ganzen Zellen erhalten werden, sind gegen Oligosaccharidstrukturen gerichtet. Diese Oligosaccharide stellen die Anheftungsstellen von Bakterien, Viren und viralen Toxinen dar.

Die ersten Untersuchungen über den rein physikalisch-chemischen Bindungsmechanismus wurden von Lemieux (1989) mit synthetisierten terminalen Tri- und Tetrasaccharid-Einheiten von Oligosacccchariden durchgeführt, die für bestimmte Blutgruppen-Reaktionen verantwortlich sind. Als Proteinbindungspartner wurden außer Antikörper auch Pflanzenlektine eingesetzt. Die Untersuchungen wurden mit Hilfe der ^{1}H-NMR-Spektroskopie (Nuclear Overhauser Effekt), durch Messung von Assoziationsgleichgewichtskonstanten und RIA-Experimenten durchgeführt. Damit war es möglich, konformere Präferenzen zu erkennen, die möglicherweise auch in Komplexen mit Proteinen vorliegen. Durch synthetisch abgewandelte Oligosaccharide (z.B. Nor-Derivate oder Desoxy-Verbindungen) wurde die Zahl der Oligosaccharid-Partner erweitert. Zusätzlich wurden auch noch Inhibitoren der Antigen-Antikörper-Reaktion eingesetzt. In einem Fall wurde der Komplex, erhalten aus einem Metalloglykoprotein, mit einem synthetischen Oligosaccharid auch röntgenspektroskopisch untersucht.

122

Aus diesen Studien war folgendes abzulesen:

- <u>Polare Interaktionen</u> mit OH-Gruppen stellen Schlüsselreaktionen dar. Eine OH-Gruppe in richtiger Position kann bereits Erkennungssignal sein. Meistens aber sind mehrere OH-Gruppen einer Zuckersquenz in Form von "Clustern" erforderlich.

- <u>Lipophile Interaktionen</u>, ausgelöst durch Wasserstoffbrückenbindungen mit Wassermolekülen und Äthersauerstoffatomen scheinen ebenfalls eine Rolle zu spielen. Oligosaccharide können auf diese Weise amphiphile hydratisierbare Oberflächen erhalten, die zu Leerstellen über nichtpolaren Regionen führen. Die Folge ist, daß auch lipophile Interaktionen zur Verfestigung von Antigen-Antikörper-Komplexen beitragen können, ganz abgesehen davon, daß auch noch andere Bindungspartner des Antigengesamtmoleküls an der Raumorientierung beteiligt sein können. Abb. 5 gibt schematisch die von Lemieux als hydratisierten polaren Öffnungs-Effekt bezeichnete Wechselwirkung wieder.

Insgesamt ergibt sich hieraus, daß die Ursachen für die Spezifität in der Erkennung von Oligosacchariden durch Proteine in der Art der Zuckersequenz, der Bindungsart und der Konformation liegen. Die Bindung selbst kommt über polare und lipophile Wechselwirkungen (Van der Waal's Kräfte, elektrostatische Kräfte, Wasserstoffbrückenbindungen u.a.) zustande.

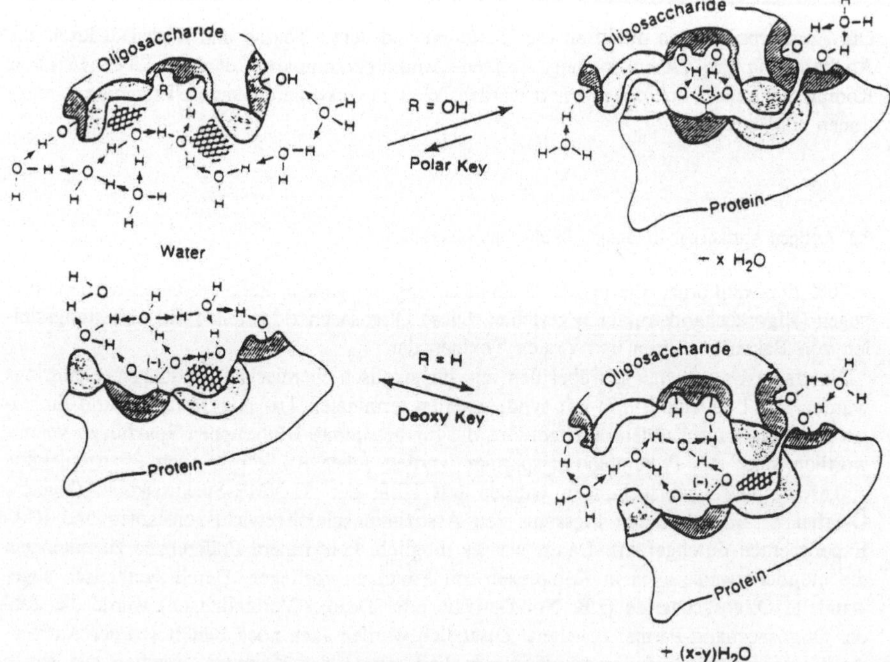

Abb. 5. Die gepunkteten und gestrichelten Regionen der Oligosaccharidoberfläche und die Bindungsseite des Proteins stellen lipophile bzw. polare Regionen dar. Die gekreuzt gezeichneten Regionen geben die mögliche Leerstelle an, an der eine Komplexbildung stattfinden kann (nach Lemieux 1989).

2.4 "Antigene Polysaccharidstrukturen" bei Pflanzen

Die Antikörperbildung gegen eine antigene Polysaccharid-Struktur hat eine interessante Analogie im Pflanzenreich.

Durch die Arbeiten von Albersheim und Darvill (1985) wissen wir, daß sich Pflanzen nach einem ähnlichen Mechanismus vor Infektionen schützen. Wenn sich Pilze oder Bakterien an die Zellwand einer Pflanze anheften, können 2 Haupt-Abwehr-Mechanismen in Gang gesetzt werden.

- <u>Mechanismus 1</u>: Ein Enzym der infizierten Wirtspflanze spaltet aus der Zellwand des Pilzes ein spezifisch strukturiertes <u>Heptaglucosid</u>, ein sog. <u>Oligosaccharin</u>, ab. Dieses Oligosaccharin hat Signalfunktion und veranlaßt über eine Genexpression die Synthese von pflanzlichen Abwehrstoffen, den sog. Phytoalexinen. 10^{-9} g Oligosaccharin genügen, um diese Reaktion in Gang zu setzen. Der Pilz wird dadurch in seiner Vermehrung gehemmt. Die hohe Spezifität ergibt sich daraus, daß sich anders strukturierte Heptaglucoside als völlig inaktiv erwiesen.

- <u>Mechanismus 2</u>: Die infizierte Pflanze spaltet aus dem Pektinteil der eigenen Zellwand ebenfalls ein Oligosaccharin, diesmal z.B. ein Oligogalakturonid ab, das dann gleichfalls die Phytoalexinproduktion in Gang setzt.

2.5 Künstliche Impfstoffe aus antigenen Zuckerstrukturen (siehe auch Dick und Beurret 1989)

Obwohl es heute zur Prophylaxe der meisten Infektionskrankheiten entsprechende Impfstoffe gibt, weisen diese noch eine Reihe von Mängeln auf. Außerdem gibt es gegen eine Reihe von Erregern noch keinen 100%igen und langanhaltenden Infektionsschutz. Hierzu gehören z.B. Infektionskrankheiten, die von Haemophilus influenzae, Neisseria meningitidis, Pseudomonas aeruginosa, Klebsiella, Vibrio cholerae, Streptococcus pneumoniae u.a. verursacht werden. Diese Lücke könnte in Zukunft durch die Herstellung künstlicher Impfstoffe, ausgehend von Oligosacchariden oder Polysacchariden, geschlossen werden.

Diese Möglichkeit läßt sich in der Weise verwirklichen, daß man nichtantigene, aber immundeterminierende Oligosaccharide oder Polysaccharide kovalent an Trägerproteine bindet und somit wieder Vollantigene herstellt. In vielen Fällen lassen sich auf diese Weise T-Zellen-unabhängige Polysaccharidantigene in T-Zellen-abhängige Strukturen verwandeln, die offensichtlich einen Vorteil gegenüber der ersten Klasse besitzen. Man bezeichnet solche künstliche Vaccine als Glykokonjugate von bakteriellen Kohlenhydrat-Antigenen.

Die antikörperbindenden Oligosaccharide werden synthetisch gewonnen, während die Polysaccharide des gewünschten Molgewichtes häufig durch gezielten hydrolytischen, enzymatischen oder oxidativen Abbau von genuinen Kapsel-Bakterien-Polysacchariden oder Lipopolysacchariden gramnegativer Bakterien hergestellt werden.

Als Proteinträger können fungieren Humanes oder Rinder-Serum-Albumin, Rinder-Gamma-Globulin, Bakterienproteine, Choleratoxin, Tetanustoxid, gereinigtes IG und IgM, Hämocyanin oder Pflanzenproteine (z.B. Edestin) u.a.

Für die Kupplung der Oligosaccharide mit den Proteinen werden am häufigsten die beiden nachfolgenden Methoden eingesetzt:

1. Direkte Umsetzung des Proteins mit dem entblockierten Saccharid mit freiem anomeren Zentrum, d.h. der Aldehyd-Form, und Reduktion des gebildeten labilen Imins mit Cyanoborhydrid zum stabilen Amid. Man erhält dadurch einen stabilen 1-"Aminohexi-tol-spacer".

2. Oxidation der reduzierenden Zuckereinheit zur Hexuronsäure, Darstellung von Estern, Hydraziden oder Aziden (z.B. Carbodiimide oder Hydroxysuccinimide) und Amidver-knüpfung mit dem Protein. In den meisten Fällen findet sich zwischen dem Polysaccha-rid- und Protein-Teil ein Bindeglied ("linker" oder "spacer") eingebaut.

Der Vorteil solcher künstlicher Vaccine kann darin bestehen, daß die Immunogenität innerhalb einer Erregergruppe erhöht oder überhaupt erst hergestellt wird und daß Neben-wirkungen wie z.B. die Fieberwirkung von Endotoxinen auf einfache Weise eliminiert werden.

3 Unspezifische Beeinflussung des Immunsystems

3.1 Antikörper-Kreuzreaktion mit Polysacchariden verschiedener Herkunft - Reaktionen mit dem unspezifischen Immunsystem - Immunstimulierung

Mitte des letzten Jahrhunderts beobachtete Latour (1849), daß es mit Treponema-pallidum-haltigen Präparationen möglich war, nicht nur einen gewissen Schutz gegen die Treponema-Infektion zu erzielen, sondern auch eine Wirkung auf das Tumorwachstum. Eine Erklärung für dieses Phänomen war damals mangels genauerer Kenntnisse der immmunologischen Zusammenhänge nicht möglich. Für diese Wirkung gibt es heute zwei Erklärungsmöglich-keiten:
- Die gegen bestimmte Bakterienpolysaccharide gebildeten Antikörper kreuzreagieren mit antigenen Polysacchariden oder Glykoproteinen auf anderen Zelloberflächen, z.B. auf Tumorzellen, sodaß eine Mehrfachwirkung resultiert, und/oder
- bestimmte Polysaccharide wirken erreger- und antigen<u>un</u>abhängig auf unspezifische antitumorale Abwehrmechanismen.

Für die erste Möglichkeit sprechen eine Reihe von Beobachtungen. Sie gehen zurück auf systematische serologische Arbeiten von Heidelberger (1960), der nachweisen konnte, daß eine Reihe von bakteriellen und pflanzlichen Polysacchariden (z.B. Gummen oder Gramine-en-Polysaccharide) mit einer Reihe von Anti-Pneumokokkenseren kreuzreagieren, d.h., daß in diesen Polysacchariden Zuckerdeterminanten vorhanden sein müssen, wie sie in den Pneumokokken-Polysacchariden auftreten (siehe auch Kapitel 2.1). Heidelberger (1960) benutzte diese serologischen Teste zum Nachweis bestimmter Zuckersequenzen in Polysac-charid-Strukturen und gleichzeitig zur serologischen Differenzierung von Bakterienarten. Diese zunächst unerwarteten Reaktionen brachten einige Forscher auf die Idee, man könne bestimmte pflanzliche Polysaccharide auch zur Herstellung von Impfstoffen benutzen.
Diese Kreuzreaktionen erklären aber nur einen Teil der Phänomene, die man damals bei der Injektion von Bakterienextrakten beobachtete. Heute weiß man, daß die meisten der heute noch auf dem Markt befindlichen Bakterienpräparate wie z.B. das BCG (Bacillus Calmette Guérin) ihre antiinfektiöse oder Antitumor-Wirkung einer Stimulierung unspezifi-scher Abwehrmechanismen, vor allem des mononuklearen Phagozytensystems, verdanken.

Die auslösenden Wirkprinzipien sind teils Polysaccharide, teils Glykoproteine oder Lipopolysaccharide.

Im Jahre 1944 fanden Shear und Perrault (1944), daß ein aus Bacillus prodigiosus isoliertes Polysaccharid in experimentellen Tumoren Hämorrhagien und Nekrosen verursachte.

In einer Arbeit von Belkin, durchgeführt mit Pflanzenpolysacchariden (1959), wird auf Grund der beobachteten Leukozytose erstmals der Verdacht geäußert, daß diese Polysaccharide nicht direkt den Tumor angreifen, sondern das Retikuloendotheliale System, d.h. Zellen des unspezifischen Immun-Systems, zu dieser Nekrosereaktion stimulieren. Von 28 untersuchten Rohpolysaccharidgemischen, isoliert aus höheren Pflanzen, induzierten 22 spezifische Nekrosereaktionen an transplantierten soliden Sarcoma 37 Tumoren. Die Polysaccharide wurden in einer Konzentration von 5 - 1000 µg/kg intraperitoneal einmalig an Mäuse appliziert. Unter den untersuchten Pflanzen waren so prominente wie Kaffee, Tabak, Goldrute, Ginkgo oder Herbstzeitlose. Eine bestimmte Familienpräferenz war nicht erkennbar.

In Tab. 1 sind einige der wichtigsten höheren Pflanzen aufgelistet, aus denen bis etwa zum Jahre 1980 Polysaccharide mit bevorzugt antitumoraler Wirksamkeit isoliert und näher untersucht wurden. In den meisten Fällen dürfte es sich auch hier um Rohpolysaccharidgemische gehandelt haben. Systematische Untersuchungen mit gleicher Thematik - Polysaccharide von höheren Pflanzen mit antitumoraler Wirkung - stammen von Tokuzen u. Nakahara (1971) und Whistler et al. (1976).

Die Arbeiten an Polysacchariden aus höheren Pflanzen gerieten in Vergessenheit und wurden erst im Jahre 1980 wieder von unserer Arbeitsgruppe aufgegriffen.

Tabelle 1. Untersuchungen von Polysaccharidfraktionen höherer Pflanzen bis 1981[1]

Bambusa vulgaris	
Oryza sativa	Nakahara et al. 1967
Triticum sativum	Nakahara et al. 1967
(wheat straw)	Sakai et al. 1963, 1964
	Kuboyama et al. 1981
Saccharum officinale	
(sugar cane bagasse)	Sakai et al. 1964
Astragalus gummifera	Roe 1959, Kojima 1980, Osswald 1968,
	Chen et al 1981, Wang et al 1980
Calendula officinalis	Manolov et al. 1965
Solidago-Arten	
Trifolium pratense	
Ginkgo biloba	
Coffea-Arten	
Colchicum autumnale	Belkin et al. 1959
Arctium lappa	
Aucanacua carmizulis	
Yucca schidegera	
Rumex acetosella	
Bryonia-Arten u.a.	
Viscum album	Müller 1962

[1] Literatur bei Wagner u. Proksch (1985).

3.2 Pilzglucane mit antitumoraler Wirkung - Wirkmechanismus - Anwendung

Ab 1975 beschäftigten sich Whistler und etwas später Japanische Arbeitskreise vor allem um Chihara et al. (1988) mit dem gleichen Thema. Ihr Interesse konzentrierte sich aber in erster Linie auf Polysaccharide von Pilzen, Algen und Flechten. Neuerdings werden Pilz-Polysaccharide auch von der Arbeitsgruppe Franz-Kraus in Deutschland bearbeitet (Franz 1989, Kraus u. Franz 1990). Als Hauptanwendungsgebiet für diese Polysaccharide wird die adjuvante Tumortherapie herausgestellt.

In der Tab. 2 ist eine Übersicht über die am besten untersuchten Polysaccharide mit nachgewiesener antitumoraler Wirkung gegeben. Bei Lindequist et al. (1990) findet sich eine neuere Zusammenstellung von Basidiomyceten, aus denen antitumorale Polysaccharide isoliert wurden.

Tabelle 2. Polysaccharide mit antitumoraler Wirkung

Polysaccharid	Herkunft	Struktur
Höhere Pilze (Basidiomycetes)		
Lentinan	Lentinus edodes	Glucan β-1 $\rightarrow$ 6; β 1 $\rightarrow$ 3
Schizophyllan	Schizophyllum commune	Glucan β-1 $\rightarrow$ 6; β 1 $\rightarrow$ 3
Krestin (PS-K)	Coriolus versicolor	Glucan β-1 $\rightarrow$ 4; β 1 $\rightarrow$ 3; β-1 $\rightarrow$ 6 + Protein
Pachymaran	Poria cocos	Glucan β-1 $\rightarrow$ 3 linear
Hefepilze (Saccharomycetes)		
Mannozym	Saccharomyces cerevisiae	Glucomannan/Glucan β-1 $\rightarrow$ 3
Scleroglucan	S. glucanicum	Glucan β-1 $\rightarrow$ 3; β 1 $\rightarrow$ 6
(Oomycetes)		
A_1-Glucan	Phytophthora parasitica	Glucan β-1-6; β 1-3
Flechten, Algen		
Pustulan	Umbilicaria-Arten	Glucan β-1 $\rightarrow$ 3; 1 $\rightarrow$ 6
Lichenan, Isolichenan	Cetraria islandica	Glucan β-1 $\rightarrow$ 3; 1 $\rightarrow$ 4 Glucan α-1-3; 1-4
Laminaran	Laminaria-Arten	Glucan β-1-3; β-1-6

In Japan haben hauptsächlich drei Polysaccharide Eingang in die Tumortherapie gefunden: Lentinan, Schizophyllan und Krestin (siehe Formelbilder Abb. 6,7), isoliert aus den zu den Basidiomyceten zählenden Pilzen Lentinus edodes, Schizophyllum commune und Coriolus versicolor. Bei den beiden ersten handelt es sich um ß-1,3-verknüpfte Glucane in der Hauptkette mit unterschiedlichem Grad an ß-1,6-Verzweigungen. Die Molgewichte liegen bei 500 000 D. Das Krestin gehört einem ähnlichen Typ an, enthält aber 1,4 gebundene Glucoseeinheiten in der Hauptkette, zusätzlich noch Mannose, Galaktose und Fucose und je nach Präparation kovalent gebunden ca. 15 - 20 % Proteinanteile, und ist somit eigentlich ein Glykoprotein. Sein Molgewicht liegt bei 100 000 D. In Japan werden alle drei Verbindungen zur adjuvanten Tumortherapie eingesetzt. Krestin erreichte im Jahre 1985 die Nummer 19 in der Liste der in der Welt am meisten verkauften Arzneimittel mit einem Jahresverkaufsumsatz von 255 Millionen Dollar.

Als Hauptindikationsgebiete werden das Magen-, Zervix- und Kolon-Karzinom angegeben. Die gleichzeitige Chemotherapie erfolgt mit Tegafur[1], 5-Fluorurazil oder Mitomycin C.

In Abb. 8 ist das klinische Ergebnis einer adjuvanten Tumortherapie mit Lentinan bei Magen- und Kolon-Rektum-Karzinom-Patienten in 2 Graphiken dargestellt.

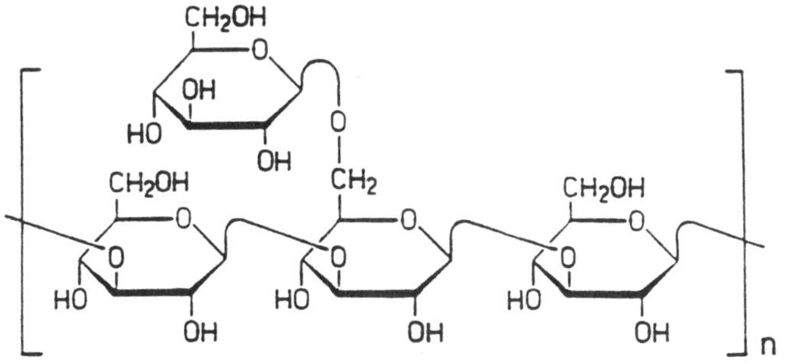

Lentinan / Schizophyllan

Abb. 6.

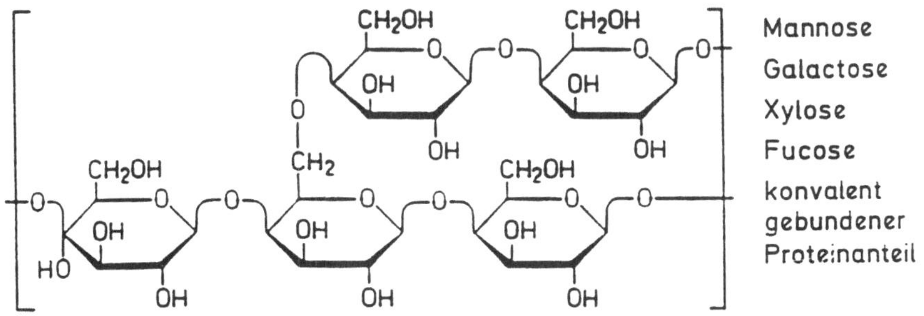

Mannose
Galactose
Xylose
Fucose
konvalent
gebundener
Proteinanteil

Abb. 7.

Krestin® PSK

Die Dosierungen von Lentinan sind erstaunlich niedrig. Sie liegen bei 0,5 mg bis 1,0 mg/Dosis und Tag, ein-bis zweimal/Woche i.v. appliziert. Die Dosierungen für Schizophyllan liegen bei zweimal 20 mg oder 40 mg pro Woche. Bemerkenswert ist ein Bericht, wonach Krestin auch peroral wirksam sein soll. Für die Richtigkeit dieses Berichtes spricht, daß radioaktiv markiertes Krestin im Blutserum bereits 1 Stunde nach p.o. Applikation offensichtlich unverändert mit Hilfe eines Antiserums geortet werden konnte (Endoh et al. 1988; Ikuzawa et al. 1988). Die Resorption wird mit einem Pinocytose-Mechanismus erklärt. Als Vorteil z.B. gegenüber dem BCG wird hervorgehoben, daß Krestin keine Schädigung der leberabbauenden Enzyme verursacht.

---

[1] N$_1$-2'-(Furanidyl)-5-fluorurazil)

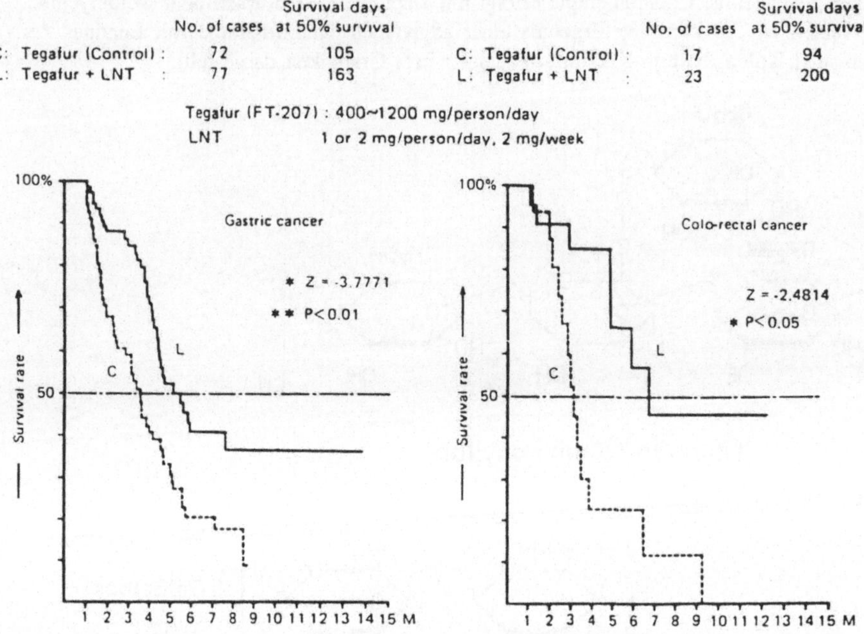

Abb. 8. Steigerung der Überlebensrate bei Applikation von Lentinan in Kombination mit Chemotherapeutika bei Tumorpatienten.

Wie erklärt sich die antitumorale Wirkung dieser Pilzpolysaccharide? (siehe hierzu Abb. 9)

Der Wirkmechanismus wird nach den bis heute vorliegenden Daten wie folgt erklärt: Die Glucane induzieren T-Helfer-Lymphozyten zur Freisetzung von Lymphokinen wie z.B. Interleukin 2 (IL 2) oder Makrophagen-aktivierender Faktor (MAF). Diese wiederum beschleunigen die Reifung von Effektorzellvorstufen von zytotoxischen T-Lymphozyten, NK-Zellen, Makrophagen und Antikörpern. Als Signale zur Aktivierung zytotoxischer T-Zellen gelten IL 1 und IL 2 angesehen. Die Aktivierung von NK-Zellen verläuft über IL 2. In ähnlicher Weise löst MAF eine Makrophagenaktivierung aus, worauf Makrophagen ihrerseits antitumorale Mediatoren wie z.B. den Tumornekrosefaktor α bilden. Zusätzlich löst Lentinan noch eine unspezifische Antikörperbildung sowie eine Komplementaktivierung über den alternativen Weg aus. Durch die Komplementaktivierung kommt es zur Opsonierung von Tumorzielzellen, sodaß sie von Makrophagen leichter zerstört werden können. Insgesamt spielen Makrophagen nicht die Hauptrolle, denn bei Zusatz von Trypanblau, einem spezifischen Makrophageninhibitor, wird die Antitumoraktivität der Polysaccharide nur wenig verringert. Pilzglucane greifen demnach primär an den T-Lymphozyten und am Komplement an und setzen einen komplizierten Mechanismus in Gang, der schließlich zur Zerstörung von Tumorzellen führt. Dieser postulierte Mechanismus wird durch die Beobachtung gestützt, daß eine Inhibierung des Tumorwachstums durch Lentinan durch Antilymphozytenserum nahezu völlig unterdrückt werden kann (siehe hierzu Hamuro u. Chihara 1984); Chihara et al. 1988; Peter et al. 1988; Lien 1990 und Abb. 9).

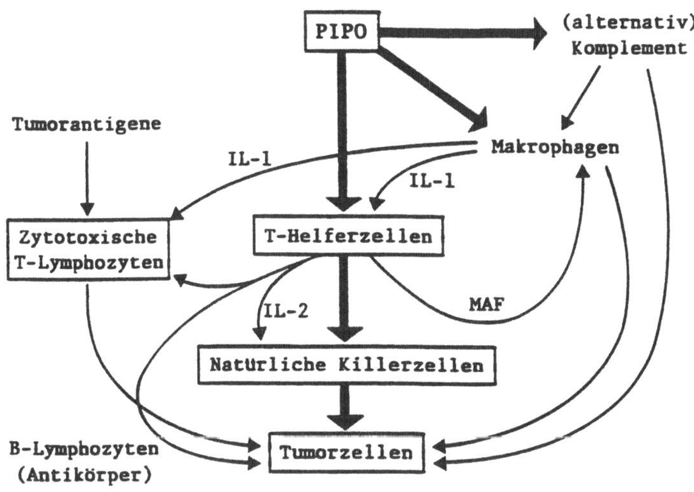

Abb. 9. Angenommener antitumoraler Wirkungsmechanismus der Pilzpolysaccharide (PIPO) in vereinfachter Darstellung (nach Hamuro u. Chihara 1984).

Für die molekularbiologische Wechselwirkung von Lentinan mit den Zielzellen dürfte von Bedeutung sein, daß Lentinan in festem Zustand eine Tertiärstruktur mit einer rechtswindenden Helikal-Struktur besitzt. Aus Röntgenstrukturdaten scheint zu folgen, daß die Quarternärstruktur eine Tripelhelix darstellt. Diese Konformation resultiert aus einer ß-Konfiguration, denn $1\rightarrow3\alpha$-verknüpfte Glucane, die eine bandähnliche Konformation mit nur einer Kette besitzen, haben keine oder nur eine ganz geringe Antitumorwirksamkeit.

Bei der Stimulierung des unspezifischen Immunsystems spielt außer T-Lymphozyten und Makrophagen das Komplement-System eine nicht unbedeutende Rolle. Es gehört zum humoralen Abwehrsystem. Es ist beteiligt an der Antikörperproduktion, an der Regulation der Lymphokinbildung und an der Antigenverarbeitung. Komplementreaktionen sind assoziiert mit verschiedenen Krankheitsbildern wie z.B. der Glomerulonephritis, dem Lupus erythematodes und der chronischen Polyarthritis. Komplementaktive Verbindungen können als Verstärker von Immunantworten oder als Inhibitoren von Entzündungsreaktionen angesehen werden.

Außer Lentinan und anderen neutralen Pilzglucanen sind vor allem die sulfatierten Polysaccharide wie z.B. das Heparin, das Dextransulfat und die Algenpolysaccharide Carrageenan, Fucoidan oder Laminarin als komplementaktive Verbindungen bekannt geworden (Patrisk et al. 1980; Fuji and Aoyama 1984). Die letzteren wirken sowohl auf den klassischen wie den alternativen Weg. Auch die neutralen und uronsäurehaltigen Polysaccharide zeigten Aktivität, allerdings wesentlich schwächer. Interessant dürfte in diesem Zusammenhang sein, daß sulfatierte Polysaccharide auch Einfluß auf HIV-Viren zeigen, wobei ein Angriffspunkt die Reverse Transcriptase und damit die Virusreplikation ist. Ob hier auch Komplementreaktionen beteiligt sind, ist nicht bekannt.

3.3 Polysaccharide aus höheren Pflanzen mit immunstimulierender Breitspektrum-Wirkung - Wirkmechanismus

Systematische Untersuchungen wurden in den letzten Jahren im eigenen Arbeitskreis durchgeführt (siehe hierzu Wagner 1984; Wagner und Proksch 1985; Wagner et al. 1988; Wagner 1990). Über Polysaccharide mit Wirkung auf das Komplement-System berichten zahlreiche Arbeiten aus dem Arbeitskreis von Yamada (siehe hierzu z.B. Yamada and Kiyohara 1989) und Labadie (siehe hierzu z.B. Labadie et al. 1989).

Polysaccharide aus höheren Pflanzen haben mit den Pilzglucanen die Nichtantigenität und Nichtimmunogenität gemeinsam. Sie sind aber ebenso wie diese in Abhängigkeit vom Strukturtyp zur unspezifischen Immunstimulierung befähigt.

Sie entstammen den pflanzlichen Zellwänden (Gerüstpolysaccharide) oder intrazellulären Kompartimenten (Reservepolysaccharide). Je nach Zugehörigkeit zu den Dicotyledonen oder Monokotyledonen, zu einzelnen Familien und Ordnungen, aber auch in Abhängigkeit von den einzelnen Pflanzenorganen überwiegen neben der Zellulose die Xyloglucane, Arabinogalaktane, Galakturonane, Rhamnogalakturonane, Arabinoxylane, Mannane, ß-D-Glucane oder Fructane (Aspinal 1980; Franz 1985).

Typisch für die meisten Polysaccharide höherer Pflanzen ist ihre sehr komplexe, d.h. stark verzweigte Primärstruktur. Sie besitzen neutralen oder sauren Charakter. Der saure Anteil stammt von Glucuron- oder Galakturonsäure. Die Molgewichte schwanken je nach Herkunft und Herstellungsweise zwischen 20 000 und 500 000 D. Die Schleimpolysaccharide und Gummen unterscheiden sich von den anderen durch ihre hohe Viskosität bzw. Klebrigkeit.

Die Reindarstellung dieser komplex aufgebauten Polysaccharide stellt besonders hohe Anforderungen an die Isoliertechnik. Trotz der heute verfügbaren verschiedenen Varianten der Gelchromatographie enthalten die meisten der isolierten Verbindungen noch wechselnde Mengen an Proteinverunreinigungen, was nicht verwunderlich ist, da jede pflanzliche Zellwand zusätzlich Glykoprotein-Schichten als integrierende Bestandteile enthält. Die Abtrennung der Proteinanteile durch Trichloressigsäure- oder Peptidase-Behandlung ist erforderlich, um sicher zu sein, daß die gemessenen immunologischen Aktivitäten tatsächlich von den Polysacchariden allein stammen.

Über die Tertiär-Struktur, Konformation und allgemeine Raumstruktur, dieser z.T. stark vernetzten Polysaccharidstrukturen ist soviel wie nichts bekannt.

Erste indirekte Hinweise auf eine immunstimulierende Wirkung von Polysacchariden aus höheren Pflanzen stammen von Belkin et al. (1959) (siehe auch Kapitel 3.1.).

Die heute auf ihr immunstimulierendes Potential untersuchten Polysaccharide gehören den verschiedensten Struktur-Typen an: neutrale Xyloglucane, 4-O-Methylglucuronoxylane, Rhamnoarabinogalaktane, saure Arabinogalaktane, Fucogalaktoxyloglucane, Galakturonane u.a. Die Mol.Gewichte liegen in der Regel zwischen 20 000 und 100 000 D. Die Wirkungen dieser Polysaccharide können beschrieben werden als: Phagozytosestimulierend, makrophageninduzierend zur Freisetzung des Tumornekrosefaktors α, von Interleukin 1 und Interferon α, komplementaktivierend oder antikomplementär, allgemein infektionsschützend, radioprotektiv wenn prophylaktisch verabreicht und antitumoral (Wagner 1990). Unter den komplementbeeinflussenden Polysacchariden finden sich auffallend viele saure Polysaccharide. Klare Struktur-Wirkungs-Beziehungen lassen sich noch nicht erkennen, wenngleich sich gezeigt hat, daß die polyanionischen Strukturen allgemein ein breiteres Wirkspektrum besitzen. Polysaccharide mit Mol.Gewichten < 10 000 besitzen keine oder eine nur schwache immunstimulierende Wirkung. Die Tatsache, daß ein komplex aufgebautes Polysaccharid im Vergleich zu den wenig verzweigten Pilzglucanen eine größere Zahl von immundeterminanten Zuckerregionen, d.h. Bindungsstellen, besitzt, erklärt vermutlich das breitere Wirkprofil. Die Pflanzen, aus denen bisher aktive Polysaccharide isoliert wurden, zeigen keine bestimmte Familienpräferenz. In Tab. 3 sind die Pflanzen aufgeführt, deren Polysaccharide bisher am intensivsten chemisch und immunologisch untersucht wurden.

Tabelle 3. Arzneipflanzen mit immunologisch gut untersuchten Polysacchariden

Pflanze	Polysaccharid-Typ
Achyrocline saturoioides	Glykanogalakturonane
Angelica acutiloba	Arabinogalaktan
Althaea officinalis	Rhamnoglykuronan/Glucan
Arnica montana	Arabinogalaktan
Bupleurum falcatum	Glucane
Calendula officinalis	Rhamnoarabinogalaktan, Arabinogalaktan
Chamomilla recutita	Glucuronoxylan
Echinacea purpurea	Arabinogalaktan
Echinacea purpurea (Gewebe-kultur)	Fucogalaktoxyloglucan, saures Arabinogalaktan
Eleutherococcus (Acantho-panax) senticosus	Heteroxylan
Eupatorium cannabinum	Glucuronoxylan
Eupatorium perfoliatum	Glucuronoxylan
Melia azadirachta	Arabinoglykane
Nerium Oleander	Glucuronan, saure Arabinogalaktane
Panax Ginseng	saures Arabinogalaktan
Sabal serrulata	saures Arabinogalaktan
Urtica dioica	Glucanogalakturonane, saures Arabinogalaktan
Viscum album	Galakturonan, saures Arabinogalaktan

Über das Wirkprofil und den Wirkungsmechanismus dieser Polysaccharide läßt sich heute folgendes sagen:

Im Gegensatz zu den Pilzglucanen wirken die bisher untersuchten Polysaccharide aus höheren Pflanzen nicht direkt auf T- oder B-Lymphozyten. Hauptangriffspunkte sind die Makrophagen oder Granulozyten bzw. ihre Vorläuferzellen, d.h. daß eine T-Lymphozytenaktivierung höchstens sekundär über die aus Makrophagen freigesetzten Mediatoren (z.B. IL 1) erfolgt. Ein möglicher Wirkmechanismus ist in Abb. 10 dargestellt.

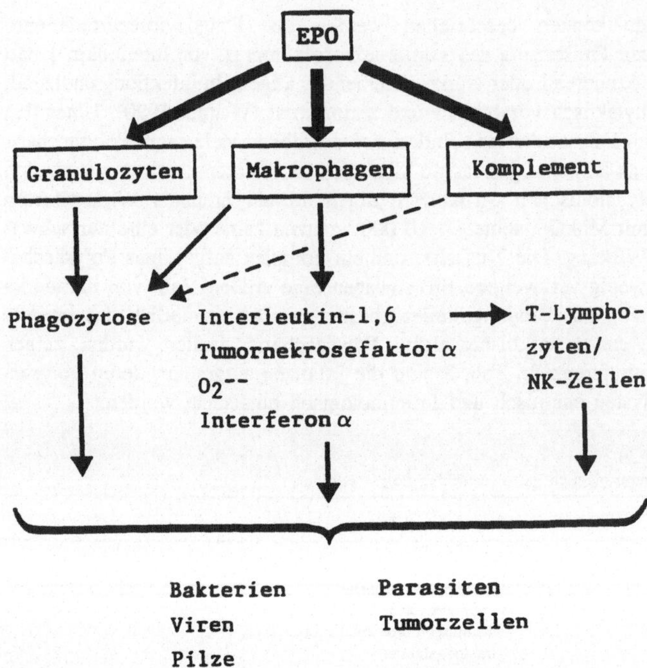

Abb. 10. Angenommener Wirkmechanismus von Echinacea Polysacchariden (EPO).

Die Aktivierung von Granulozyten und Makrophagen kann zweierlei auslösen, eine Phagozytose von Zielzellen (Bakterien, Viren, Parasiten) oder die Freisetzung von Mediatoren, die ihrerseits wieder direkt oder über eine weitere Kaskade gegen Zielzellen gerichtet sind. Eine besondere Rolle spielt hier der Tumornekrosefaktor, der an die Makrophagenmembran gebunden sein kann oder von dieser sezerniert wird. Durch ihn können Tumorzellen nekrotisiert und abgetötet werden. Deshalb findet man bei Polysacchariden aus höheren Pflanzen auch solche mit ausgesprochen antitumoraler Wirkung.

Interessanterweise besitzen einige Polysaccharide aus höheren Pflanzen wie z.B. jene aus Sabal serrulata, Achyrocline saturoioides, Urtica dioica oder Echinacea purpurea auch antiphlogistische Eigenschaften, gemessen am Carrageenan Rattenpfotenödem-Modell. Ob diese Wirkung über eine Beeinflussung des Komplement-Systems zustande kommt, ist in in vivo Experimenten noch nicht untersucht worden. Die Tatsache, daß das Algen-Polysaccharid Carrageenan selbst zur experimentellen Ödemauslösung eingesetzt wird und bekanntlich Komplementwirkung besitzt, spricht dafür, daß hier eine immunologische Möglichkeit besteht, das Entzündungsgeschehen zu beeinflussen. Therapeutisch haben naturgemäß nur antikomplementär wirkende Polysaccharide Bedeutung, wobei allerdings geprüft werden müßte, ob die Ausbildung einer komplementaktivierenden oder -hemmenden Wirkung von Polysacchariden allein von der Struktur oder auch von der verwendeten Dosierung abhängt. Dosisabhängige Umkehreffekte sind in der Immunologie für verschiedene Substanzen beschrieben worden.

4 Immunstimulierend wirkende Polysaccharide aus Zellkulturen

Da eine reproduzierbare Herstellung so komplex aufgebauter Polysaccharide mit gleicher Wirkqualität durch Isolierung aus der Pflanze vor allem im industriellen Maßstab äußerst schwierig sein dürfte, haben wir versucht, die im Test am wirksamsten erkannten Polysaccharide aus Echinacea purpurea über Zellkulturen herzustellen. Dieses gelang durch Suspensionskulturen in einem Linsmeier-Skoog Medium. Ein Vorteil war, daß die gebildeten Polysaccharide extrazellulär in das Nährmedium abgegeben wurden und aus diesem durch einfache Alkoholfällung als Rohpolysaccharidgemische erhalten werden konnten (Wagner et al. 1988). In der Zwischenzeit gelang es auch diese Polysaccharide in industriellem Maßstab aus einer 75.000 l Fermentanlage, anschließende Mikrofiltration über Polysulfonmembranen, Konzentrierung durch Ultrafiltration nach dem Querstromprinzip, Diafiltration und Anionenaustauschchromatographie zu erhalten (Deppe et al. (1988)). Die isolierten Polysaccharide (siehe Formelbilder Abb. 11, 12) sind strukturell nicht mit den aus der Pflanze isolierten Polysacchariden identisch aber sehr verwandt (Wagner u. Proksch (1987); Wagner et al. (1988)).

Strukturvorschlag für die Untereinheit von Polysaccharid I

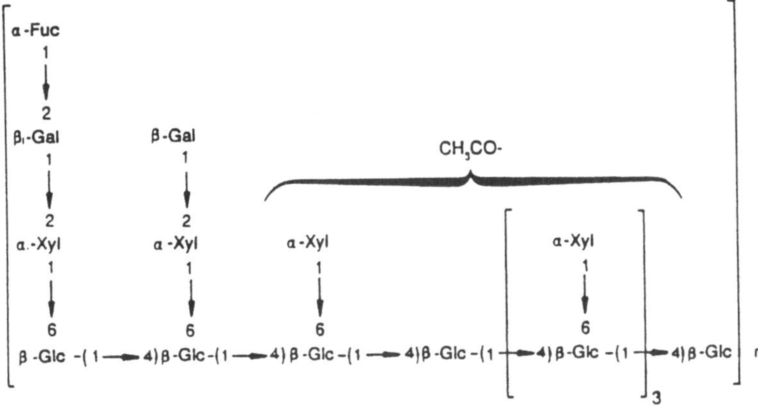

Abb. 11. Fucogalaktoxyloglucan

Bei dem neutralen Polysaccharid handelt es sich um ein Fucogalaktoxyloglucan vom Mol. Gewicht 25.000 D, bei dem sauren Polysaccharid um eine sehr komplex aufgebautes Rhamno-Arabinogalakturonanan vom Mol. Gewicht 75.000 D. Das neutrale Polysaccharid besitzt eine sehr gute Phagozytose steigernde Wirkung, gemessen im Carbon clearence Test an der Maus, während das saure Polysaccharid eine ausgesprochene Induktorwirkung auf Makrophagen zur Freisetzung von TNFα, Interferon-ß₂ und Interleukin-1 besitzt (Stimpel et al. (1984); Lohmann-Matthes und Wagner (1989); Luettig et al. (1989)). In der Tab. 4 sind die wichtigsten immunologischen Wirkungen zusammengestellt. Im Tierversuch liegen für das saure Polysaccharid die optimal wirksamen Dosen bei ca. 1 mg/Maus. Beim Menschen sind zur optimalen Leukozytenstimulierung und Induktion von Cytokinen ebenfalls Konzentrationen von 1-2 mg/Mensch/Dosis genügend.

Strukturvorschlag für Polysaccharid II

1. Arabinogalaktanteil:

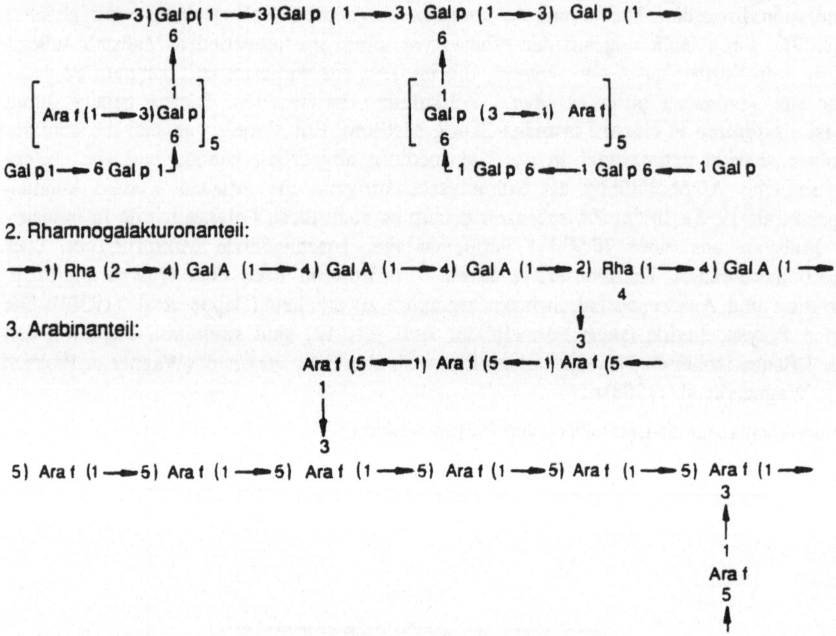

2. Rhamnogalakturonanteil:

3. Arabinanteil:

Abb. 12. Rhamnoarabinogalakturonan

Tabelle 4. In vitro- und in vivo-Wirkungen von Echinacea-Polysacchariden (EPO)

in vitro:
- Induktion von Peritonealmakrophagen der Maus zur Freisetzung von IL-1,
  TNFα, IFN ß$_2$ und Sauerstoff-Radikalen.
- Aktivierung von Makrophagen zur Cytostasis und Zytotoxizität.
- Stimulierung der Granulozyten-Phagozytose.

in vivo (ex vivo)
- Leukozyten-Induktion
- Induktion von Colony stimulierenden Faktoren
- Protektion vor letaler Listerien-, Leishmanien- und
  Candida albicans-Infektion bei Mäusen nach prophylaktischer Gabe.
- Protektion gegenüber letalen Infektionen auch bei Immunsuppression.
- Stimulierung des C reaktiven Proteins.
- Stimulierung der Proliferation peripherer mononucleärer Blutzellen.

Nach diesen Ergebnissen würden sich für die biotechnologisch gewonnenen Echinacea-Polysaccharide als Hauptindikationen bakterielle, virale und parasitäre Infektionskrankheiten eignen. Ein besonderer Stellenwert dürfte auch der prophylaktischen Anwendung und dem Einsatz bei immunsuppressiven Zuständen zukommen. Da beide Polysaccharide keine Immunogenität besitzen, im Tier bis zu 4g/kg völlig untoxisch sind, keine Mutagenität besitzen und weder cancerogene Eigenschaften entfalten noch Klasse II Gene exprimieren, scheint ihre Daueranwendung gefahrlos zu sein.

5 Zukunftsaspekte immunologisch aktiver Polysaccharide

Bei der großen Zahl von z.Z. bekannten immunologisch aktiven Polysacchariden erhebt sich die Frage, welche davon für die medizinische Anwendung und für eine Arzneimittel-entwicklung am besten geeignet sein werden. Da die tierexperimentelle und klinische Erprobung aller potentiellen Verbindungen unökonomisch wäre, können nur Forschungsar-beiten über Stuktur-Wirkungs-Beziehungen und die Pharmakokinetik dieser Polysaccharide Fortschritte im "Drug Design" bringen. Die gezielte strukturelle Abwandlung von Poly-sacchariden und pharmakokinetische Untersuchungen sowie Bindungsstudien an Immunzel-len mit Hilfe radioaktiv und Fluoreszenzmarkierter Polysaccharide oder monoklonaler Antikörper könnte eine der möglichen Lösungen dieser Probleme sein.

Sind exogen zugeführte Polysaccharide zur Immunstimulierung den z.Z. stark propagier-ten biotechnologisch verfügbaren "Biological Response Modifiers" (BRM) vom Typ der Interferone, Interleukine oder des Tumornekrosefaktors überlegen? Tatsache ist, daß die Applikation der letzt genannten Cytokine bei der heute noch üblichen hohen Dosierung die Gefahr unkontrollierbarer Nebenwirkungen mit sich bringt, da biochemische Signal- und Regulatorstoffe in unphysiologisch hoher Konzentration die wichtige Funktion von Rück-kopplungsprozeßen im kybernetischen System supprimieren und nachhaltig stören können. In dieser Hinsicht wären exogene zugeführte, selektiv wirkende, und nicht körpereigene Immunstimulatoren vom Typ der Polysaccharide, die Cytokine aus induzierten Immunzellen an gewünschter Stelle optimal und in physiologischer Weise freisetzen, vorteilhafter als die erste Alternative.

Das Dilemma bleibt aber bestehen, für einen Immunstimulator die richtige Dosierung und Applikationsweise sowie den richtigen Zeitpunkt in Abhängigkeit von dem jeweiligen Immunstatus eines Patienten zu finden.

Damit reduziert sich die Frage wieder auf die Klärung der Pharmakokinetik und des Biochemismus der Signalwirkung von Immunstimulatoren, bevor die gestellte Frage schlüssig beantwortet werden kann. Polysaccharide rücken damit in den Rang von Signal-stoffen auf, gleich ob sie diese Funktion im spezifischen oder unspezifischen Immunsystem ausüben.

Literatur

Albersheim P u. Darvill AG (1985) Oligosaccharine: Zucker als Pflanzenhormone. Spektrum der Wissenschaft 86-93 Nov

Aspinal GO (1980) Chemistry of Cell Wall Polysaccharides. In: Preiss J (ed) The Biochemistry of Plants. Vol 3, Hrsg Academic Press New York, p 473-499

Belkin M, Hardy WG, Perrault A, Sato H (1959) Swelling and Vacuolization Induced in Ascites Tumor Cells by Polysaccharides from Higher Plants. Canc Res 19: 1050-1062

Chihara G (1988) Current Status and Possible Future of Antitumor Drugs with Special Reference to Pharmacology of Oriental Medicine. Yakugaku Zasshi 108: 171-186

Dick WE jr, Beurret M (1989) Glycoconjugates of Bacterial Carbohydrate Antigens. In: Cruse JM, Lewis RE (eds) Conjugate Vaccines. Vol.10 Karger, Basel 10: p 48

Endoh H, Matsunaga, Yoshikumi C, Kawai Y, Suzuki T, Nomoto K (1988) Production of antiserum agonist antitumor protein-bound polysaccharide preparation PSK (Krestin) and its pharmacological application. Int J Immunpharmac 10: 103

Franz G (1985) Struktur und biologische Funktion von Polysacchariden. In: Burchard W (Hrsg) Polysaccharide. Springer, Berlin Heidelberg New York Tokyo, S 1

Franz G (1989) Polysaccharides in Pharmacy, Current Applications and Future Concepts. Planta Med 55: 593-497

Fujii S, Aoyama T (1984) Complement Inhibitions. Drugs of the Future 9: 849-850

Hamuro J, Chihara G (1984) Lentinan, a T-cell-oriented Immunepotentiator. In: Fenichel RL, Chirigos MA (eds) Immune Modulation, Agents and Their Mechanism. Marcel Dekker, New York Basel, p 409

Heidelberger M (1960) Structure and Immunological Specifity of Polysaccharides. In: Herz W, Grisebach H, Kirby GW (Hrsg) Fortschr. Chem. Org. Naturstoffe. Vol 18: Springer, p 503

Heidelberger M, Nimmich W (1976) Immunchemical relationships between Bacteria belonging to two separate families: Pneumococci and Klebsiella. Immunechemistry 13: 67-80

Ikuzwa M, Matsunaga K, Nishiyama, Nakajima S, Kobayashi Y, Andoh T, Kobayaski A, Ohara M, Ohmura Y, Wada T, Yoshikumi C (1988) Fate and distribution of an anti-tumor protein-bound polysaccharide PSK (Krestin). Int. J. Immunopharmac 10: 415

Jann K, Jann B (1977) Bacterial Polysaccharides Antigenes. In: Sutherland IW (ed) Surface Carbohydrates of the Procaryotic Cell. Academic Press, London New York San Francisco, p 253

Jann K (1985) Bakterienpolysaccharide. In: Buchard W (Hrsg) Polysaccharide. Springer, Berlin Heidelberg New York Tokyo, S 111

Kraus J (1990) Biopolymere mit antitumoraler und immunmodulierender Wirkung. Pharmazie in unserer Zeit 19: 157-164.

Kraus J, Franz G (1990) Pflanzliche Polysaccharide mit antitumoraler Wirkung. In: Henning A u. G, Franz G (Hrsg) Naturheilverfahren. Springer, Berlin Heidelberg New York London Paris Tokyo Honkong, S 7

Labadie RP, van der Nat JM, Simons JM, Kroes BH, Kosasi S, van den Berg AJJ, 't Hart LA, van der Sluis WG, Abeysekera A, Bamunurachchi A, De Silva KT (1989) An Ethnopharmacognostic Approach to the Search for Immunmodulators of Plant Origin. Planta Med 55: 339-348

Latour A (1849-590) Gaz Med Fr 8 (Abstr. 1950 in Press Med Belg 2: 39)

Lemieux RU (1989) The Origin of the Specifity in the Recognition of Oligosaccharides by Proteins. Chem Soc Rev 18: 347-374

Lien EJ (1990) Fungal Metabolites and Chinese Herbal Medicine as Immunostimulants in Progress. In: Jucker E (ed) Drug Research. Vol. 34, Birkhäuser, Basel Boston Berlin, p 395

Lindequist U, Teuscher E, Narke G (1990) Neue Wirkstoffe aus Basidiomyceten. Zeitschr f Phytotherapie 5: 139-149

Lohmann-Matthes ML, Wagner H (1989) Aktivierung von Makrophagen durch Polysaccharide aus Gewebekulturen von Echinacea purpurea. Zeitschr f Phytotherapie 10: 52-59

Luettig B, Steinmüller C, Gifford GE, Wagner H, Lohmann-Matthes ML (1989) Macrophage Activation by the Polysaccharide Arabinogalactan Isolated from Plant Cell Cultures of Echinacea purpurea. J Nat Canc Res 81: 669-675

Owen MJ, Lamb JR (1991) Immunerkennung. Thieme, Stuttgart New York

Patrik RA, Johnson RE (1980) Complement Inhibitors. In: Hess HJ, Baily DM (eds) Annual Reports in Medicinal Chemistry. Vol 15, Academic Press, New York, p 193

Peter G, Karoly K, Imre B, Janos F, Kaneko Y (1988) Effects of Lentian on Cytotoxic Functions of Human Lymphocytes. Immunpharmacol Immuntoxicol 10: 157-161

Proksch A, Wagner H (1987) Structural Analysis of a 4-O-Methylglucuronoarabinoxylan with Immuno-Stimulating Activity from Echinacea purpurea, Phytochemistry 26: 1989-1993

Rittershaus E, Brümmer B, Stiller W, Weiss A (1989) Großtechnische Fermentation von pflanzlichen Zellkulturen - Downstream Processing zur Produktgewinnung aus pflanzlichen Zellkulturen im großtechnischen Maßstab, Bio Engeneering 5: 51-65

Scheer R (1984) Pyrogene und Limulustest. Pharmazie in unserer Zeit 13: 137-146

Shear MJ, Perrault A (1944) Chemical Treatment of Tumors. IX. Reactions of Mice with Primary Subcutaneous Tumors to Injektion of a Hemorrhage-producing Bacterial Polysaccharide. J Nat Cancer Inst 4: 461-76

Stimpel MA, Proksch A, Wagner H, Lohmann-Matthes ML (1984) Macrophage Cytotoxicity by purified Polysaccharide Fraction from Plant Echinacea purpurea. Infect Immun 46: 845

Wilkinson SG (1977) Composition and Structure of Bacterial Lipopolysaccharides. In: Sutherland I (ed) Surface Carbohydrates of the Prokaryotic Cell. Academic Press, London New York San Francisco, p 97

Taguchi T (1982) Lentinan in cancer therapy. In: Curr. Chemother. Proc. Int. Congr. Chemother. 12th 1981 Abstract 974

Tokuzen R, Nakahara W (1971) Die Wirkung einiger pflanzlicher Polysaccharide auf das spontane Mamma-Adenokarzinom der Maus Arzneim-Forsch 21: 269

Wagner H (1984) Immunstimulantien aus Pilzen und höheren Pflanzen. In: Fortschritte in der Arzneimittelforschung. Wiss Verlagsgesellschaft Stuttgart, S 133-148

Wagner H, Proksch A (1985) Immunostimulatory Drugs of Fungi and Higher Plants. In: Farnsworth N, Hikino H, Wagner H (eds) Economic and Medical Plant Research. Vol I, Academic Press, London, p 113

Wagner H, Stuppner M, Schäfer W, Zenk M (1988) Immunologically active polysaccharides of Echinacea purpurea, Phytochemistry 27: 119-126

Wagner H (1990) Search for plant derived natural products with immunostimulatory activity (recent advances). Pure and Appl Chem 62: 1217-1222

Whistler RL, Bushway AA, Singh PP (1976) Nontoxic Antitumor Polysaccharides, Adv Carbohydr Chem Biochem 32: 235

Yamada H, Kiyohara H (1989) Bioactive Polysaccharides from Chinese Herbal Medicines. In: Chang HM (ed) Chinese Med Mat Res Centre Chinese Univ. of Hongkong, Abstracts of Chinese Medicines (ACME) 3: 104-124.

6 POLYSACCHARIDE IN DER LEBENSMITTELTECHNOLOGIE

H. Koehler

1 Einleitung

Für die industrielle Verarbeitung von Lebensmitteln werden vermehrt physiologisch indifferente Stoffe benötigt, um die Verbrauchererwartung an Geschmack, Aussehen und Konsistenz der Lebensmittel zu erfüllen. Hierfür müssen diese Zusatzstoffe besondere Voraussetzungen erfüllen wie Nichttoxizität und Kompatibilität mit gewohntem Standard an Geschmack, Geruch und Aussehen des Lebensmittels.

Immer häufiger sollen Lebensmittel in ihrem Energiegehalt gesenkt werden, um Adipositas und in der Folge Herz-Kreislauf-Erkrankungen und Diabetes mellitus zu begegnen bzw. vorzubeugen oder auch nur, um dem Wunsch des Verbrauchers nach kalorienarmer Nahrung zu entsprechen. Solche kalorienreduzierte Lebensmittel können durch Austausch energiereicher Inhaltsstoffe gegen Stoffe mit geringeren Brennwerten hergestellt werden, z.B. durch Austausch des Fettanteils (mit hohem Brennwert) gegen Wasser und Emulgatoren oder verdaubarer Kohlenhydrate gegen nichtverdaubare Polymere (Ballaststoffe, dietary fibres).

In der Verbrauchermeinung genießen Zusatzstoffe zu Lebensmitteln im allgemeinen einen negativen Ruf. Sie werden als "Chemie" in Lebensmitteln oder gar als giftig bezeichnet.

Doch zum Schutz des Verbrauchers sind im LMBG (Gesetz für Lebensmittel und Bedarfsgegenstände) in der Zusatzstoff-Verordnung genaue Anforderungen an die Unbedenklichkeit der Zusatzstoffe in Lebensmitteln enthalten.

2 Polysaccharide als Dickungs- und Geliermittel

Wohl zu den unbedenklichsten aller Lebensmittel-Zusatzstoffe zählen die meisten Vertreter der Polysaccharide.

Sie werden zum Dicken, Gelieren und/oder Stabilisieren vieler Lebensmittel eingesetzt. In der Technologie sind sie als Hydrokolloide, dem Laien eher als Dickungs- oder Bindemittel bekannt.

2.1 Nach LMBG zugelassene Dickungsmittel

Das LMBG erlaubt in seiner Zusatzstoff-Verordnung die Verwendung folgender Dickungsmittel auf Polysaccharidbasis als Zusatzstoffe:

3 Zusatzstoff-Zulassungs-VO

Anlage 1: Allgemein zugelassenen Zusatzstoffe
* Gummi arabicum

Anlage 2: Beschränkt zugelassene Zusatzstoffe
* Agar-Agar
* Alginsäure
* Alginate   für
* Natriumalginate
* Kaliumalginate
* Calciumalginate   Lebensmittel
* Carrageen
* Guarkernmehl
* Johannisbrotkernmehl
* Tragant   allgemein
* Xanthan
* Pektin

2.2 Industrielle Gewinnung der Hydrokolloide

Neben ihrer biotechnologischen Gewinnung durch Mikroorganismen (Bakterien, Pilze) oder durch Partialsynthese werden Hydrokolloide sowohl von höheren Pflanzen als auch von bestimmten Algen produziert. Sie erfüllen in ihrer natürlichen Umgebung bereits die Funktionen, die auch ihre Bedeutung für die Lebensmitteltechnologie begründen, wie Wasserbindung, Strukturgebung im jeweiligen Milieu und Einfluß auf mechanische Eigenschaften.

Aufgrund ihrer gleichen physikalischen Eigenschaften werden sie industriell in der Regel nach demselben Herstellungsprinzip gewonnen:

Ernten oder Sammeln der Rohstoffe bzw. Fermentierung
Für die Gewinnung der natürlichen Hydrokolloide werden die entsprechenden Pflanzenteile bzw. die Algen gesammelt oder geerntet; für die biotechnologische Gewinnung werden Mikroorganismen in Fermentern mit kohlenhydrathaltigem Nährmedium kultiviert.

Extraktion und Reinigung
Die Extraktion der pflanzlichen Polysaccharide erfolgt nach Zerkleinerung der Rohstoffe (und eventueller saurer Hydrolyse) bei erhöhten Temperaturen. Anschließend wird filtriert.

Koagulation
Aus den klaren Filtraten nach der Extraktion bzw. aus den Lösungen nach Fermentation werden die Hydrokolloide i.d.R. durch Alkohol, die Alginate durch Säure ausgefällt und durch Zentrifugation von der Flüssigkeit abgetrennt.

Trocknung und Vermahlung
Die Zentrifugationsrückstände werden nach ausreichenden Waschvorgängen getrocknet und vermahlen.

Gewinnung der Gummen
Durch Einschneiden oder Abschälen der Rinde tritt Schleim aus der Pflanze, erhärtet an der Luft und wird geerntet.

Da sich die verschiedenen Hydrokolloide synergistisch ergänzen können, werden sie häufig nach ihrer Gewinnung durch Vermischung im richtigen Verhältnis zu Endprodukten mit speziellen, gewünschten Eigenschaften modifiziert.

2.3 Herkunft, Zusammensetzung und Eigenschaften lebensmitteltechnisch eingesetzter

Hydrokolloide

Die nach LMBG zugelassenen Hydrokolloide als Lebensmittelzusätze sollen vorgestellt und ihre Herkunft, Eigenschaften und Verwendung kurz diskutiert werden.
Wie eingangs erwähnt handelt es sich bei den meisten Hydrokolloiden um exakt definierbare Polysaccharide. Sie gleichen sich in ihren physikalischen Eigenschaften, insbesondere in der Fähigkeit zu gelieren und/oder zu dicken, indem sie in wäßriger Lösung, Suspension oder Dispersion den Wasserfluß modifizieren (kontrollieren).
Aus diesem Verhalten der Hydrokolloide leiten sich ihre vielfältigen Einsatzmöglichkeiten ab als Agentien für:

Adhäsion	Bindung	Verfestigung
Kristallisationsvermeidung		Volumengebung
Klärung	Flockung	Trübung
Filmbildung	Beschichtung	Verkapselung
Emulgieren	Emulsionsstabilisieren	Formgeben
Schutzkolloid	Trennen	Schaumstabilisieren
Gelbildung	Füllung	Suspensionsstabilisieren
Suspendieren	Aufschlagen	Synäresevermeidung

Wichtigste Eigenschaft der Polysaccharide ist ihr spezielles Lösungsverhalten in wäßrigen Lösungen. Ihre Löslichkeit ist abhängig von intermolekularen Bindungskräften, die in unverzweigten Molekülen durch H-Brücken-Bindungen groß sind. Sie verbessert sich mit zunehmender Verzweigung und/oder nicht komplexierenden Ionen zwischen den Molekülen. Auch Substituenten können die intermolekularen Bindungen beeinflussen.

2.3.1 Agar

Herkunft

Agar ist das Gemisch verschiedener Zellwandpolysaccharide der Rotalgen (Rhodophyceae) und wird besonders aus Gelidium-Arten gewonnen. Hauptrohstoffquelle ist Gelidium amansii LEMOUR. (Gelidaceae), eine ca. 25 cm lange Rotalge, die besonders an den Küsten Japans unterhalb der Ebbelinie bis in 30 m Meerestiefe zu finden ist. Weitere Agar-liefernde Algen sind Gelidium cartilagineum (L.) GAILL., Gracillaria confervoides (L.) GREV. (Gracillariaceae) und Ahnfoltia plicata (RUDS.) FRIES (Phyllophoraceae). Hauptlieferländer sind neben Japan die USA und Spanien.

Zusammensetzung

Agar besteht aus einem komplexen Gemisch verschiedener Polysaccharide, deren Zusammensetzung je nach Herkunft variiert.

Alle Polysaccharide bestehen aus einer Hauptkette von alternierenden ß-(1,4)-D-Galaktose- und α-(1,3)-Anhydro- bzw. 6-O-Methyl-L-galaktose-Einheiten. Sie unterscheiden sich hauptsächlich in ihrem Gehalt an Sulfatgruppen (0-5 %), acetalisch gebundener (C-4,C-6) Brenztraubensäure (0,05-3 %) sowie an Anhydrogalaktose und Galakturonsäuren.

Die herkömmliche Einteilung des Agars in zwei Fraktionen, die neutrale Agarose und das saure Agaropektin ist nach genauer Untersuchung der Struktur nicht mehr haltbar. Vielmehr konnte man einen Hauptanteil neutraler Polysaccharide nachweisen, den man als Agarose bezeichnet. Die restlichen Polysaccharide bestehen aus Gemischen saurer Verbindungen, deren unterschiedliche Struktur die einheitliche Bezeichnung Agaropektin nicht zulassen.

Eigenschaften

Die linearen, neutralen Polysaccharide der Agarosefraktion besitzen einen verstärkt hydrophoben Charakter und sind für die gute, kationenunabhängige Gelierfähigkeit des Agars verantwortlich.

Agar ist in kaltem Wasser unlöslich und geht erst bei Temperaturen oberhalb 80°C vollständig in Lösung. Seine verdünnte, wäßrig kolloide Lösung erstarrt bei 30-35°C zu einem thermoreversiblen Gel, das erst oberhalb 80°C in den Sol-Zustand übergeht.

Die Gelbildungseigenschaften sind bedingt durch die drei equatorialen Wasserstoffatome in den Anhydrogalaktosemolekülen, die das Molekül zur Helixbildung befähigen. Interaktion der Helices führt zur Gelbildung. Durch Austausch der Anhydro- gegen sulfatierte Galaktose entstehen Störungen in den Helices, die Gelstärke nimmt ab. Ist die Galaktose an C-6 sulfatiert, entsteht in Gegenwart von Alkali 3,6-Anhydrogalaktose einhergehend mit einer Erhöhung der Gelstärke. Der Mechanismus der Gelbildung ist der entsprechende wie bei den Carrageenen.

Agargele zeigen starke Tendenz zur Synärese und weisen geringe Transparenz auf.

Verwendung

Wegen ihrer Hitzebeständigkeit haben sich Agargele besonders bei der Herstellung von Fleisch- Fisch- und Geflügelkonserven sowie in der Back- und Süßwaren-Industrie bewährt.

2.3.2 Alginsäure, Alginate

Herkunft

Rohstoff für die Alginatgewinnung sind einige Braunalgen (Phaeophyceae), die im Nordatlantik an den meisten Felsenküsten zu finden sind. Vor allem in den USA, Großbritannien, Frankreich und Norwegen werden die verschiedenen Arten wie Fingertang (Laminaria digitata), Sägetang (Fucus seratis), Knotentang (Ascophyllum nodosum) u.a. geerntet.

Zusammensetzung

Die lineare Polyuronidkette der Alginsäure ist aus ß-D-Mannuronsäure und α-L-Guluronsäure aufgebaut, die in Blöcken von jeweils ca 20 Einheiten angeordnet sind. Die Blöcke können wie folgt aussehen:

M-M-M-M   G-G-G-G   M-G-M-G

(M = Mannuronsäure, G = Guluronsäure)

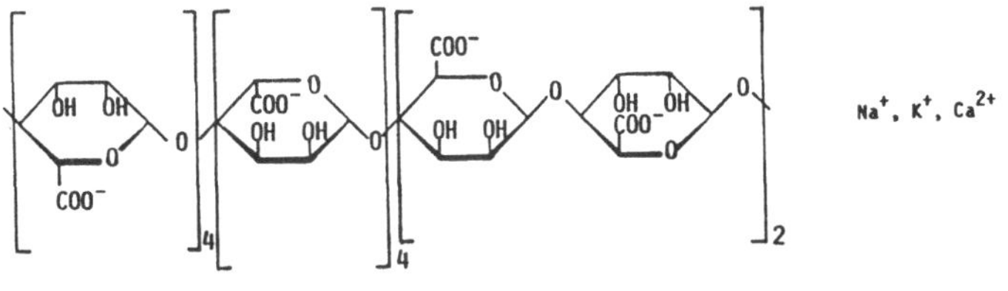

1,4-ß-D-Mannuronsäure   1,4-α-L-Guluronsäure

Eigenschaften

In ihren Salzen mit einwertigen Kationen (Na^+, K^+, NH_4^+) sind wegen der elektrostatischen Abstoßung der Ionen nur geringe intermolekulare Bindungskräfte wirksam. Sie sind daher schon im Kalten leicht löslich. Entscheidend für ihre Kaltlöslichkeit ist aber die Härte des Wassers, da größere Mengen an zweiwertigen Ionen wie Ca^{2+}-Ionen zur Vernetzung der Alginate beitragen, es somit weniger gut löslich machen.

Die Alkalisalze der Alginate bilden viskose Lösungen, deren Viskosität mit zunehmender Konzentration und Polymerisation steigt und bei Erwärmung reversibel abnimmt.

In Gegenwart von Ca^{2+}-Ionen können die Alginate mit vielen homogenen Blöcken von Guluronsäure (die Strukturähnlichkeit mit der Galakturonsäure aufweist = > Pektine) durch Chelatisierung Gele bilden.

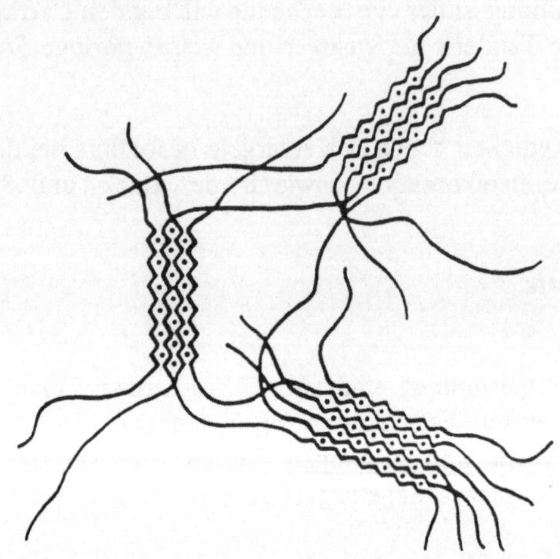

Abb: "Egg-box"-Modell des Calcium-Gels von Alginaten

Wie bei den LM-Pektinen entstehen thermoreversible Gele in Gegenwart geringer, nicht thermoreversible mit hohen Ca-Ionenkonzentrationen.

Verwendung
Die hohe Viskosität und Hitzebeständigkeit im neutralen Milieu bedingen die besondere Eignung der Alginate als Dickungs- und Bindemittel für Fleisch- und Gemüsekonserven, Suppen, Soßen und Sirupe. Alginate werden auch zur Stabilisierung von Mayonnaisen, Salatsoßen, Eiweißschäumen und naturtrüben Fruchtsäften sowie zur Kristallisationsvermeidung im Speiseeis eingesetzt.

2.3.3 Carrageene

Herkunft
Aus einigen Rotalgen (Rhodophyceae), hier besonders Chondrus-, Gigartina- und Eucheuma-Arten werden die dem Agar chemisch sehr ähnlichen Carrageene gewonnen. Die verschiedenen Arten der Rotalgen werden vor allem in Nordafrika, Europa, Südamerika und den Philippinen geerntet.

Zusammensetzung

Die Carrageene bestehen aus Ketten von alternierenden α-(1,3)- und ß-(1,4)-D-Galaktose-Einheiten. Die Galaktose ist mehr oder weniger sulfatiert und liegt in unterschiedlichen Anteilen in der 3,6-Anhydro-Form vor.

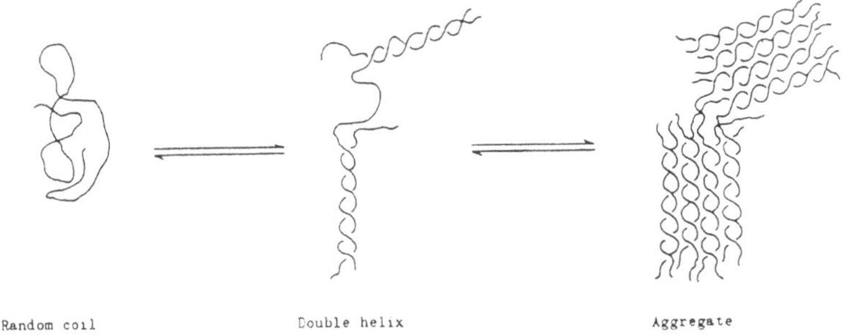

Eigenschaften

Ihre Löslichkeit ist abhängig von dem Grad der Sulfatierung und dem Vorliegen in Form einer Doppelhelix.

Bei λ-*Carrageen* wirken nur schwache intermolekulare Kräfte, da je drei Sulfatgruppen an zwei Galaktosen zu elektrostatischer Abstoßung der Molekülstränge führen. Es ist kaltwasserlöslich und wirkt wegen der schwachen intermolekularen Kräfte weniger als Gelbildner sondern eher als Dickungsmittel.

Verwendung

Daher findet es wie die Galaktomannane Verwendung in der Herstellung von Suppen, Soßen und Dessertcremes wie auch als Bindemittel in Wurstwaren.

Eigenschaften

Im κ-*Carrageen* ist das Verhältnis Galaktose zu Sulfatgruppe 2:1, was zu sehr guter Gelbildung befähigt.

Abb: Netz aus κ-Carrageenen

Die relativ starken intermolekularen Kräfte können nur durch Erwärmen überwunden werden, es ist daher warm- bzw. heißwasserlöslich. Die Löslichkeit ist auch abhängig vom Anteil des Salzgehalts der Lösung.

Verwendung

Durch Bildung starrer Texturen finden diese Carrageene bei der Herstellung von Fleischkonserven u.ä. Verwendung.

Eigenschaften

ι-Carrageen ist wegen je einer Sulfatgruppe an jeder Galaktose ein schwächerer Gelbildner als κ-Carrageen. Die ι-Form ist teilweise kaltlöslich, vollständig jedoch nur in der Wärme. Nach Lösen in der Wärme lagern sich die Moleküle dieser Carrageene beim Abkühlen zusammen und formen dreidimensionale Netze durch streckenweise intermolekulare Doppelspiralenausbildung.

Abb: Netz aus ι-Carrageenen

Die entstandenen Netze sind eher schwach und können durch einfache Bewegung zerstört werden, die Gele sind thixotrop.

Verwendung

Durch ihre elastische und thixotrope Struktur sind die Gele besonders zu Herstellung von Puddingerzeugnissen u.ä. geeignet.

Im Unterschied zu Agar müssen Carrageene in höherer Konzentration eingesetzt werden, um Gele bilden zu können, und sie verflüssigen sich bereits bei 25-40°C wieder.

Eigenschaften

κ-Carrageen und *Johannisbrotkernmehl* reagieren synergistisch, da sich die galaktosefreien Abschnitte des Galaktomannans an die Doppelhelix des Carrageens anlagern können und so zur Vernetzung führen.

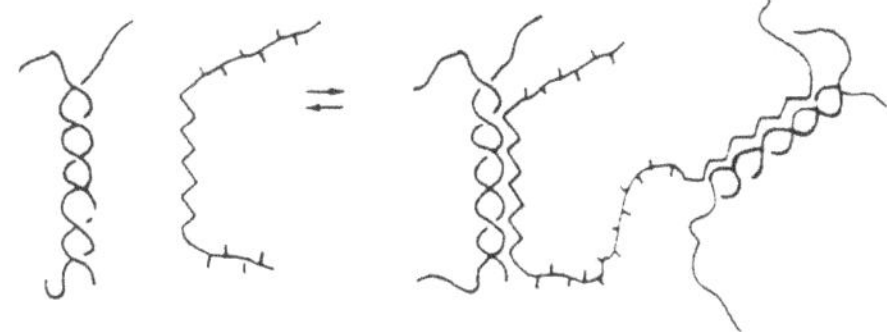

Abb: Mischgel von κ-Carrageen und Galaktomannan

Verwendung

Die entstehenden Gele von elastischer und kohärenter Textur werden bei der Herstellung von Puddingerzeugnissen, Fleischkonserven u.ä. verwendet.

Eigenschaften

Die durch Sulfatgruppen stark anionischen Carrageene können mit stark kationischen Polyelektrolyten wie auch mit Proteinen reagieren. Unterhalb des IEP (isoelektischen Punktes) der Proteine beobachtet man Fällungsreaktionen. Oberhalb des IEP bilden Carrageene vor allem mit Milchcasein Gele, wahrscheinlich durch Komplexbildung, an der auch Ca^{2+}-Ionen beteiligt sind.

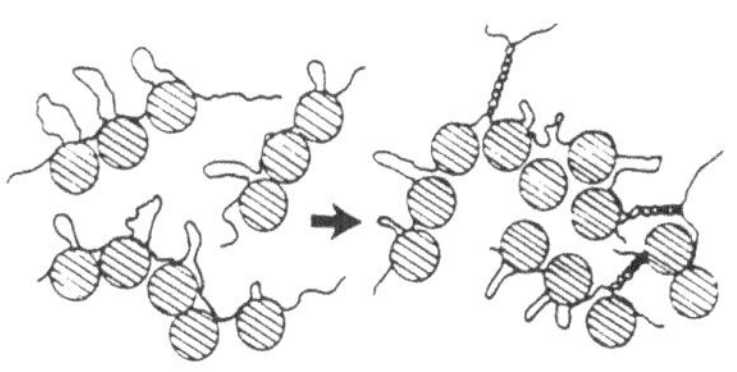

Abb: Interaktionen von κ-Carrageen mit den Caseinmizellen der Milch

Verwendung

Ihre Verwendung bietet sich besonders an zur Texturverbesserung bei aromatisierten Dickmilcherzeugnissen und anderen Milchprodukten.

2.3.4 Galaktomannane

Herkunft

Guarstrauch (Cyanopsis tetragonolobus) und Johannisbrotbaum (Ceratonia siliqua) sind Lieferanten der galaktomannanhaltigen "Kernmehle", die aus den Samen dieser Leguminosenpflanzen gewonnen werden. Der Guarstrauch ist in Pakistan und Indien sowie in den USA beheimatet, während der Johannisbrotbaum besonders in Syrien und Kleinasien sowie dem gesamten Mittelmeer-Raum wächst.

Zusammensetzung

Die Hauptkette der Galaktomannane besteht aus ß-(1-4)-verknüpfter Mannose, die teilweise an C-6 mit α-D-Galaktose verzweigt ist.

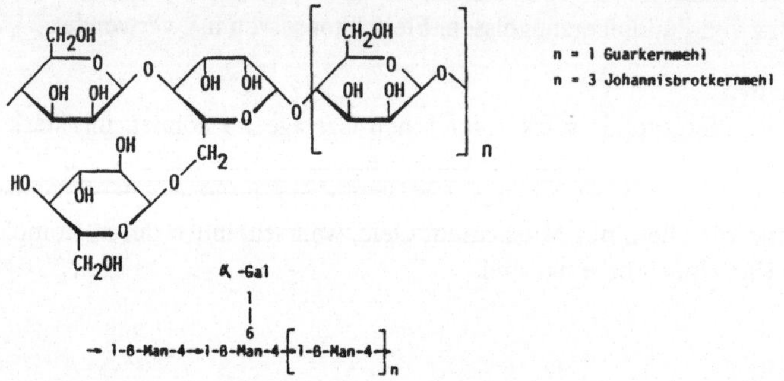

Die Polysaccharide des Guarkernmehls unterscheiden sich von denen des Johannisbrotkernmehls durch das Verhältnis von Galaktose zu Mannose, das beim Guarmehl 1:2, beim Johannisbrotmehl 1:4 beträgt.

Eigenschaften

Die Galaktomannane des Guarkernmehls sind gut kaltwasserlöslich. Zwar bestehen sie nur aus neutralen Zuckereinheiten, haben aber aufgrund ihrer vielen Galaktoseverzweigungen nur wenige intermolekulare Bindungen, so daß eine Hydratation sehr leicht möglich ist.

Wegen der geringeren Zahl an Galaktoseverzweigungen sind intermolekulare Bindungen in den Galaktomannanen des Johannisbrotkernmehls häufiger. Hier gelingt die Lösung nur nach thermischer Aufhebung der Kohäsionskräfte zwischen den Molekülen.

Beide Galaktomannane ergeben viskose Lösungen, deren Viskosität mit der Konzentration, bzw. bei gleichbleibender Konzentration mit der Molekülgröße steigt. Durch Temperaturerhöhung wird die Viskosität reversibel verringert. Die Auswahl zwischen den beiden Polysacchariden für technische Anwendungen wird vor allem aufgrund ihrer Lösungseigenschaften getroffen.

Verwendung

Beide werden als Dickungsmittel in Suppen, Soßen und Dessertcremes eingesetzt und dienen als Bindemittel in Wurstwaren. In Instantprodukten sorgen sie für deren bessere Löslichkeit.

Eigenschaften

Das Johannisbrotkernmehl ist wegen seiner substituentenfreien Abschnitte in der Lage, mit anderen Polysacchariden helix- oder schraubenförmige Makromoleküle zu bilden (Xanthan, Carrageen, Agar).

Verwendung

Als thermoreversibles Mischgel findet es bei der Herstellung von Puddingerzeugnissen u.a. Verwendung.

2.3.5 Gummi arabicum

Herkunft

Durch Schälen der Rinde von Acacia-Arten werden an den Verletzungsstellen gummiartige Schleime abgesondert, die an der Luft zu einer festen Masse erstarren. Hauptrohstoff für arabisches Gummi ist Acacia senegal L. WILLD., seltener stammt es von A. seyal DEL., A. abyssinica HOCHST. und A. glaucophylla STEUD..

Zusammensetzung

Gummi arabicum besteht zu 80-90 % aus verschiedenen Polysacchariden mit einem Anteil von 10-15 % Proteinen, die an die Polysaccharide gebunden zu sein scheinen. Den Hauptanteil der Polysaccharide stellen die Kalzium-, Magnesium- und Kaliumsalze der Arabinsäure, deren Hauptkette aus ß-1,3-D-Galaktose-Einheiten besteht mit Seitenketten ß-1,6-verknüpfter Oligosaccharide aus L-Arabinofuranose-, L-Rhamnopyranose-, D-Glucuronsäure- und 4-O-Methyl-D-glucuronsäure-Einheiten. Das Molekulargewicht des Gummi arabicums kann in weiten Grenzen zwischen 50 Tausend und 3,5 Millionen schwanken, typisch ist es zwischen 500 und 600 Tausend. Gummi arabicum stellt ein komplexes, hochverzweigtes, globuläres Molekül dar, das dicht gepackt, kaum linear ist und daher geringe Viskosität aufweist

Eigenschaften

Unter den natürlichen Hydrokolloiden nimmt Gummi arabicum durch seine extrem gute Wasserlöslichkeit eine Sonderstellung ein. In niedrigen Konzentrationen ist es kaum viskos. Es bildet hoch viskose, gelähnliche Lösungen bei Konzentrationen von bis zu 55 %. Die Viskosität von Gummi arabicum-Lösungen wird beeinflußt von Bakterien (erniedrigt), Ultraschall (erniedrigt), pH-Wert (maximal bei pH 6) und Elektrolyten (erniedrigt). Sein besonderes Lösungsverhalten ist verantwortlich für seine ausgezeichneten Stabilisator- und Emulgatoreigenschaften. Mit den meisten Ölen bildet es stabile Emulsionen über einen großen pH-Bereich.

Verwendung

Bei der Herstellung sprühgetrockneter Erzeugnisse (Aromenkonzentrate) wird es als Stabilisator verwendet, da es wegen seiner guten Wasserlöslichkeit eine schnelle Rekonstitution getrockneter, pulverförmiger Lebensmittel ermöglicht.

Seine Fähigkeit, Zuckerkristallisation zu verhindern und fette Komponenten gleichmäßig verteilt zu halten wird genutzt in der Konfektherstellung für Pastillen, Bonbons, Kaugummi, Fruchtgummi u.ä..

2.3.6 Tragant

Herkunft

Durch Einritzen der Rinde von Astragalus-Arten sondern die Pflanzen eine gummiartige Masse ab, die an der Luft erstarrt. Hauptrohstoffquelle für Tragant ist Astragalus gummifer LABILL. (Fabaceae) neben A. microcephalus WILLD., A. verus OLIV. und A. kurdicus BOISS., die vor allem in der Türkei, Bagdad und Bassra angebaut werden.

Zusammensetzung

Tragant besteht zu 80-90 % aus verschiedenen Polysacchariden (10-15 % sind gebundenes Wasser und 1-3 % Stärke sowie Spuren an Proteinen), die sich zusammensetzen aus einem wasserlöslichen Anteil (15-40 %), dem Tragacanthin (=Tragantin) mit der Tragantsäure und einem nicht wasserlöslichen Anteil (60-80 %) dem Bassorin.

Das Tragacanthin ist ein Arabinogalaktan, das hauptsächlich Arabinose neben wenig Galaktose und Galakturonsäure enthält. Tragantsäure ist aus linearen Hauptketten von α-1,4-Galakturonsäure-Einheiten und Seitenketten aus ß-1,3-verknüpfter Xylose, die in α- bzw. ß-1,2-Verküpfung Fucose- und Galaktose-Einheiten enthält.

Bassorin besteht aus einer Hauptkette von α-1,4-verknüpften Galakturonsäure-Einheiten und Arabinose neben Galaktose, Xylose und Fucose. Die Uronsäuren sind partiell mit Methanol verestert.

Das mittlere Molekulargewicht des Tragants liegt bei ca. 800 000.

Eigenschaften

Das Tragacanthin löst sich in Wasser unter Bildung eines kolloiden Hydrosols, während das Bassorin ein Gel bildet.

Durch sein hohes Molekulargewicht und die langgestreckte Form seiner Molekülketten zeigt Tragant bereits in gering konzentrierten Lösungen sehr hohe Viskosität, die in weiten Grenzen pH- und hitzestabil ist.

Verwendung

Hitze- und pH-Stabilität machen Tragant besonders geeignet zur Stabilisierung saurer und mit Hitze zu behandelnder Emulsionen.

2.3.7 Pektine

Herkunft

Pektine sind weitverbreitet vorkommende Pflanzeninhaltsstoffe. Ausgangsprodukte für ihre Gewinnung sind vor allem Schalen von Orangen, Zitronen und Limonen aus Amerika, Afrika und Südeuropa, sowie Apfelmark und Rüben aus europäischen Anbaugebieten.

Zusammensetzung

Die Hauptkette der Pektine ist aus α-(1-4)-verknüpften D-Galakturonsäuren aufgebaut mit Verzweigungen durch kurzkettige, neutrale Zucker (Galaktane, Arabane, Xylane etc.). Die Galakturonsäuren sind unterschiedlich stark mit Methanol verestert zu den hochmethylierten: *HM (high methylated)*- oder niedermethylierten: *LM (low methylated)-Pektinen.*

Eigenschaften

Verzweigungen und Methoxylgruppen erlauben nur wenige intermolekulare Bindungen bei den Pektinen und sorgen für ihre leichte Hydratisierung. Je höher ihr Veresterungsgrad desto leichter sind die Pektine in kaltem Wasser löslich. Sie bilden jedoch nur schwach viskose Lösungen und werden bevorzugt als Gelbildner eingesetzt.

In den *HM-Pektinen* vernetzen sich die Makromoleküle dreidimensional über intermolekulare H-Brücken.

Abb: Gelbildung in HM-Pektinen über H-Brückenbindungen

152

Diese H-Brücken können sich umso besser ausbilden, je geringer die Wasseraktivität (Zuckerzusatz) und je stärker sauer die Lösung ist.

Verwendung
Die schwach bis nicht thermoreversiblen Gele werden zur Herstellung von Konfitüren, Fruchtgelees, Fruchtzubereitungen und künstlichen Fruchterzeugnissen verwendet.

Eigenschaften
Etwas geringeren Einfluß auf die Gelbildung haben Zucker und Säure bei *LM-Pektinen*, die mit bivalenten Ionen wie Ca^{2+} durch Chelatbildung Gele ausbilden.

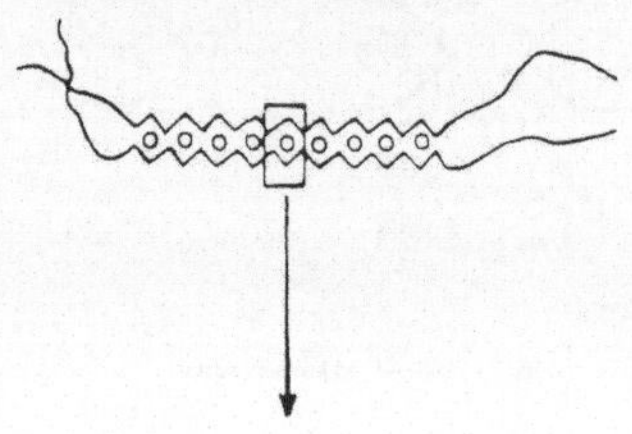

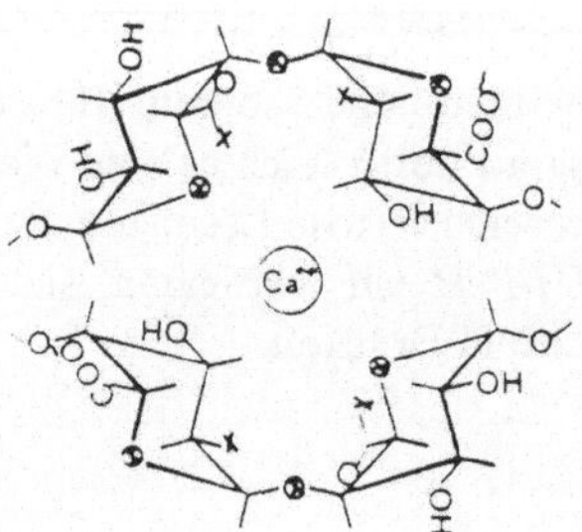

Abb: Gelbildung von
LM-Pektinen mit Calciumionen

Verwendung
Im Ca^{2+}-reichen Millieu bilden die LM-Pektine nicht thermoreversible Gele und werden wie die HM-Pektine eingesetzt. In Gegenwart geringer Ca-Ionenkonzentrationen entstehen thermoreversible Gele, deren Einsatz u.a. bei wasserhaltigen Gelees, Konfitüren und Überzügen üblich ist.

2.3.8 Xanthane

Herkunft
Unabhängig von natürlichen Quellen, und damit von geografischen und politischen Gegebenheiten ist die Gewinnung von Xanthanen. Sie sind praktisch die einzigen biotechnologisch gewonnenen Hydrokolloide, die bisher großtechnisch eine Rolle spielen. Xanthane sind die sekundären Stoffwechselprodukte des Bakterien-Stammes Xanthomonas campestris, die bei der aeroben Fermentation von Kohlenhydraten ausgeschieden werden.

Zusammensetzung

Die Hauptkette der Xanthane besteht aus ß-(1,4)-verknüpfter D-Glukose. An jeder zweiten Glukose ist sie verzweigt mit Trisaccharidseitenketten aus α-D-Mannose, ß-D-Glukuronsäure und endständiger ß-D-Mannose. Die der Hauptkette benachbarte Mannose kann an C-6 acetyliert und die endständige Mannose an C-4 und C-6 mit einer Pyruvatgruppe verknüpft sein.

Hauptkette: ß-1,4-D-Glucose

Seitenkette: 6-Acetyl-α-D-Mannose, ß-D-Glukuronsäure, 4,6-Pyruvat-ß-D-Mannose

Eigenschaften

Durch ihre Verzweigungen und sauren Gruppen sind die Xanthane gut kaltwasserlöslich, da nur schwache intermolekulare Kräfte zum Tragen kommen.

Die Moleküle liegen als Einfach- oder Doppelhelix vor, deren Stränge aber nur schwache Bindungskräfte zeigen. Sie führen zu verdickten Lösungen, deren Viskosität bis etwa 100°C kaum temperaturabhängig ist und die ihre suspensionsartigen Eigenschaften behalten.

Verwendung

Als Dickungsmittel werden sie wie Galaktomannane verwendet für die Herstellung von Suppen, Soßen etc..

Eigenschaften

Xanthane reagieren synergistisch mit Galaktomannanen durch Anlagerung an die galaktosefreien Molekülabschnitte dieser Polysaccharide. Dies führt bei Guarkernmehl zu erhöhter Viskosität der Lösung, bei Johannisbrotkernmehl zur Bildung eines thermoreversiblen, stark kohärenten Mischgels.

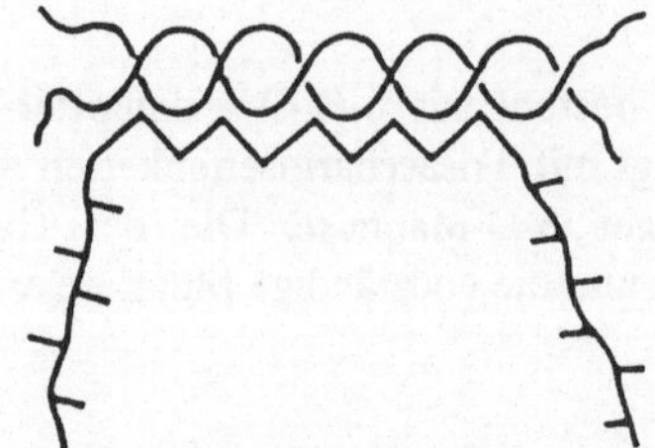

Abb: Molekulare Interaktion zwischen Xanthan und Galaktomannan

Verwendung

Außer für die Strukturverbesserung von Fleischkonserven u.ä. werden die Mischgele auch als Stabilisatoren in Kakao-Milcherzeugnissen, Speiseeis, emulgierten Soßen und Fruchtgetränken eingesetzt.

2.4 Interessante neue Hydrokolloide

Um unabhängig von Weltmarktbedingungen die Versorgung mit Hydrokolloiden zu gewährleisten, werden immer neue Polysaccharide mit den gewünschten Eigenschaften aus leicht zugänglichen Rohstoffen gewonnen, häufig auch durch Derivatisierung der nativen Kohlenhydrate. Die im folgenden genannten Hydrokolloide sind nach dem LMBG noch nicht allgemein zugelassen, werden aber in einigen Ländern bereits verwendet.

2.4.1 Hemizellulosen

Hemizellulosen ähneln in ihren Eigenschaften denen von Pflanzengummen. Sie werden in großen Mengen besonders von einjährigen Pflanzen produziert, sind aber auch Bestandteil vieler Abfallmaterialien wie Bananenschalen, Stroh etc..

Chemisch handelt es sich um verzweigte, je nach Herkunft verschieden gebaute Polysaccharide, die den Pflanzen zur Strukturverbesserung dienen: durch Wasserbindung um die zellulosischen Mikrofibrillen der Zellwand sorgen sie für Elastizität dieser Bereiche.

Industriell werden bereits *Arabinogalaktane* aus Lärchen genutzt, die aus den Lumen der Tracheiden dieser Bäume gewonnen werden. Sie werden u.a. als Emulgatoren und Stabilisatoren eingesetzt.

Aus D-Xylose und L-Arabinose mit Anteilen von D und L-Galaktose sowie wenig Glukuronsäure bestehen die *Getreide-Gummen*, die als Nebenprodukte beim Naßmahlen von Getreide anfallen. Sie sind gut wasserlöslich, von stets einheitlicher Zusammensetzung und werden u.a. eingesetzt als Dickungsmittel, Emulgatoren und Stabilisatoren.

2.4.2 Zellulosepulver

Zellulosepulver mit geringer Partikelgröße ($< 30\ \mu$m) eignet sich als Lebensmittelzusatzstoff zu kalorienreduzierten Lebensmitteln. Zellulose ist nicht toxisch und wird aus natürlichen Nahrungsmitteln wie Obst und Gemüse gewonnen.

2.4.3 Maltodextrine

Als letzte Gruppe der neueren Hydrokolloide sollen die Stärkehydrolysate erwähnt werden. Bedeutung haben in dieser Gruppe besonders die Maltodextrine, die enzymatisch aus Stärke (Mais-, Kartoffel-, Getreide-) gewonnen werden.

Besonders interessant durch ihre Eigenschaften sind die aus Kartoffelstärke gewonnenen *Maltodextrine* mit einem mittleren Molekulargewicht von 10^5. Sie bilden schnittfeste, durchscheinende, weiße Gele, die temperaturabhängige Konsistenzänderung zeigen: zwischen 50°C und 80°C schmelzen sie wie Fett zu einer klaren Schmelze und erstarren wieder beim Abkühlen zum Gel. Zudem sind sie mit Fett unbegrenzt mischbar zu stabilen Emulsionen, die auch bei Kühlschranktemperatur nicht brechen.

Sie eignen sich daher besonders zur Herstellung kalorienarmer Streichfette, Mayonnaisen u.ä..(Da sie zu Glukose abgebaut werden, sind sie für Diabetiker nicht geeignet.)

3 Ballaststoffe als Zusatzstoffe der Zukunft

Die Erkenntnis, daß eine Reihe von Polysacchariden als Ballaststoffe für die Ernährung der Menschen in industrialisierten Ländern eine besondere Bedeutung haben, ist noch relativ neu. In den letzten 100 Jahren haben sich die Verzehrsgewohnheiten in den Industrieländern grundlegend geändert. Der Anteil der meisten ballaststoffliefernden Lebensmittel in der Nahrung ist stark zurückgegangen, vor allem der der Getreideprodukte. Im gleichen Zeitraum stieg der Konsum an ballaststoffreien Nahrungsmitteln durchschnittlich auf das sechsfache, Fleisch und Alkohol auf das zweieinhalbfache, Eier und Fett auf die vierfache Menge und Zucker auf das sechzehnfache. Es konnte ein Zusammenhang zwischen dieser veränderten Ernährungsweise und immer stärker auftretenden Stoffwechselkrankheiten, sog. Zivilisationskrankheiten nachgewiesen werden.

Als Ballaststoffe werden vor allem die Polysaccharide (neben anderen unverdaulichen Produkten wie Lignin) bezeichnet, die von den Enzymen des Gastrointestinalsystems nicht oder nur unzureichend abgebaut werden können. Hierzu rechnen die meisten der bereits genannten Hydrokolloide. Sie wirken im Darm als Quellstoffe, lockern durch ihr hohes Wasserbindungsvermögen den Stuhl auf, sorgen für ein größeres Stuhlvolumen, höhere Stuhlfrequenz und schnellere intestinale Transitzeiten. Pflanzenfasern, wie sie auch genannt werden, werden ebenso verantwortlich gemacht für eine Senkung der Serumlipide, eine Verbesserung der Glukosetoleranz, für eine Herabsetzung des Risikos für Dickdarmkrebs und Herzerkrankungen. In diesem Kontext wirksam sind auch die als Füllstoffe bezeichneten Pflanzenfasern wie z.B. die Zellulose.

Aufgrund dieser Bedeutung werden die Ballaststoffe in verstärktem Maß Lebensmitteln zugesetzt, die von Natur oder durch ihre industrielle Aufarbeitung ballaststoffarm sind. Als Nahrungsfaserquellen dienen u.a. Nebenprodukte aus der Verarbeitung landwirtschaftlicher Erzeugnisse.

Nahrungsfaserquellen, die als Nebenprodukte der landwirtschaftlichen Erzeugnisse anfallen:

Kleien:	Weizen- Mais-, Hafer-, Roggen-, Reiskleie
Schalen:	Erbsen-, Kartoffeln-, Soja-, Kakaoschalen
Trester:	Obst- und Gemüsetrester (z.B. Apfel- Birnen-, Rüben-)
Treber:	Malztreber

Pflanzenfasern sind zur Anreicherung in Lebensmitteln allerdings nur dann geeignet, wenn ihre chemische Zusammensetzung, ihre physikalischen Eigenschaften sowie ihr mikrobiologischer Status bekannt sind. Auch müssen die mit ihnen verarbeiteten Produkte eine mindestens ebenso gute physiologische und sensorische Qualität aufweisen, wie das entsprechende faserarme Produkt. Nicht alle Ballaststoffe sind geeignet, in ihrer nativen Form die vorgenannten Bedingungen zu erfüllen. Durch vor allen Dingen enzymatische Derivatisierung sind aber Optimierungen der gewünschten Eigenschaften zu erreichen. Noch steht dieser technologische Einsatz der Polysaccharide am Anfang. Doch die Entwicklung faserstoffreicher Nahrungsmittel zur Verminderung zivilisatorischer Krankheiten wird an Bedeutung stark zunehmen. Es sind bereits ballaststoffangereicherte Teig- und Backwaren sowie Milchprodukte auf dem Markt.

4 Cyclodextrine als technologische Hilfsstoffe der Zukunft

Durch mikrobiellen Ab- und Umbau der Stärke gelangt man zu der Verbindungsgruppe der Cyclodextrine, α-(1,4)-verknüpfte cyclische Glukane aus sechs, sieben oder acht Glukose-Einheiten.

α-1,4-verknüpfte cyclische Glucane aus 6 (α), 7 (β) oder 8 (γ) Glukoseeinheiten

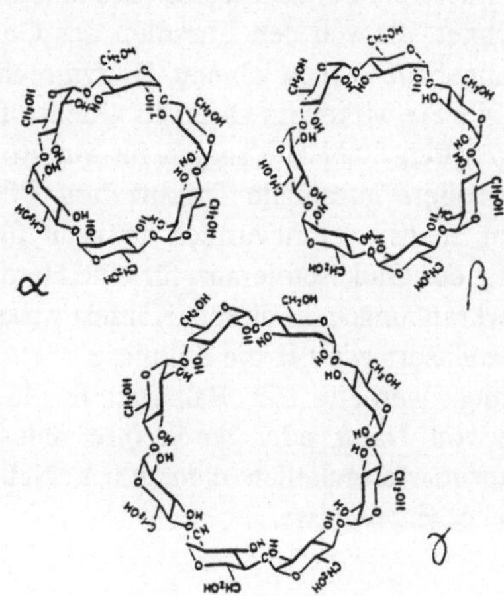

Durch ihre käfigförmige Struktur sind sie in der Lage, mit passenden Molekülen Einschlußkomplexe zu bilden. Dadurch kommt es zu Änderungen der Eigenschaften eingeschlossener Moleküle. Die Cyclodextrine bieten sich deshalb in der Herstellung von Lebensmitteln an zur

a) chemischen Stabilisierung
Sie verhindern Oxidationsreaktionen, stabilisieren z.B. Vitamine und Aromastoffe.

b) physikalischen Stabilisierung
Sie stabilisieren flüchtige Substanzen (z.B.Menthol, Allicin), in geruchfreier Ware bleibt der intensive Geschmack erhalten.

c) Löslichkeitskontrolle
Es ist z.B. in Kaugummis durch bessere Löslichkeit der etherischen Öle nur die halbe Menge an teuren Aromastoffen erforderlich für den gleichen Geschmackseffekt.

d) für Trennungen und Katalysen
Die Entbitterung von Zitrussäften ohne Aromaverlust z.B. gelingt durch selektive Entfernung der Bitterstoffe.

5 Resumee

Der durchaus berechtigte Wunsch des Verbrauchers nach gleichbleibender Qualität von industriell gefertigten Nahrungsmitteln bei gleichzeitiger gesundheitlicher Unbedenklichkeit läßt sich bereits durch Zusätze von Polysacchariden mit entsprechenden Eigenschaften großenteils erfüllen. Wie gezeigt werden konnte, sind Form, Stabilität, Aussehen, Konsistenz, Aroma u.v.a.m. durch die geeigneten Lebensmittelzusätze aus Polysacchariden positiv zu beeinflussen.
Durch die wissenschaftliche Entwicklung neuartiger Polysaccharide wird die Lebensmittelindustrie immer weniger auf das z.T. recht teure Angebot des Weltmarkts angewiesen sein, sondern kann auf biotechnologisch gewonnene, preiswertere Produkte zurückgreifen. Für die Gewinnung von Polysacchariden existiert ein reiches Rohstoffangebot in den einheimischen Pflanzen bzw. in den Rückständen nach Verarbeitung der Pflanzen.

Literatur

Blanshard JM, Mitchel JR (1979) Polysaccharides in Food. Butterworths London, Boston:
  Glicksman M; Gelling Hydrokolloids in Food Product Applications
Glicksman M Ed. (1980-1983) Food Hydrocolloids Vol. I, II, III. CRC Press, Inc Boca Raton, Florida
May CD (1990) Industrial Pectins: Sources, Production and Applications. Carbohydrate Polymers 12:79-99
Mergenthaler E (1984) Hg. Fachgruppe Lebensmittelchemie und gerichtliche Chemie der GdCh,
  Arbeitsgruppe Zusatzstoffe-Technologie und -analytik, Technologie der Lebensmittelzusatzstoffe:
  Hydrokolloide, Stabilisatoren, Dickungs- und Geliermittel in Lebensmitteln Bd. 2 der Schriftenreihe
  Lebensmittelchemie, Lebensmittelqualität. B. Behr's Verlag, Hamburg
Millane RP, BeMiller JN, Chandrasekaran R eds. (1989) Frontiers in Carbohydrate Research-1 Food
  Applications. Elsevier Applied Science, London, New York:
  Chandrasekaran R; Three Dimensional Structures of Gel-Forming Polysaccharides
  Friedmann RB, Hedges AR; Recent Advances in the Use of Cyclodextrins in Food Systems
  Whistler RL; Forthcoming Opportunities for Hemicellulosis
Pedersen JK (1980) Carrageenan, Agar und Xanthan als Geliermittel und Stabilisatoren. Lebensmittel-
  Wissenschaft und Technologie 5:113-133 (CA 93:184306 d)
Philipp B, Bock W, Schierbaum F (1979) Applications of Polysaccharides and their Derivatives as
  Supporting Materials and Auxiliary Substances in Medicine and Nutrition. J Polymer Science: Polymer
  Symposium 66:83-100
Röper H, Koch H (1988) New Carbohydrate Derivatives from Biotechnical and Chemical Processes.
  starch/Stärke 40 (12):453-464

Der Firma Sanofi danke ich für Bereitstellung von Literatur und Prospekten mit Abbildungen!

7. Cellulose

W. Blaschek

1 Struktur der Cellulose

Auf den ersten Blick scheint es recht einfach, eine Beschreibung der Struktur und des Baus der Cellulose zu geben. Der Grundbaustein der Cellulose ist nur ein Zucker: die Glucose; und diese Zuckereinheiten sind auch nur durch eine Art der glycosidischen Verknüpfung, und zwar durch ß-1,4-Bindungen, zu einem linearen Polymer zusammengefügt. Folglich ließe sich Cellulose als ß-1,4-verknüpfte Polyanhydroglucopyranose beschreiben. Damit ist auch schon etwas über die Konformation der im Cellulosemolekül vorliegenden Glucosen ausgesagt: sie liegen als Pyranose-Ringe vor, wobei die $^{4}C_{1}$-Sesselform als Konformation mit dem geringsten Energiegehalt realisiert ist. Damit liegen in bezug auf die Hauptebene des Pyranoserings alle OH- und CH_2OH- Gruppen als auch die glycosidischen Bindungen äquatorial, während die H-Atome axial angeordnet sind. Durch die ß-1,4-glycosidische Bindung ergibt sich, daß die Glucosemoleküle alternierend um 180° um die Hauptachse des Cellulosemoleküls gedreht sind, wodurch eine Anhydrocellobiose von etwa 1 nm Länge zur eigentlichen Wiederholungseinheit im Molekül wird. Es entsteht hierdurch ein flaches Glucanband, das durch intramolekulare Wasserstoffbrückenbindungen zwischen den Hydroxylgruppen am C(3) und dem Ringsauerstoff eines benachbarten Glucosemoleküls versteift wird. Darüberhinaus dürften Wasserstoffbrückenbindungen zwischen der Hydroxylgruppe am C(2) und derjenigen am C(6) in der Nachbarglucose das Glucanband zusätzlich stabilisieren. Das Molekül weist am C(1)-Ende eine reduzierende Funktion auf, während sich am C(4)-Ende eine nicht-reduzierende alkoholische Hydroxyl-Gruppe befindet. Damit können sich einzelne Glucanketten parallel oder gegenläufig zueinander (antiparallel) anordnen.

Nun ist die vorangegangene Beschreibung zur Charakterisierung der Cellulose bei weitem nicht ausreichend. Die physikalischen und auch chemischen Eigenschaften der Cellulose werden zusätzlich durch die Länge und Anordnung der Glucanketten zueinander bestimmt. Neben den oben beschriebenen intramolekularen existieren auch intermolekulare Wasserstoffbrückenbindungen, die benachbarte Glucanmoleküle in eine geordnete, kristalline Ausrichtung zwingen und damit die Reaktivität der Cellulose stark beeinflussen. Solche Wasserstoffbrücken können sich zwischen zwei in einer Gitterebene benachbart liegenden Glucanketten von den Hydroxylgruppen am C(3) zu denjenigen am C(6) ausbilden, während beim Zusammenhalt von Glucanketten benachbarter Gitterebenen neben den Hydroxylgruppen am C(6) auch der Ringsauerstoff beteiligt sein dürfte. Allerdings gehen hier, zumindest was die exakte Vernetzung der Glucanketten im Kristallgitter der Cellulose-I-Modifikation angeht, die Meinungen auseinander.

Struktur von Cellulose:

A: Eine cellulosische ß-1,4-Glucankette bildet ein flaches Band mit einem reduzierenden C-1- und einem nicht reduzierenden C-4-Ende.

B: Viele (30-40) solcher Glucanketten lagern sich zu einer Elementarfibrille mit einem Durchmesser von ca. 3,5 nm zusammen.

C: Fünf der Glucanketten einer Elementarfibrille sind am Aufbau der Elementarzelle beteiligt. Die Abstände der Gitterebenen (101, 101, 002) und der Winkel zwischen der 101- und der 002-Ebene charakterisieren unterschiedliche Cellulose-Modifikationen wie die der Cellulose I (C1) mit paralleler und die der Cellulose II (C2) mit antiparalleler Anordnung der Glucanketten.

D: Die Größe der Elementarzelle (Beispiel: Cellulose-I-Modifikation) mit den entsprechenden Gitterebenen (101, 101, 002 und 004) wird durch die Länge der Kristall-Achsen a, b und c bestimmt. Die Elementarzelle enthält (summarisch betrachtet) 4 Glucosemoleküle: eine Glucose des zentralen Glucanstrangs ist im Zentrum der Zelle positioniert, und jeweils ein halber Glucoserest befindet sich in der Mitte der oberen und unteren 040-Ebene; von den vier Eck-Glucansträngen tragen jeweils zweimal eine Viertel Glucoseeinheit zur Elementarzelle bei, so daß sich jeweils mehrere Elementarzellen die Eck-Glucosen teilen.

E: Mögliche intramolekulare (| | | |) und intermolekulare (....) Wasserstoffbrücken zwischen benachbarten Glucanketten.

Damit wird deutlich, daß Cellulose offensichtlich auch noch in anderen Modifikationen vorliegen kann, was nichts anderes bedeutet, als daß die Glucanketten eine unterschiedliche Anordnung zueinander einnehmen können. Die oben erwähnte Cellulose-I-Modifikation wird in nativer Cellulose gefunden. Die für technische Verarbeitung von Cellulose wohl wichtigste weitere Modifikation stellt die Cellulose-II dar. Sie entsteht z.B. bei Alkali-Behandlung von Cellulose, wobei bei diesem Prozess zunächst unter Gitteraufweitung und Verschiebung der Gitterebenen Natriumionen eingelagert werden. Durch intensives Auswaschen können dann diese Fremdionen entfernt werden, wobei sich das Kristallgitter der Cellulose-II ausbildet. Die Glucanketten in der Cellulose-II sollen im Gegensatz zur Cellulose-I dichter gepackt und stärker durch Wasserstoffbrücken vernetzt sein, was sich auch in unterschiedlichem physikalischem und chemischem Verhalten bei Derivatisierungsreaktionen auswirkt.

Ein weiterer wichtiger Unterschied zwischen beiden Modifikationen besteht darin, daß die Glucanketten in Cellulose-I parallel orientiert sein sollen, während sie in Cellulose-II antiparallel, d.h. gegenläufig angeordnet sind. Der Vorgang der Modifikationsänderung ist irreversibel; folglich liegt bei weitem der größte Teil der im Handel befindlichen Regeneratcellulose (aus einem löslichen Derivat 'regenerierte' Cellulose) in der Cellulose-II-Modifikation vor und ist daher nicht mit nativer Cellulose gleichzusetzen.

Das Kristallgitter der Cellulose besteht aus pseudomonoklinen Elementarzellen, an deren Aufbau ein zentraler Glucanstrang und in den Kanten vier weitere Glucanstränge partiell beteiligt sind. Die c-Achse (früher b-Achse) entspricht der Faserachse. Die größtenteils durch Röntgen- und Elektronenbeugung ermittelten Werte für die Dimension der Elementarzelle von Cellulose-I und Cellulose-II werden

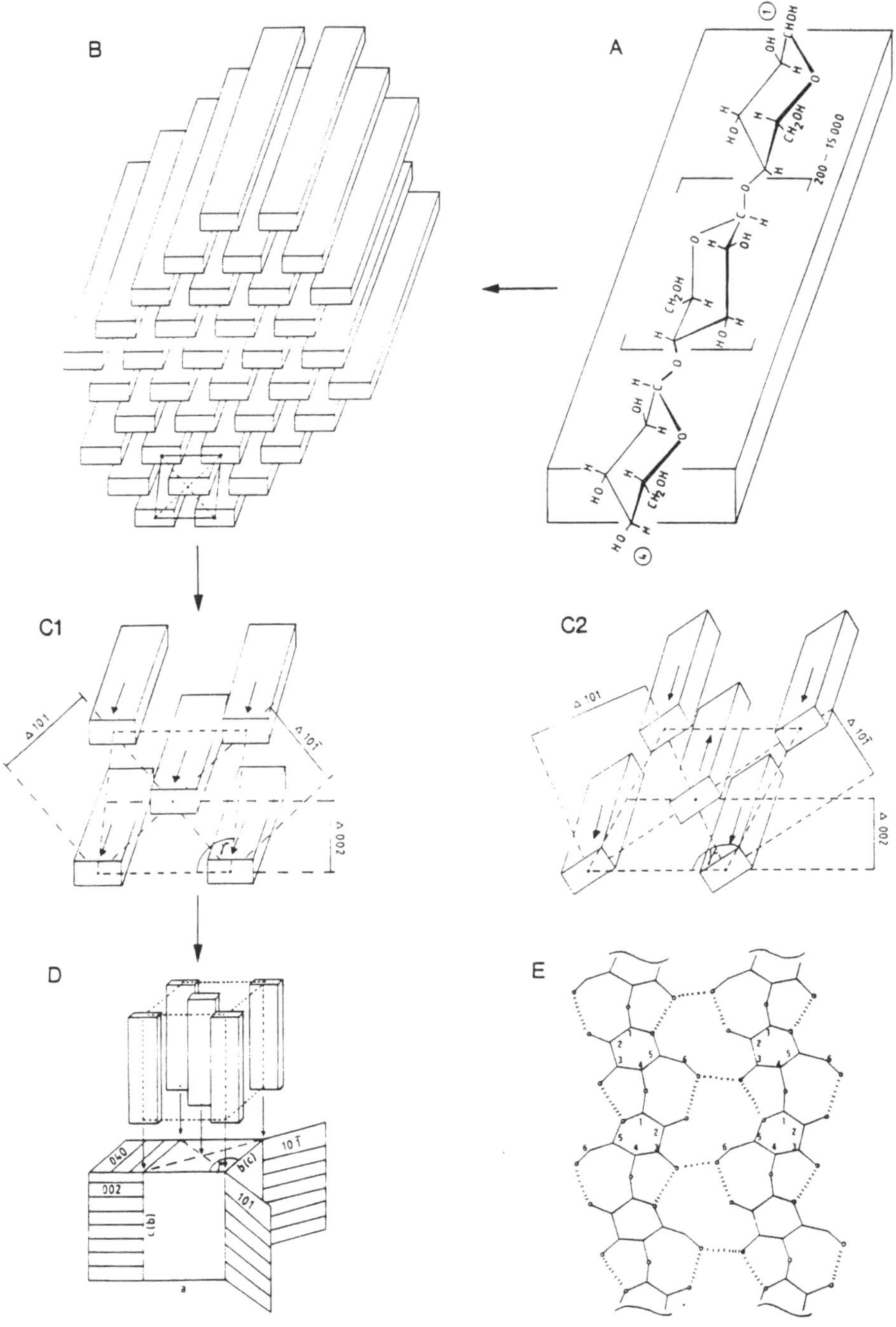
B
A
CHOH
OH
H
HO
H
CH2OH
200 - 15 000
O
C
OH
H
O
CH2OH
H
H
OH
O
H
OH
H
H
OH
H
HO
CH2OH
H
OH
C1
Δ 101
Δ 10Ī
Δ 002
C2
Δ 101
Δ 10Ī
Δ 002
D
040
10Ī
b(c)
002
c(b)
101
a
E
1
2
3   5   6
6
5   4   2
1
2
3   5   6
6
5   4   2

Dimension der Elementarzelle von Cellulose-I und Cellulose-II werden Dimensionen der Elementarzelle von Cellulose-I und Cellulose II		
	Cellulose I	Cellulose II
a-Achse	0,82 nm	0,80 nm
b-Achse	0,78 nm	0,90 nm
c-(Faser-)Achse	1,03 nm	1,04 nm
γ (Winkel zw. a- u. b-Achse	96,5°	117,1°
Abstand zw. 101-Ebenen	0,59 nm	0,73 nm
Abstand zw. 101-Ebenen	0,54 nm	0,44 nm
Abstand zw. 002-Ebenen	0,39 nm	0,40 nm
Anordnung der Glucanketten	parallel	antiparallel

heute wie in obiger Tabelle angegeben beschrieben (ungefähre Angaben, da von verschiedenen Autoren leicht variierende Werte angegeben werden).

Neben dem Gittertyp ist auch der Kristallinitätsgrad für Cellulosen unterschiedlicher Herkunft verschieden, was sich ebenfalls auf die spezifischen Eigenschaften von Cellulosen auswirkt. In der Cellulose wechseln sich hoch kristalline mit wenig bis nicht-kristallinen Bereichen ab. Der Grad der Kristallinität kann von ca. 70% bei Baumwoll-Samenhaaren über ca. 60% bei Holz auf ca. 40% bei regenerierter Cellulose absinken. Die sogenannten amorphen Bereiche der Cellulose werden z.B. leichter durch Säuren angegriffen, so daß eine Hydrolyse der Cellulose mit verdünnten Mineralsäuren letzlich die hoch kristallinen Bereiche übrig läßt. Je nach Ausgangsmaterial weisen die Glucanketten in diesen Bereichen einen bestimmten Polymerisationsgrad auf, der in diesem Fall als "leveling-off-degree of polymerisation" oder abgekürzt als DP_L bezeichnet wird. Im Falle von Baumwoll-Samenhaaren z.B. liegt der DP_L bei ca. 300, und die limitierte Säurehydrolyse erhöht den Kristallisationsgrad von ca. 70% auf über 90% bei einem gleichzeitigen Gewichtsverlust von nur ca. 10%. Für Holz liegen die DP_L-Werte eher bei 200 und für regenerierte Cellulose sehr viel niedriger bei Werten um 50.

Neben diesen amorphen Regionen, die sich in den Fibrillen mit kristallinen Bereichen abwechseln, gibt es um die Cellulosefibrillen herum einen "Mantel" an ebenfalls weniger hoch geordneten Glucanketten. All diese Bereiche verminderter Kristallinität spielen eine wichtige Rolle bei physikalischen und chemischen Prozessen, die an der Cellulose ablaufen. Adsorptions- und Austauschreaktionen sowie Derivatisierungen scheinen bevorzugt an der Oberfläche von Fibrillen und in den amorphen Regionen zwischen den Kristalliten abzulaufen, so daß man erwarten muß, daß z.B. chemische Derivatisierungen in heterogenen Systemen zu einer nicht statistischen Verteilung von Substituenten in der Cellulose führen. Dies ist analytisch schwer nachzuweisen; daher wird normalerweise für Cellulosederivate nur ein statistischer Substitutionsgrad (degree of substitution = DS) angegeben.

Cellulose hat, wie auch andere Polysaccharide, kein klar definiertes Molekulargewicht, sondern weist Polydispersität auf; d.h. sie ist aus Glucanketten von variierender Kettenlänge zusammengesetzt, deren Molekülgröße üblicherweise als "degree of polymerisation" = DP angegeben wird. Allerdings ist für Cellulosen spezifischer biologischer Herkunft ein gewisser DP-Bereich charakteristisch. So weist Baumwoll-Cellulose (aus noch nicht geöffneten Kapseln) einen hohen DP um 15 000 auf, während die DP-Werte für Holz-Cellulosen zwischen 5 000 und 9 000 liegen. Technisch bearbeitete Cellulosen haben deutlich niedrigere DP-Werte: der von Zellstoff liegt bei 1000 bis 3000 und Reyon hat einen durchschnittlichen DP von ca. 300. Der DP-Wert beeinflußt insbesondere die mechanischen Eigenschaften (Reißfestigkeit) einer Cellulose-Probe.

2 Cellulose-Gewinnung und technische Nutzung

Cellulose stellt eine wesentliche Gerüstsubstanz pflanzlicher Zellwände dar, weshalb pflanzliche Zellwände die Hauptquelle für die Gewinnung von Cellulose darstellen. Ein Großteil der industriell verarbeiteten Cellulose stammt aus verschiedenen Holzarten und aus Baumwolle.

Bei Baumwolle handelt es sich um die Samenhaare der strauchartigen Baumwollpflanze, die zur Familie der Malvaceae gehört. Sie wird in tropisch/subtropischen Regionen Ostasiens, Indiens, Nordafrikas und Amerikas kultiviert, wobei (nach DAB9) hauptsächlich Gossypium arboreum, G. barbadense, G. herbaceum, G. hirsutum, G. neglecticum, G. peruvianum, G. indicum und Kreuzungen aus diesen Spezies zum Anbau kommen. Zur Zeit der Fruchtreife springen die drei- bis fünffächrigen Fruchtkapseln auf, und die in der Samenepidermis gebildeten Haare quellen heraus.

Die Ernte wie auch das Entkernen, d.h. die Entfernung der ölhaltigen Samen, erfolgen heute überwiegend maschinell. Die Qualitätsbeurteilung richtet sich hauptsächlich nach der Reinheit, der Geschmeidigkeit und der Faser- oder Stapellänge (6-50 mm). Langstapelige Baumwolle wird meist in der Textilindustrie versponnen, während kurzstapelige Chargen z.B. zu Watte verarbeitet werden oder in der Kunstseiden- und Papierindustrie Verwendung finden. Rohe Baumwolle enthält ca. 85-90% Cellulose.

Da die Oberfläche der Baumwollfasern mit einer Wachsschicht überzogen sind, ist Baumwolle schwer benetzbar und muß für die Herstellung von saugfähigen Produkten entsprechend aufbereitet werden. Dies erfolgt zumeist durch eine Beuche, bei der durch Kochen mit verdünnter NaOH unter Druck Wachse, Pektine, Hemicellulosen, Eiweiße und Mineralstoffe in Lösung gehen. Ein anschließender Bleichprozeß mit Natriumhypochlorit und/oder Peroxid entfernt restliche Begleitstoffe. Beuche und

Bleiche können auch in einem Arbeitsgang mit Peroxid oder Natriumchlorit durchgeführt werden. In allen Fällen muß anschließend gründlich gewässert werden. Um die Fasern wieder geschmeidig zu machen, werden sie in einem als Aviage bezeichneten Prozeß mit einem dünnen Film an freien Fettsäuren oder Polyglycol-Fettsäureestern überzogen. Danach erfolgt das Krempeln, bei dem die Fasern aufgelockert und mehr oder weniger parallel ausgerichtet werden. Die so entstandenen Watten weisen gutes Wasseraufnahmevermögen auf und finden u.a. als Verbandwatten (Lanugo gossypii absorbens, DAB9) oder verwoben als Verbandmull (Tela gossypii absorbens, DAB9) Verwendung. Verbandwatten können auch aus Mischungen aus Baumwolle und Viskose bestehen (Lanugo gossypii et cellulosi absorbens, DAB9). Viskose stellt eine regenerierte Cellulosefaser dar.

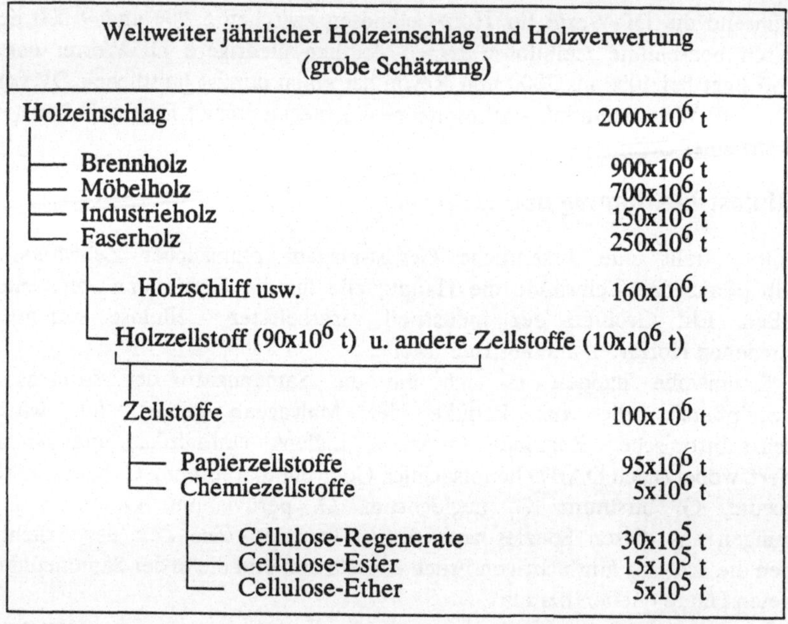

Die größten Mengen an Cellulose werden aus Holz gewonnen. Ausgangsmaterial ist meist Fichten-, Kiefer-, Buchen- und Pappelholz oder auch Stroh. Der Cellulosegehalt beim Holz liegt bei 40-60%, beim Stroh bei etwa 30%. Der im Vergleich zur Baumwolle hohe Anteil an nichtcellulosischem Material umfasst insbesondere Lignin sowie Hemicellulosen, Pektine, Proteine, Harze, Fette und Mineralstoffe. In speziellen alkalischen oder sauren Aufschlußverfahren muß zunächst die Cellulose gewonnen werden. Das geschnitzelte Holz wird im Natronverfahren mit NaOH, im Sulfatverfahren mit Natriumsulfat, Schwefelnatrium und Soda und im Sulfitverfahren mit Calciumbisulfit und schwefliger Säure verkocht. Die entstehenden Ablaugen können ein Entsorgungsproblem darstellen. Nach gründlichem Wässern wird mit Hypochlorit, Peroxid oder Chlordioxid gebleicht, erneut gewässert und getrocknet. Der so erhaltene Zellstoff dient zur Herstellung von Verbandzellstoff (Cellulosum ligni depuratum, DAB9) und Zellstoffwatten, von Zellstoffflocken (Fluff) und Papier sowie der Viskose (Zellwolle).

Zur Viskoseproduktion wird der Zellstoff einer Mazeration, d.h. einer Alkalibehandlung mit 17-19%iger NaOH unterworfen. In Tauchpressen wird überschüssige NaOH mit den darin gelösten Hemicellulosen abgepresst und die zerfaserte Alkalicellulose unter Luftsauerstoffzutritt einer Vorreife ausgesetzt. Hierbei erfolgt oxidativer Abbau der Glucanketten auf einen DP-Wert von ca. 300, der erforderlich ist, um im weiteren Verfahren Celluloselösungen einer technologisch verarbeitbaren Viskosität herzustellen. Die Alkalicellulose wird dann in Xanthatknetern mit Schwefelkohlenstoff zu Cellulosexanthogenat umgesetzt. Nach Lösung in verdünnter NaOH entsteht eine zähflüssige Spinnlösung, die als Viskose bezeichnet wird und 7-8% Cellulose enthält. Die Viskoselösung wird durch Spinndüsen in ein schwefelsaures Fällbad gepreßt. Unter Zersetzung des Xanthogenats regenerieren dabei Cellulosefasern, die gesammelt abgezogen, auf Walzen zur Ausrichtung der Cellulosemoleküle gestreckt und auf bestimmte Stapellänge geschnitten werden. Die Länge und Stärke der Fasern kann je nach Verwendungszweck eingestellt werden. Viskosefasern (Viskose-Reyon, Viscoseseide) können u.a. zu Verbandwatten (Lanugo cellulosi absorbens, DAB9) sowie Garnen zur Herstellung von Verbandgeweben verarbeitet werden. Wird Viskose über breite Filmgießer ins Fällbad eingebracht, entstehen Folien, die mit Glycerin als Weichmacher behandelt als Viscosefolien (Cellophan[R]) in den Handel kommen. Viscose kann auch als Schaumstoff zur Herstellung von Schwämmen genutzt werden.

Baumwolle, Zellstoff und Zellwolle spielen in der Verbandstoff und Hygieneartikel-Produktion neben synthetischen Fasern nach wie vor eine dominierende Rolle. Um nur einige wichtige Produkte aufzuführen, seien hier genannt: Verbandwatte, Watte für Kosmetik und Hygiene, Verbandmull, Mullbinden und -kompressen, Tupfer, Tampons, Krankenunterlagen und Babywindeln. Im übrigen sind Verbandstoffe auf Cellulosegrundlage von tierischen Enzymsystemen nicht angreifbar. Durch gezielte Behandlung mit Stickstoffdioxid kann in Cellulose jedoch in einem Teil der Glucosemoleküle die primäre Alkoholgruppe zu Carboxylgruppen oxidiert werden, wodurch "Oxidierte Cellulose" entsteht. Sie enthält ca. 20 % Carboxylgruppen und liefert in Form von Mull in wenigen Tagen resorbierbare Tamponaden für die Chirurgie und Zahnheilkunde.

Cellulosepulver wird ebenfalls aus Zellstoff hergestellt. Die nach Behandlung des Zellstoffs mit 17,5%iger NaOH unlöslich bleibende sogenannte α-Cellulose wird mechanisch zerkleinert und liefert das Cellulosepulver (Cellulosi pulvis, DAB9), das einen niederen Kristallisationsgrad und DP-Werte zwischen 1000 und 1300 aufweist. Mikrokristalline Cellulose (Cellulosum microcristallinum, DAB9) wird dann durch partielle Säurehydrolyse mit verdünnter HCl gewonnen (z.B. 2.5 N HCl, 15 min, 105°C), wodurch insbesondere die amorphen Bereiche angegriffen werden, so daß hochkristalline, aber niedermolekulare Cellulose entsteht, deren DP_L-Werte bei 200-300 liegen. Insbesondere mikrokristalline Cellulose findet breite Verwendung als technologischer Hilfsstoff. Sie wird als inertes Füll-, Binde- und Sprengmittel bei der Tablettierung, als Verdickungsmittel und Stabilisator in Suspensionen und Emulsionen, als Gelbildner für hydrophile Salbengrundlagen und als Ballaststoff in

Diätetika verwendet. Mikrokristalline Cellulose kann nach oraler Applikation zum Teil persorbiert und im Blut nachgewiesen werden, soll aber ohne Einflußnahme auf den Stoffwechsel sein.

In Zukunft könnte eine weitere Cellulosequelle technische Bedeutung erlangen. Einige gram-negative Bakterien wie Acetobacter xylinum oder Acetobacter aceti sind in der Lage, Cellulose zu produzieren. Acetobacter xylinum synthetisiert Cellulose in sogenannten "terminalen Komplexen", die in der Bakterienmembran verankert und linear entlang der Längsachse der stäbchenförmigen Bakterien angeordnet sind. Die Cellulose wird in Form hoch kristalliner Mikrofibrillen der Cellulose-I-Modifikation ins Nährmedium hineingesponnen. Da die Bakterien kein Lignin und keine Hemicellulosen produzieren und weil bedingt durch Zellteilungen der Bakterien ein Cellulose-Netzwerk entsteht, kann die Cellulose mit einfachen Mitteln gewonnen werden und bedarf keiner aufwendiger Prozessschritte zur weiteren Reinigung. Die ungetrocknete Acetobacter-Cellulose hat ein ausgesprochen hohes Wasser-Bindevermögen, das bis zum 700-fachen des Cellulose-Trockengewichts ausmachen kann. Schon die native Cellulose und erst recht hitze- und druckbehandelte Membranen weisen eine hervorragende Reißfestigkeit auf. Entsprechende bakterielle Cellulose-Membranen sind hochelastisch und kehren selbst nach starker Druckbelastung wieder in ihren Ausgangszustand zurück. Aufgrund dieser besonderen physikalischen Eigenschaften wurde Acetobacter-Cellulose zur Herstellung von HiFi-Lautsprechermembranen, von Mikro- oder Ultra-filtrationsmembranen und von reißfesten Spezialpapieren eingesetzt. Ebenso sind Entwicklungen in der Verwendung bakterieller Cellulose auf dem Gebiet von Wundversorgungs-Produkten und von Membranen für die Hämodialyse im Gange. Der momentan noch hohe Preis für die biotechnologisch gewonnene bakterielle Cellulose wird ihren Einsatz zunächst auf Spezialanwendungen beschränken, bei denen die speziellen physikalischen Charakteristica bzw. die hohe Reinheit der Cellulose gefragt sind.

3 Cellulose-Lösungen

Es gibt eine Reihe von Möglichkeiten, Cellulose durch Bildung von Metall-Komplexen in Lösung zu bringen, wobei hier nur kurz auf einige bedeutende eingegangen werden soll. Ammoniakalische Lösungen von Kupferhydroxid (Kupfer(II)-Tetramin-Hydroxid, $Cu(NH_3)_4(OH)_2$, Schweizers Reagens) ergeben mit bis zu 10 % Cellulose violette, viskose Cuoxam-Lösungen. Im Cuoxam-Verfahren wird durch Koagulation in Alkali und anschließende Zersetzung in Säure eine Regenerat-Cellulose in Faser- oder Folienform gewonnen (Kupfer-Seide oder -Zellglas). Auf diese Weise werden Dialyse-Folien und -Hollow-Fibres (Membran-Hohlfäden) zur Produktion von Dialyse-Schläuchen und -Apparaten auch für die Hämodialyse gewonnen. Zwei weitere Cellulose-Metallkomplexe werden eher nur zu Viskositäts-Messungen von Cellulosen eingesetzt. Cellulose wird hierzu in Kupfer-Ethylendiamin-Hydroxid (Cuen, $(Cu(en)_2(OH)_2)$ oder in Cadmium-Ethylendiamin-Hydroxid (Cadoxen, $Cd(en)_3(OH)_2$) gelöst.

4 Cellulose-Derivate

Die drei funktionellen Hydroxylgruppen der Glucoseeinheiten in der Cellulose sind chemischen Reaktionen zugänglich. Da Cellulose in gebräuchlichen Lösungsmitteln unlöslich ist, laufen Derivatisierungsreaktion zunächst meist in heterogenen Systemen ab. Erst bei fortschreitender Derivatisierung kann sich die Löslichkeit der Cellulosederivate verbessern, so daß schließlich gegen Ende einer Derivatisierung eine Reaktion in homogener Phase stattfindet. Neben sterischer Hinderung der drei OH-Gruppen und ihrer unterschiedlichen Reaktivität erklärt dies die meist nicht statistische Verteilung von Substituenten in Cellulosederivaten. Wie schon erwähnt, gibt der durchschnittliche Substitutionsgrad = DS die statistische Zahl der pro Glucoseeinheit umgesetzten OH-Gruppen an und kann zwischen 0 und maximal 3 liegen. Können die Substituenten ihrerseits substituiert werden, so wird der molare Substitutionsgrad = MS als zusätzliche Kenngröße eingeführt. Der MS-Wert gibt an, wie viele Substituenten insgesamt an einer Glucoseeinheit lokalisiert sind. Weder MS- noch DS-Werte lassen Aussagen über die genaue Lokalisation von Substituenten innerhalb der Polymereinheiten und entlang der Polymerkette zu. Die Verteilung von Substituenten hat jedoch einen Einfluß auf die Löslichkeit, die Rheologie und die Stabilität von Cellulosederivaten. Die technisch bedeutsamsten Cellulosederivate, die aus Baumwoll-Linters oder Chemie-Zellstoffen (Dissolving pulps) hergestellt werden, sind Ester und Ether.

4.A Cellulose-Ester

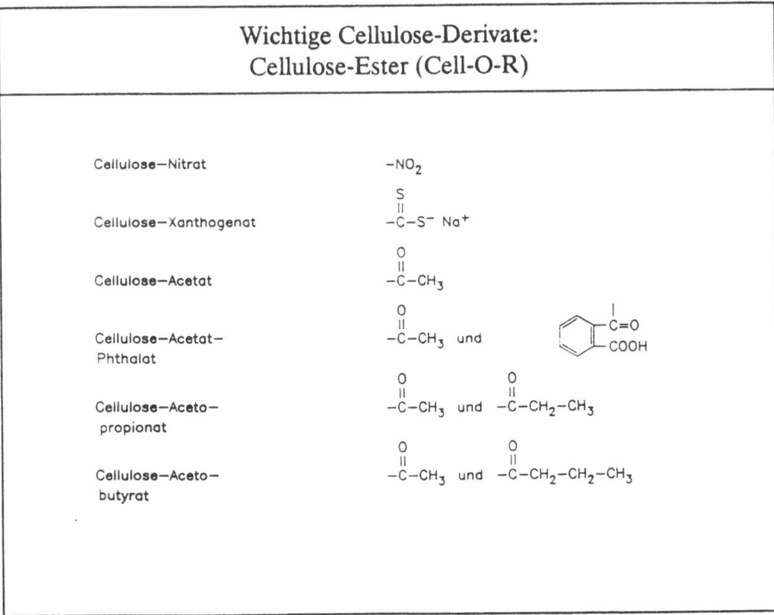

4.A.1 Anorganische Cellulose-Ester

Bei der Veresterung von Cellulose mit anorganischen Säuren wird angenommen, daß zunächst die Bildung eines Oxonium-Ions der Cellulose stattfindet, das dann in einer nucleophilen Substitution verestert wird. Durch Bindung des Reaktionswassers kann die Rückreaktion unterdrückt werden. Die OH-Gruppe am C-6 ist dabei am reaktionsfähigsten, während die OH-Gruppen an C-2 und C-3 wesentlich langsamer umgesetzt werden.

Durch Nitrierung in einem Gemisch aus Salpeter- und Schwefelsäure wurde der Salpetersäureester Cellulosenitrat (CN, fälschlich "Nitrocellulose") als ältestes Cellulosederivat (1845) erhalten. Nach wie vor wird die industrielle Produktion meist in Mischungen von HNO_3, H_2SO_4 und H_2O durchgeführt, wobei der Wassergehalt im Reaktionsgemisch den DS und damit das Lösungsverhalten des Produkts entscheidend mitkontrolliert.

Cellulosenitrat fand militärische Verwendung als Ersatzstoff für Schwarzpulver. Die Entdeckung der Verknetbarkeit mit Campher in alkoholischer Lösung (1870) führte zur Entwicklung des Celluloids[R] als erstem Kunststoff. Celluloid[R] ist heute weitgehend von synthetischen Kunststoffen verdrängt (z.B. Filmindustrie), hat aber in der Produktion bestimmter Artikel (z.B. Toilettenartikel, Brillengestelle, Billardkugeln, Tischtennisbälle) bis heute seine Bedeutung beibehalten.

Hochnitriertes Cellulosenitrat (DS > 2.3) wird nach wie vor als Explosivstoff genutzt. Mittelnitrierte Collodium und Lackwolle (DS = 1.8-2.3) wird überwiegend in der Lack- und Farbindustrie (Nitrolacke) verarbeitet. Hier spielen die Löslichkeit in organischen Lösungsmittelsystemen, die gut einstellbare Viskosität dieser Lösungen und das ausgezeichnete Filmbildungsvermögen eine wichtige Rolle. Bei im Handel befindlichem Cellulosenitrat ist Wasser meist durch Alkohole (bis 35% Isopropanol oder Butanol) verdrängt oder Cellulosenitrat ist mit Weichmachern (z.B. ca. 25% Dibutylphthalat) verknetet.

Von eher wissenschaftlichem Interesse ist die Darstellung von Cellulosenitrat in einem Reaktionsgemisch aus Salpetersäure, Phosphorsäure und Phosphorpentoxid. Zum einen kann hier die Derivatisierung ohne Kettenabbau (d.h. polymeranalog) erfolgen, und zum anderen werden DS-Werte von nahezu 3 erreicht. Die vollständige Löslichkeit der so gewonnen Cellulose-Trinitrate in organischen Lösungsmitteln (z.B. Aceton) erlaubt genaue Viskositätsmessungen, aus denen über den Staudingerindex das Molekulargewicht einer Celluloseprobe ermittelt werden kann.

Wie schon erwähnt, stellt Cellulose-Xanthogenat ein Zwischenprodukt bei der Herstellung regenerierter Cellulose dar (Zellglas als Verpackungsfolie, Zellwolle, Reyon, Kunstseide). Es entsteht in einem Dreiphasensystem aus fester Cellulose, wässrigem Alkali und gasförmigem CS_2 und kann als Ester der (nicht existenten) Thiol-thion-Kohlensäure aufgefaßt werden. Das Cellulosexanthogenat löst sich in verdünntem Alkali (Viskose); im schwefelsauren, salzhaltigen Spinnbad findet nach Neutralisation des Alkali Verseifung und damit Ausfällung der Cellulose statt.

Andere anorganische Celluloseester wie Cellulosesulfat, Cellulosephosphat, Cellulosenitrit u.a. haben keine große Marktbedeutung erlangt.

4.A.2 Organische Cellulose-Ester

Zur Veresterung mit organischen Säuren werden überwiegend die Säuren selbst oder ihre Anhydride und Säurechloride eingesetzt. Aus sterischen Gründen kommen meist aliphatische und einfache aromatische Carbonsäuren zum Einsatz. Die Veresterung verläuft zunächst als nucleophile Addition, die durch saure Katalyse beschleunigt wird. Die Reaktion ist von einer DP-Abnahme der Cellulose begleitet. Reaktionswasser muß zur Vermeidung einer Rückreaktion gebunden werden. Zum Teil erfolgt die Darstellung durch Umesterung. Der DS, der DP und die Natur der Acylreste bestimmen die physikalisch-chemischen Eigenschaften der Derivate.

Durch Umsetzung von Cellulose mit Acetanhydrid und Schwefelsäure als Katalysator erhält man das technisch wohl bedeutendste Celluloseacetat (CA). Im Eisessig-Verfahren wird Eisessig, im Methylenchlorid-Verfahren Methylenchlorid als Lösemittel für die Acetylierung in homogenen Systemen eingesetzt. Die erhaltenen Triester werden meist partiell zu Sekundär-Acetaten verseift. Daneben existieren Verfahren zur Produktion von Faseracetaten unter Erhalt der Faserstruktur des Cellulosederivats, wobei die Acetylierung in heterogenen Systemen unter Zugabe von Nichtlösern für das Triacetat (Benzol, Toluol oder Tetrachlorkohlenstoff) stattfindet.

Die Löslichkeit der Celluloseacetate hängt vom DS ab und liegt zwischen Wasser bei niedrigem Substitutionsgrad (DS = 0.6-0.9) und Chloroform oder Dichlormethan bei starker Veresterung (DS = 2.8-3.0). Triacetate (DS = 2.8-3) werden als plastische Massen und zur Herstellung von Fasern und Elektroisolierfolien eingesetzt. Celluloseacetate mit DS-Werten von 2.2-2.7 können ebenfalls zu thermoplastischen Massen und zu Textilfasern (Kunstseide, Acetatseide, Acetat-Reyon) und Photofilmen (geringe Entflammbarkeit) verarbeitet werden. Für die Herstellung von Zigarettenfiltern und in der Lackindustrie kommen Celluloseacetate mit einem DS von 1.2-1.8 zur Anwendung, wobei Lacke auf dieser Basis unempfindlich gegen Öle und Fette sind und sich durch Lichtechtheit auszeichnen.

Ein pharmazeutisch interessanter Mischester ist das Celluloseacetatphthalat (CAP, Cellulosi acetas phthalas, DAB9), das 30-40% Phthalylgruppen, 17-26% Acetylgruppen und etwa 6% freie Carboxylgruppen enthält. Zur Herstellung wird von partiell hydrolysiertem Cellulose-Triacetat ausgegangen, das mit Phthalsäureanhydrid in Gegenwart tertiärer organischer Basen wie z.B. Pyridin umgesetzt wird. Die Mischungsverhältnisse werden so gewählt, daß schließlich ca. die Hälfte der OH-Gruppen mit Essigsäure und ca. ein Viertel mit Phthalsäure verestert sind.

CAP ist unlöslich in Wasser, Alkohol und vielen Kohlenwasserstoffen, dagegen löslich in einigen Ketonen, Estern, Aetheralkoholen und Gemischen von Alkoholen und chlorierten Kohlenwasserstoffen. Aufgrund der freien Carboxylgruppen wird CAP in Pufferlösungen bei pH-Werten > 6.0 löslich. Diese Eigenschaft wird genutzt, um magensaftresistente CAP-Überzüge bei der Produktion von Tabletten, Drageekernen, Kapseln und Granulaten meist im Sprühverfahren herzustellen. Als Weichmacher der organischen CAP-Lösungen können z.B. Dibutylphthalat, Triacetin, Rizinusöl oder Wachse in Konzentrationen von 5-30% eingesetzt werden.

Reine Propionsäure- und Buttersäureester der Cellulose spielen aufgrund der Schwierigkeiten der großtechnischen Darstellung keine bedeutende Rolle. Dagegen haben Mischester wie Cellulose-Acetopropionate (CAP) und Cellulose-Acetobutyrate (CAB) großtechnische Bedeutung erlangt. Sie werden in Veresterungsgemischen aus Acetanhydrid (ES) und Propionsäure- (PS) oder Buttersäureanhydrid (BS) in Gegenwart von Katalysatoren (H_2SO_4, $HClO_4$, $ZnCl_2$) hergestellt, wobei das Mischungsverhältnis der Anhydride den Substitutionsgrad mit den Acylresten steuert. Bei Acetopropionaten liegt der DS für ES bei 0.3 und für PS bei 2.3. Je nach Viskositätsgrad werden sie als thermoplastische Massen (hochviskos), zur Film- und Folienproduktion (mittelviskos) oder in der Lackherstellung (niederviskos) eingesetzt. Bei den Acetobutyraten reicht das Spektrum von DS-Werten für ES von 0.2 bis 2.5 und dasjenige für BS von 2.3 bis 0.6, wodurch Produkteigenschaften wie Löslichkeit, Schmelzpunkt, Dichte, Stabilität, Lichtdurchlässigkeit und Weichmacherverträglichkeit gesteuert werden können. Die verschiedenen Typen werden in der Lackindustrie (z.B. Isolier- und Papierlacke), zur Herstellung von Folien und Filmen und als thermoplastische Massen verwendet. Es existiert eine Vielzahl von Produkten z.B. in den Bereichen Autoindustrie (Armaturen, Lenkräder), Haushaltsgerätefertigung (Gehäuse), Werkzeugfertigung (Griffe), Elektroindustrie (Telefongehäuse, Beleuchtungstechnik), Photo- und Optikindustrie (Brillengestelle), Medizintechnik, Kosmetikindustrie und Spielzeugfertigung.

Von eher wissenschaftlichem Interesse ist Cellulosetricarbanilat, das durch Reaktion von Cellulose mit Phenylisocyanat in Pyridin oder mit Dimethylformamid und Triethylendiamin als Katalysator erhalten wird. Cellulosetricarbanilat, das in vielen organischen Lösungsmitteln gut löslich ist, wird zur DP-Bestimmung von Cellulosen eingesetzt.

4 B Cellulose-Ether

Celluloseether werden meist in einem mehrstufigen Prozess hergestellt. Zunächst wird Cellulose mit wässriger NaOH zu Alkalicellulose aktiviert (Mercerisierung), dann die Alkylierung meist unter Druck bei erhöhter Temperatur durchgeführt und abschließend nach Abtrennung von Salz- und Nebenprodukten das getrocknete Cellulosederivat gemahlen und abgesiebt. Bei der Alkalisierung findet ein Kettenabbau statt, der zur kontrollierten Viskositätseinstellung genutzt wird. Mischether werden durch gleichzeitige oder stufenweise Umsetzng mit den Reaktanden hergestellt. Das Molverhältnis der Reaktanden zur Cellulose bestimmt den DS.

Unter Alkaliverbrauch verläuft die Umsetzung von Alkalicellulose mit Alkylhalogeniden (Substitutionsreaktion). Auf diese Weise werden z.B. Methyl- (MC), Ethyl- (EC), Propyl- (PC) und Carboxymethylcellulose (CMC) hergestellt.

Ohne Alkaliverbrauch verläuft die Alkoxylierung mit Epoxiden (Additionsreaktion), die zur Produktion von Hydroxyethyl- (HEC), Hydroxypropyl- (HPC) und Hydroxybutylcellulose (HBC) genutzt wird. Ebenfalls ohne Alkaliverbrauch erfolgt die Darstellung von Vinylverbindungen; so z.B. die Umsetzung mit Acrylnitril zu Cyanoethylcellulose, die zu Carboxyethylcellulose (CEC) verseift.

Celluloseether können in ionogene (z.B. CMC) und nichtionogene Typen unterteilt werden, wobei Mischether derjenigen Gruppe zugeordnet werden, deren Charakter überwiegt. Die nichtionogenen Celluloseether werden nach ihrem Löslichkeitsverhalten weiter unterteilt in kaltwasser- (z.B. MC, HPC), kalt- und heißwasser- (z.B. HEC) sowie organolösliche (z.B. EC) Typen (mit fließenden Übergängen).

Wichtige Cellulose-Derivate:
Cellulose-Ether (Cell-O-R)

Carboxymethyl–Cellulose	$-CH_2-COO^-\ Na^+$
Methyl–Cellulose	$-CH_3$
Ethyl–Cellulose	$-CH_2-CH_3$
Methylhydroxyethyl–Cellulose	$-CH_3$ und $-CH_2-CH_2(OH)$
Methylhydroxypropyl–Cellulose	$-CH_3$ und $-CH_2-\overset{\overset{\textstyle OH}{\textstyle \mid}}{C}H-CH_3$
Methylhydroxypropyl–Cellulose–Phthalat	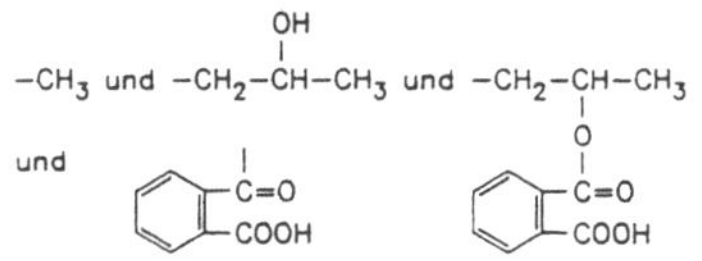 $-CH_3$ und $-CH_2-\overset{\overset{\textstyle OH}{\textstyle \mid}}{C}H-CH_3$ und $-CH_2-\overset{\overset{\textstyle \mid}{\textstyle }}{C}H-CH_3$ (mit O, $C{=}O$, $COOH$ Phthalat-Gruppen)
Hydroxyethyl–Cellulose	$-CH_2-CH_2(OH)$ und $-CH_2-CH_2-O-CH_2-CH_2(OH)$
Hydroxypropyl–Cellulose	$-CH_2-\overset{\overset{\textstyle OH}{\textstyle \mid}}{C}H-CH_3$ und $-CH_2-\overset{\overset{\textstyle O}{\textstyle \mid}}{C}H-CH_3$ (mit $CH_2-CH-CH_3$)

4 B.1 Carboxymethyl-Cellulose (CMC)

Carboxymethyl-Cellulose (CMC) wird durch Reaktion von alkalisierter Cellulose mit Monochloressigsäure oder Natriummonochloracetat (zum Teil in inerten Lösungsmitteln wie Isopropanol) erhalten. Die OH-Gruppe am C-6 weist die höchste Reaktivität auf, was sich auf die Substituentenverteilung in partiell substituierten Produkten auswirkt. Technische CMC enthält noch größere Mengen an Salzen (bis 35%), die für die Produktion hochreiner CMC für den Einsatz im Lebensmittel- und Pharmaziebereich entfernt werden müssen. Es werden meist DS-Werte von 0.5-1.2 angestrebt. Natrium-CMC (Carboxymethylcellulosum natricum, DAB9) mit 6-11% Na ist kalt- und heißwasserlöslich, dagegen unlöslich in organischen Lösungsmitteln. Wässrige Lösungen zeigen ein pseudoplastisches Fließverhalten. CMC-Zusätze zu Suspensionen, Emulsionen und hydrophilen Pasten verbessern deren Stabilität durch Viskositätserhöhung. Beim Trocknen dünner CMC-Schichten entstehen folienartige Xerogele, deren Flexibilität durch Weichmacher (Glycerol) verbessert werden kann (Carboxymethylcellulosi mucilago, DAB9). CMC kann bei der Tablettierung und

Kapselabfüllung als Binde- und Sprengmittel verwendet werden. CMC gilt bei lokaler und oraler Applikation als physiologisch unbedenklich. Daher wird CMC auch in der Lebensmittelbranche als direkter Zusatz verwendet, wobei CMC aufgrund seiner Eigenschaften als Bindemittel, Verdickungsmittel, Emulgator und Stabilisator z.B. in der Speiseeis-, Joghurt-, Backwaren- und Getränkeindustrie genutzt wird. Als Schutzkolloid und Stabilisierungsmittel (Tragstoff) findet CMC in Bohrspülwässern (Erdölindustrie) breiten Einsatz.

4.B.2 Alkyl-Cellulosen und deren Mischether

Zur Herstellung von Methylcellulose (MC) wird alkalisierte Cellulose mit gasförmigem Methylchlorid bei 70-90°C unter Druck umgesetzt, mit heißem Wasser gereinigt, getrocknet, vermahlen und gesiebt. Der DS handelsüblicher MC-Typen liegt zwischen 1.2 und 2; bevorzugt findet Methylierung an der acidesten OH-Gruppe am C2 statt. In entsprechender Weise wird Ethylcellulose (EC) durch Einwirkung von Ethylchlorid auf Alkalicellulose hergestellt (DS = 2-3). Für die Produktion der Mischether Methylhydroxyethyl-Cellulose (MHEC) und Methylhydroxypropyl-Cellulose (MHPC) wird die Alkalicellulose vor der Methylierung zusätzlich mit Ethylenoxid oder Propylenoxid behandelt. Der DS für die Alkyloxide wird zwar gering gehalten (DS = 0.1-0.5), aber er beeinflußt die physikalischen Eigenschaften der Produkte stark. Reine Ethyl- oder Propylcellulosen haben keine große wirtschaftliche Bedeutung. Die Cellulosederivate sind (mit Ausnahme der EC, die je nach DS in Alkohol bis Methylenchlorid löslich ist) in kaltem Wasser mehr oder weniger gut löslich; höher substituierte Typen lassen sich auch in Wasser-Alkohol- oder Wasser-Alkohol-Kohlenwasserstoff- Mischungen lösen.

MC-Lösungen zeigen ein pseudoplastisches Viskositätsverhalten und neigen aufgrund der Herabsetzung der Oberflächenspannung zum Schäumen. MC wird als Dispergier-, Stabilisierungs- und Verdickungsmittel bei der Herstellung von Suspensionen, Emulsionen, Lotionen und Salben in der pharmazeutischen und Kosmetik-Industrie verwendet (Methylcellulosum, DAB9). Die viskositätserhöhenden Eigenschaften werden auch für die Herstellung von Augentropfen genutzt. Bei der Granulierung, Tablettierung und Kapselabfüllung kann MC als Trägerstoff, Bindemittel und Filmbildner dienen. Die filmbildenden Eigenschaften nützt man auch zur Herstellung von Sprays und Salben zur Behandlung von Verbrennungen. MC kann als mildes Quellungs-Laxans eingesetzt werden, da sie nicht resorbiert wird.

EC kann als Bindemittel bei der Granulierung verwendet werden und verzögert dann in manchen Fällen die Wirkstofffreigabe aus Tabletten. EC-Filme bei der Mikroverkapselung verursachen ebenfalls Retardierungseffekte. EC-Filme können auch zum Oxidationsschutz (Ascorbinsäure) eingesetzt werden. EC-Lacküberzüge sind wasserunlöslich und werden daher meist mit MHPC versetzt. Daneben wird EC in flüssigen oder halbflüssigen Arzneiformen als Verdickungsmittel eingesetzt.

MHEC (Methylhydroxyethylcellulosum, DAB9) und MHPC (Methylhydroxy-propylcellulosum, DAB9) werden auf pharmazeutischem Gebiet und in der Kosmetikindustrie aufgrund der viskositätserhöhenden Eigenschaften im wesentlichen wie MC eingesetzt. Daneben haben alle drei Cellulosederivate viele andere Einsatzbereiche gefunden. In der Nahrungsmittelindustrie werden sie als Verdicker (Cremes, Puddings), Emulgator (Mayonaisen, Dressings) und Stabilisatoren (Eiscremes, Getränke) eingesetzt. Bei der Herstellung von Gipsen, Mörteln, Spachteln und Klebern (MC als Tapetenkleister) im Baustoffgewerbe kommt das Wasserrückhaltevermögen, die Verbesserung der Haftung sowie die viskositätserhöhenden und stabilisierenden Eigenschaften der Cellulosederivate zum tragen. Sie spielen auch als Kleber in der Zigarettennahtleimung, als Verdicker von Druckfarben, als Viskositätserhöher und Pigment-Stabilisatoren von Anstrichfarben, als Verbesserer der Reinigungskraft von Waschmitteln und in vielen weiteren Anwendungsbereichen eine wichtige Rolle.

Methylhydroxypropylcellulosephthalat (MHPCP) wird durch nachträgliche Veresterung von MHPC mit Phthalsäureanhydrid hergestellt, wobei ein Phthalylgehalt von 20-35% angestrebt wird. Die Zweitsubstitution mit den Phthalylgruppen kann außer an den noch freien OH-Gruppen der Glucose auch an den OH-Gruppen der Hydroxypropyl-Reste erfolgen. MHPCP ist in Wasser, wässrigen Säuren und vielen organischen Lösungsmitteln unlöslich, während es in wässrigen Laugen und Pufferlösungen mit einem pH > 5-5.5 in Lösung geht. Daneben kann MHPCP in Aceton-Aethanol-, Aceton- Methanol- oder Methylenchlorid-Alkohol-Gemischen gelöst werden. Das Cellulosederivat (Methylhydroxypropylcellulosi phthalas, DAB9) wird als magensaftresistenter Lacküberzug bei der Tabletten- oder Granulat-Herstellung verwendet. Der Vorteil gegenüber CAP besteht darin, daß auf einen Weichmacherzusatz verzichtet werden kann (Eigenplastizität) und daß die Löslichkeit bei niedrigeren pH-Werten einsetzt.

4.B.3 Hydroxyalkyl-Cellulosen

Zur Herstellung von Hydroxyethylcellulose (HEC) kann Alakalicellulose in inerten Lösungsmitteln (Butanol, Aceton) bei ca. 50°C mit Ethylenoxid umgesetzt werden. Die Substitution erfolgt bevorzugt an der OH-Gruppe am C-6. Sobald aber Ethoxylgruppen an der Cellulose gebunden sind, können deren OH-Gruppen mit noch höherer Reaktivität ebenfalls verethert werden, so daß auch kurze Polyethylenglycol-Seitenketten aus 2-5 Ethylenoxideinheiten entstehen. Es entstehen Produkte mit MS-Werten von 1-2.5 bei DS- Werten von nur 0.5-1. HEC ist relativ unlöslich in organischen Lösungsmitteln, geht dagegen in kaltem und heißem Wasser gut in Lösung. Es werden die unterschiedlichsten HEC-Typen mit stark variierendem DP von ca. 150-1500 und damit sehr verschiedener Viskosität in den Handel gebracht.

Die Darstellung von Hydroxypropylcellulose (HPC) erfolgt in ähnlicher Weise mit Propylenoxid, erfordert aber höhere Temperaturen und Druck. Wie bei HEC können die neu geschaffenen OH-Gruppen des Substituenten ebenfalls als reaktive Zentren dienen. Die sekundären OH-Gruppen der Glucosebausteine werden aber besser als bei HEC umgesetzt. Es können Produkte mit einem DS von bis zu 3 und einem MS von bis zu 4 mit einem DP zwischen 200 und 3000 hergestellt werden. HPC ist nur in kaltem Wasser und in vielen polaren organischen Lösungsmitteln (Alkoholen), Wachsen und Ölen löslich. Das Ausflocken in heißem Wasser kann zur Reinigung genutzt werden.

Die nichtionogenen Hydroxyalkylcellulosen bilden pseudoplastische Lösungen, deren Viskosität mit der Scherkraft abnimmt. Die Viskosität der Lösungen wird durch pH-Änderungen nur schwach beeinflußt, und Hydroxyalkyllösungen weisen eine gute Salzverträglichkeit auf. HEC weist schwache, HPC stärkere Oberflächenaktivität (Emulgator) auf. Sie lassen sich auch gut zur Filmbildung einsetzen, ohne daß ein Weichmacherzusatz erforderlich ist (Hydroxyethylcellulosi mucilago, DAB9). Sie werden als Verdickungsmittel, Schutzkolloide, Bindemittel, Stabilisatoren und Suspensionsmittel eingesetzt. HEC und HPC sind auch die Ausgangsprodukte zur Produktion von Mischethern wie MHEC oder MHPC.

HEC (Hydroxyethylcellulosum, DAB9) wird zur Herstellung von Lösungen, Suspensionen und Emulsionen und Hydrokolloidgelen sowie als Bindemittel für Granulate und Drageeüberzugsmassen eingesetzt. HEC findet auch Einsatz in der Dispersionsfarben-Herstellung (Wasserretention, Pigmentstabilisierung, Viskositäts-einstellung), in Herbizid-Formulierungen (Haftmittel, Verdicker), in der Keramik-produktion (Bindemittel, Trocknungsregulation), in der Polymersiationschemie (Schutzkolloid), in der Tabakindustrie (Filmbildung), in der Textil und Papier-industrie (Druckfarben), in der Erdölindustrie (Viskositätseinstellung von Bohr-schlämmen bei guter Salzverträglichkeit) sowie in der Waschmittel- (Füllmittel) und Kosmetik-Industrie (Binde- und Verdickungsmittel für Shampoos, Haarsprays, Cremes und Lotionen).

HPC (Hydroxypropylcellulosum, DAB9) wird in der pharmazeutischen Technologie als Stabilisator von Emulsionen und Suspensionen, als Verdicker für adhäsive Gele, als Bindemittel bei der Granulierung, als Filmbildner bei der Dragierung und in der Mikroverkapselung eingesetzt. Aufgrund der thermoplastischen Eigenschaften eignet sich HPC zur Kapselproduktion im Spritzgußverfahren. Als Lebensmittelzusatzstoff wird HPC als Stabilisator, Bindemittel und Filmbildner (Süßwarenproduktion, Fertignahrungsmittel) sowie in kalorienreduzierten Diätetika eingesetzt. In der kosmetischen Industrie werden die oberflächenaktiven und stabilisierenden Eigenschaften zur Herstellung von Emulsion, Cremes, Lotionen, Haarpflegemitteln (Shampoos, Aerosole) und Parfümen genutzt. Keramische Artikel (aus Glas- oder Metallpulvern) werden unter Zusatz von HPC als Bindemittel produziert, da das Cellulosederivat bei höheren Temperaturen ($> 500\,^{\circ}C$) nahezu rückstandsfrei verbrennt. HPC kann als Modelliermasse Plastikschäume bilden, als Filmbildner in der Papier- und Textilindustrie eingesetzt werden, als Schutzkolloid z.B. bei der Polyvinylchorid-Polymerisation dienen und in Druckfarben, Reinigungsmitteln und Polituren zugesetzt sein.

5 Ausblick

Es würde den Rahmen dieser Übersicht sprengen, sämtliche Anwendungsbereiche für Cellulosen und Cellulosederivate (z.B. auf dem Gebiet der Chromatographie) und insbesondere die Anstrengungen zur Entwicklung verbesserter und neuer Verfahrenstechniken in der Cellulosechemie zu besprechen. Wichtige Aspekte sind hier die Bemühungen, die mit der Cellulosechemie verbundenen Abwasserprobleme besser zu beherrschen, neue Cellulosequellen wirtschaftlich nutzbar zu machen,

Prozesse der Derivatisierung durch Verwendung homogener Reaktions-Systeme zu optimieren, neue Derivate wie z.B. Pfropfcopolymere von Cellulose und synthetischen Polymeren zu entwickeln oder Cellulose durch gezielten Abbau (Celluloseverzuckerung) und nachfolgende Glucoseverwertung als Chemierohstoff zu nutzen. Cellulose ist nicht nur für die Herstellung von Papier geeignet. Angesichts einer drohenden Erschöpfung der Erdölresourcen darf der Cellulose als ständig nachwachsendem Rohstoff mit Sicherheit auch in der Zukunft eine wichtige Rolle auch auf dem Polymersektor eingeräumt werden.

Mit freundlicher Nachdruckgenehmigung der VCH-Verlagsgesellschaft mbH, Weinheim, aus 'Pharmazie in unserer Zeit 2, 1990:73-81

6 Literatur

American Pharmaceutical Association and The Pharmaceutical Society of Great Britain (1986) Handbook of Pharmaceutical Excipients. American Pharmaceutical Association, Washington und The Pharmaceutical Society of Great Britain, London

Atalla RH (ed) (1987) The Structure of Cellulose. Am Chem Soc, Washington

Belitz H-D, Grosch W (1987) Lehrbuch der Lebensmittelchemie. Springer, Berlin

Biederbick V (1977) Kunsstoffe. Vogel, Würzburg

Bikales NM, Segal L (eds) (1971) Cellulose and Cellulose Derivatives. Wiley, New York

Blanshard JMV, Mitchell JR (1979) Polysaccharides in Food. Butterworth, London

Brown RM Jr (1982) Cellulose and other Natural Polymer Systems. Plenum Press, New York

Burchard W (ed) (1985) Polysaccharide: Eigenschaften und Nutzung. Springer, Berlin

Ciba-Geigy, Hoffman-La Roche, Sandoz: Arbeitsgruppe der Firmen (1974) Katalog pharmazeutischer Hilfsstoffe. Deutscher Apothekerverlag, Stuttgart

Cook GJ (1960) Handbook of Textile Fibres. Cowell, Ipswich

Fan LT, Gharpuray MM, Lee YH (1987) Cellulose Hydrolysis. Springer, Berlin

Fengel D, Wegener G (1984) Wood: Chemistry, Ultrastructure, Reactions. de Gruyter, Berlin

Franz G, Blaschek W (1990) Cellulose. In: Dey PM, Harborne JB (eds) Methods in Plant Biochemistry. Academic Press, London, pp 291-322

Furia F (ed) (Vol. I,1977; Vol. II, 1980) Handbook of Food Additives. CRC-Press, Cleveland

Glicksman M (ed) (1986) Food Hydrocolloids, Vol. III. CRC-Press, Boca Raton

Götze K (ed) (1967) Chemiefasern nach dem Viskoseverfahren, Vol. I u. II. Springer, Berlin

Hartke K, Mutschler E (eds) (1987) DAB 9. Wiss. Verlagsges., Stuttgart

Hon DN-S, Shiraishi N (eds) (1991) Wood and Cellulosic Chemistry. Dekker, New York

Inagahi H, Phillips GO (eds) (1989) Cellulosics Utilization: Research and Rewards in Cellulosics. Elsevier, London

Kennedy JF, Philips GO, Wedlock DJ, Williams PA (eds) (1985) Cellulose and its Derivatives: Chemistry, Biochemistry and Applications. Horwood, Chichester

Kennedy JF, Philips GO, Williams PA (eds) (1987) Wood and Cellulosics: Industrial Utilisation, Biotechnology, Structure and Properties. Wiley, New York

Kennedy JF, Phillips GO, Williams PA (eds) (1989) Cellulose: Structural and Functional Aspects. Horwood, Chichester

Kennedy JF, Phillips GO, Williams PA (eds) (1989) Wood Processing and Utilization. Harwood, Chichester

List PH (1985) Arzneiformenlehre. Wiss. Verlagsges., Stuttgart

Marchessault RH, Sundarajan PR (1983) Cellulose. In: Aspinall GO (ed) The Polysaccharides, Vol. 2. Academic Press, New York, pp 11-95

Nevell TP, Zeronian SH (eds) (1985) Cellulose: Chemistry and its Applications. Hoorwood, Chichester

Riedel E, Triebsch W (1988) Verbandstoff-Fibel: Herstellung, Beschaffenheit und Anwendung der Verbandstoffe. Wiss. Verlagsges., Stuttgart

Rowell RM, Raymond AY (1978) Modified Cellulosics. Academic Press, New York

Sanford PA, Baird J (1983) Industrial Utilization of Polysaccharides. In: Aspinall GO (ed) The Polysaccharides, Vol. 2. Academic Press, New York, pp 411-490

Schniewind A, Cahn RW, Bever MB (1989) Concise Encyclopedia of Wood and Wood-Based Materials. Pergamon Press, Oxford

Schrader K (1989) Grundlagen und Rezepturen der Kosmetika. Hüthig, Heidelberg

Schuerch C (ed) (1989) Cellulose and Wood: Chemistry and Technology. Wiley, New York

Tarchevsky IA, Marchenko GN (1991) Cellulose: Biosynthesis and Structure. Springer, Berlin

VCI-Symposium Düsseldorf (1984) Cellulose, Heft 24. Fonds der Chemischen Industrie, Frankfurt

Vieweg R, Becker E (eds) (1965) Kunststoff-Handbuch: Abgewandelte Naturstoffe, Vol. III. Hanser, München

Voigt R (1987) Lehrbuch der pharmazeutischen Technologie. VCH, Berlin

Young RA, Rowell RM (eds) (1986) Cellulose: Structure, Modification and Hydrolysis. Wiley, New York

8 Stärke

H. Koch und H. Röper

8.1 Vorkommen

Stärke ist das Speicherpolysaccharid der Pflanzen und stellt damit deren Energiereserve dar. Als Speicherorgane dienen dabei Samen (Mais, Weizen, Gerste, Roggen, Hafer, Reis und Sorghum), Knollen (Kartoffeln), Wurzeln (Tapioka, Maniok, Süßkartoffeln) und Früchte aller Art.

Wie bei allen pflanzlichen Polysacchariden erfolgt der Aufbau durch Photosynthese niedermolekularer Kohlenhydrate (Glucose) in den Chloroplasten (Amyloplasten). Die Polymerisation zu hochmolekularer Stärke geschieht mit Hilfe von Enzymen in den Leukoplasten; dabei werden für jede Pflanze charakteristische Körner abgelagert.

Die wichtigsten Rohstoffe für die industrielle Herstellung von Stärke in Europa sind Mais, Kartoffeln und Weizen. 1989 wurden in Westeuropa insgesamt 5,1 Millionen Tonnen Stärke hergestellt, wobei auf Maisstärke 59%, auf Kartoffelstärke 21% und auf Weizenstärke 20% entfielen.

Tabelle 1 gibt die Zusammensetzung von Mais, Weizen und Kartoffeln wieder.
Mais und Weizen werden nach der Ernte trocken gelagert und stehen so der Industrie ganzjährig zur Verfügung.

Im Gegensatz zu früheren Jahren wird heute der Mais nicht mehr aus den USA importiert sondern stammt weitgehend aus Europäischen Anbaugebieten (Frankreich, Italien, Griechenland, Jugoslawien).
Kartoffelstärke wird aus speziellen Industriekartoffeln mit hohem Stärkegehalt, die vorwiegend in Holland, Deutschland und Frankreich angebaut werden, gewonnen. Bedingt durch den hohen Wassergehalt der Knollen erfolgt die industrielle Herstellung weitgehend direkt in den Anbaugebieten während der Monate September bis Januar.
Reisstärke wird weitgehend aus Bruchreis, einem kostengünstigen Nebenprodukt der Reisaufarbeitung, gewonnen.

Tabelle 1. Durchschnittliche prozentuale Zusammensetzung von Mais, Weizen und Kartoffeln bezogen auf Trockensubstanz (TS)

	Mais	Weizen	Kartoffeln
Stärke (% TS)	71	66	77
Eiweiß (% TS)	9,5	11	8,5
Fasern (% TS)	2,7	2,5	2,5
Fett/Öl (% TS)	4,4	2	0,5
Asche (%TS)	1,4	1,8	4
Feuchte (%)	15,5	14,5	76,5

Restbestandteile : Hemicellulose, Pentosane, niedere Kohlenhydrate.

Weitere Angaben sind bei Rexen und Munck (1984) zu finden.

8.2 Industrielle Herstellung

Die Stärkekörner sind in mit den in Tabelle 1 aufgeführten anderen Substanzen vergesellschaftet. Sie unterscheiden sich von den anderen Bestandteilen im wesenlichen durch die Form (kleine Partikel mit 2-100 µm Durchmesser) und die Dichte (1,4 - 1,6 g/cm^3).

Diese Unterschiede werden in allen industriellen Herstellungsprozessen zur Abtrennung und Reinigung genutzt. Der Gesamtprozeß gliedert sich in folgende Stufen :

- Vermahlung : der Rohstoff wird zerkleinert um die Stärke aus den Pflanzenzellen freizusetzen.

- Entfernung der Fasern : die Zellwände und die Schalen stellen das Fasermaterial dar. Diese Fasern werden mit Sieben abgetrennt, wobei man den Größenunterschied zwischen den relativ großen Faserbestandteilen und den kleinen Stärkekörnern ausnutzt. Dabei wird im Gegenstromverfahren anhaftende Stärke ausgewaschen.

- Stärkereinigung : nach der Faserabtrennung verbleiben Stärkekörner, Eiweiß, Feinfasern und gelöstes Material. Die weitere Trennung wird aufgrund der Dichteunterschiede durchgeführt. Die Stärkekörner haben die größte Dichte und können daher mit Hilfe von Zentrifugen und/oder Hydrozyklonen separiert werden. Dies geschieht in wäßriger Aufschlämmung und ergibt am Ende mehrer Stufen reine Stärke.

Nur die Stärke wird in extrem hoher Reinheit gewonnen, die anderen Bestandteile sind jeweils nur angereichert. Dadurch ist die Voraussetzung für einen vollkommen geschlossenen Prozeß gegeben. Frischwasser wird allein für die Stärkewaschung angewendet, für alle anderen Schritte wird im Gegenstromverfahren Prozeßwasser verwendet.

Dies verdeutlicht, daß die Stärkeherstellung damit dem hohen ökologischen Anspruch an einen modernen Industrieprozeß entspricht.

Ausführlichere Angaben zur industriellen Stärkeherstellung sind bei Tegge (1982) zu entnehmen.

8.3 Struktur und Zusammensetzung [1]

Stärke besteht aus 2 Makromolekülen : Amylose und Amylopektin. Amylose ist aus linearen α-1,4-verknüpften Glucoseketten aufgebaut und hat Molekulargewichte von 150.000 bis 750.000 Daltons (vgl. auch Whistler, BeMiller und Paschall 1984).

Die linearen Anteile des Amylopektins sind viel kürzer als die der Amylose durch die zusätzlichen Seitenketten, die über α-1,6-Verzweigungen an die Hauptkette gebunden sind. Der Abstand zwischen 2 Verzweigungspunkten beträgt etwa 20 Glucoseeinheiten. Das Molekulargewicht des Amylopektins liegt mit 10^7 bis $2 \cdot 10^8$ Daltons im höchsten, für natürliche Polymere bekannten Molekulargewichtsbereich.

Im Gegensatz zur Cellulose, weisen Amylose und Amylopektin eine deutliche Wasserlöslichkeit auf. Der Lösevorgang erfordert jedoch die Zerstörung der kristallinen Struktur des Stärkekorns, was im allgemeinen als Verkleisterungsvorgang bezeichnet wird (siehe 8.4 Eigenschaften).
Aufgrund der α-1,4-Bindungen bildet die Amylose spiralförmige Strukturen aus, die als linksgängige oder rechtsgängige Helices vorkommen und stark gestreckt sind. Rao (1976) und French (1979) beschreiben die in Abbildung 1 dargestellten Helixstrukturen.

---

1 Wesentliche Teile dieses Unterkapitels wurden bereits veröffentlicht (1987).
   In : Farmaceutisch Tijdschrift voor België 4(64) : 327-340

Sechsgliedrige Helices sind energetisch deutlich begünstigt, und linksgängige Helices sind gegenüber rechtshängigen leicht bevorzugt (siehe Abb. 1A).

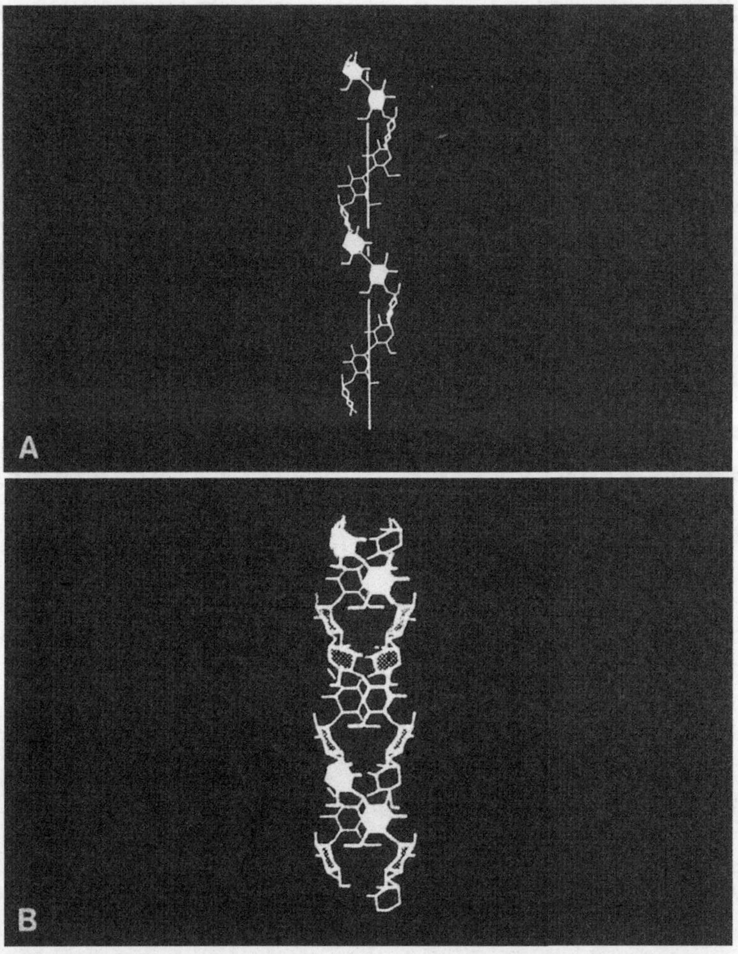

Abb. 1   A) linksgängige Einfachhelix von Amylose
B) linksgängige Doppelhelix von Amylose mit identischer Ganghöhe

Die Helices werden durch Wasserstoffbrückenbindungen zwischen den OH-Gruppen benachbarter Teile der Spirale und zwischen benachbarten Glucoseeinheiten stabilisiert. Im festen Zustand lagern sich bei der Stärke die Helices zu Doppelhelices, wie in Abb. 1B gezeigt, zusammen.

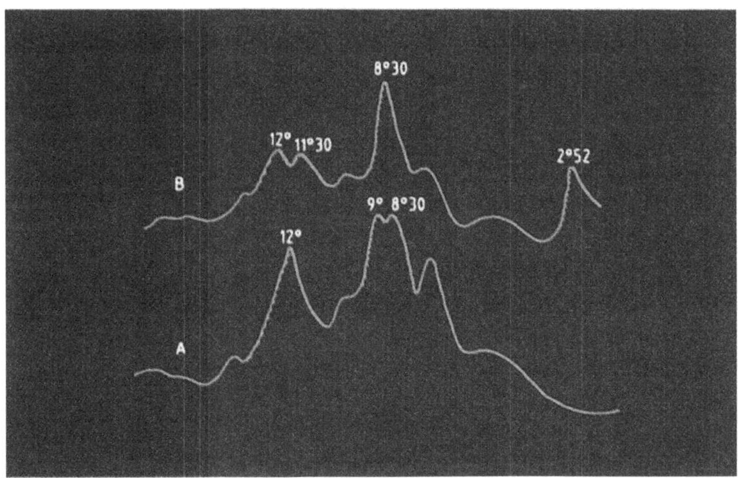

Abb. 2 Röntgenbeugungsdiagramme von A- und B-Stärken

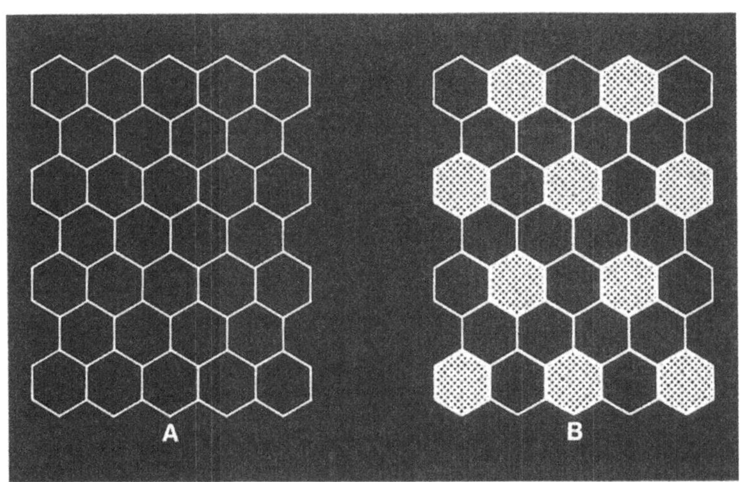

Abb. 3 Modellstrukturen von A- und B-Amylosekristalliten

Zusätzliche Wechselwirkung zwischen den Doppelhelices führt zu hexagonal gepackten Kristallen, die wie bei Sarko (1978) beschrieben in 2 Grundstrukturen vorkommen und mit A und B bezeichnet werden. Ein wesentlicher Unterschied besteht im Wassergehalt. Abbildung 2 beschreibt die für die beiden Typen A und B charakteristischen Röntgenbeugungsdiagramme.

Abbildung 3 gibt die von Cleven (1978) beschriebenen Modelle der A- und B-Strukturen von Amylosekristalliten wieder, wobei die schraffierten Sechsringe die wassergefüllten und die leeren Sechsringe die mit Amylosedoppelhelices gefüllten Hohlräume wiedergeben.
Die Doppelhelices nehmen für die B-Amylose eine Anordnung an, bei der der zentrale Hohlraum immer mit Wasser gefüllt ist.

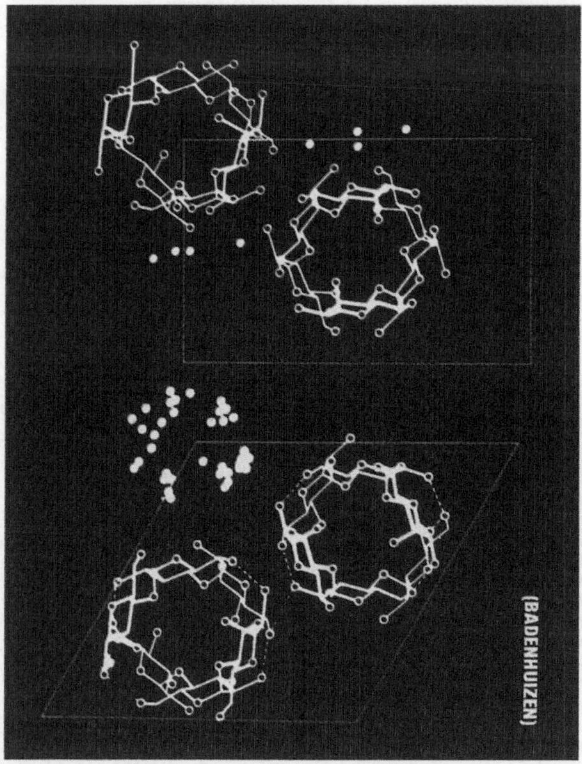

Abb. 4   oben : Einheitszelle von A-Amylose
unten : Einheitszelle von B-Amylose
Die schwarzen Punkte repräsentieren Wassermoleküle.

Das ausführlichere Modell ist von Badenhuizen (1959) beschrieben und in der Abbildung 4 dargestellt.

Wie beim vorigen vereinfachten Modell ist auch hier beim A-Typ der zentrale Hohlraum mit einer weiteren Doppelhelix gefüllt anstelle von Wasser. Die Kristalle vom A-Typ enthalten nur wenig Wassermoleküle zwischen den Helices. Getreidestärken wie Mais- oder Weizenstärke treten hauptsächlich als A-Typ auf, während Knollenstärken wie Kartoffel-stärke als B-Typ existieren. Der B-Typ mit seiner zentralen Anhäufung von Wasser hat eine höhere Gleichgewichtsfeuchte, verglichen mit dem A-Typ.
Durch Veränderung des Wassergehaltes kann eine Form in die andere überführt werden. So verliert der B-Typ beim Erhitzen Wasser unter gleichzeitiger Umordnung der Kristalle zum A-Typ. In Gegenwart von freiem Wasser kann beim Erwärmen aus dem A-Typ der B-Typ gebildet werden.

Es existiert eine dritte kristalline Form der Amylose, die V-Amylose, die in Gegenwart geeigneter Gastmoleküle ausgebildet wird. Sie stellt eine gestauchte Einfachhelix mit vergrößertem Durchmesser dar.

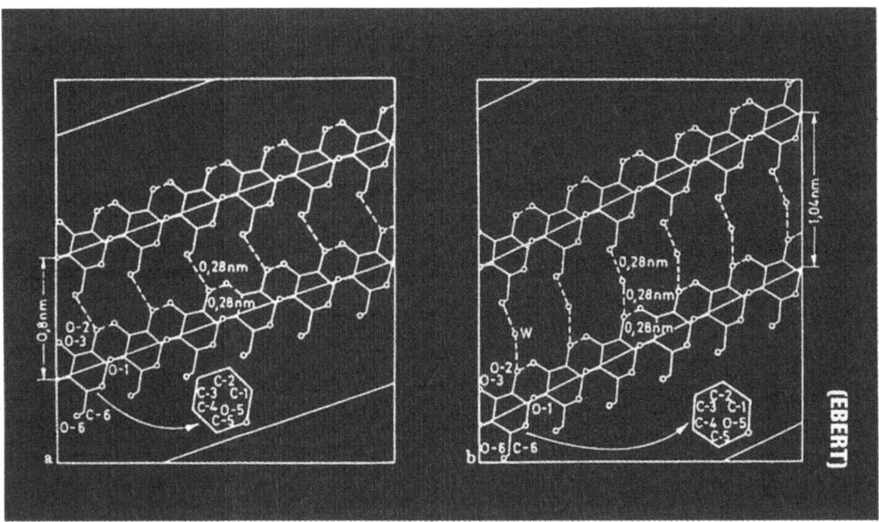

Abb. 5   links : V-Konformation von Amylosehelices
          rechts : B-Konformation von Amylosehelices
Wasserstoffbrückbindungen sind durch gestrichelte Linien gekennzeichnet

184

Abhängig vom Gastmolekül, kann der Durchmesser zwischen 13,7 und
16,2 Å betragen. Durch die Stauchung der Helix wird ein Hohlraum
gebildet mit einem hydrophilen Äußeren und einem hydrophoben
Inneren, geeignet zur Aufnahme hydrophober Gastmoleküle.

Ebert (1980) beschreibt an Hand der in Abbildung 5 wiedergegebenen
Modelle die unterschiedlichen Wasserstoffbrückenbindungen für die V-
bzw. B-Konformation der Amylosehelices.

Die V-Amylose repräsentiert bei derartigen Einschlußkomplexen eine
sechs-, sieben- oder achtgliedrige Helix mit einer Ganghöhe von 8 Å, die
zusätzlich durch Wasserstoffbrückenbindungen zwischen der OH-Gruppe
an C3 der einen Glucoseeinheit und einer OH-Gruppe an C6 eines anderen
Helixstranges stabilisiert wird (siehe Abb. 5). Dagegen ist bei der B-Konformation die Helix gestreckt und die Wasserstoffbrücken werden über
eingeschobene Wassermoleküle ausgebildet.

Abb. 6   Aufsicht Amylose/Iod Komplex

Es muß jedoch darauf hingewiesen werden, daß Gastmoleküle nicht einfach in existierende Helixkonfigurationen eintreten können, sondern daß erhebliche konformative Änderungen der Helices notwendig sind, um eine Komplexbildung zu ermöglichen. Der wohl bekannteste Amylosekomplex ist der tiefblaue Einschlußkomplex, den die Amylose in Gegenwart von Iod/Iodid ausbildet. Bei der Ausbildung dieses für die Stärkeanalytik wichtigen Komplexes werden lineare I_7^--Ionen im zentralen Hohlraum eingebettet. Abbildung 6 zeigt die Aufsicht auf den Amylose/Iod Komplex.

Abbildung 7 gibt die Seitenansicht des Amylose/Iod Komplexes wieder, wobei die Kette des Polyiodidions im Kalottenmodell deutlich sichtbar wird.

Abb. 7   Seitenansicht Amylose/Iod Komplex

Diese Reaktion wird zur Amylosebestimmung genutzt. Amylopektin hat durch die kürzeren inneren linearen Ketten nur eine geringe Fähigkeit, solche Komplexe auszubilden, was sich in der schwächeren rot-braunen Farbe des entsprechenden Komplexes verdeutlicht. Die Komplexe können spektrophotometrisch einfach unterschieden werden.

Amylose kann ähnliche Komplexe auch mit Fettsäuren ausbilden. Abbildung 8 gibt schematisch den Einschluß der hydrophoben Alkylkette einer Fettsäure im Inneren des Helixhohlraumes wieder.

Die hydrophile Carboxylgruppe ragt deutlich aus der Helix heraus. Nach Untersuchungen von Carlson (1979) sind derartige Komplexe auch mit nativen Stärken möglich. Sie haben üblicherweise eine geringere Wasserlöslichkeit als Amylose allein und können daher die Anwendungseigenschaften von Stärken erheblich beeinflussen.

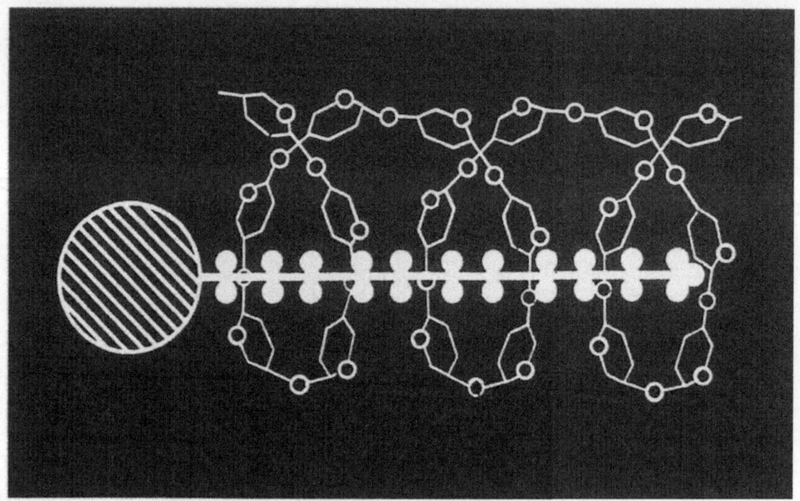

Abb. 8   Amylose/Fettsäure Einschlußkomplex

Die Komplexbildung von Amylose mit längerkettigen Alkoholen, z. Beispiel Butanol, kann für die Trennung von Amylose und Amylopektin genutzt werden.

Ein Sonderfall der Amylose sind die Cyclodextrine, ringförmige Produkte die quasi eine Helixwindung der Amylose repräsentieren. Diese Verbindungen nennt man je nach Ringgröße α-Cyclodextrin (6 Glucoseeinheiten), β-Cyclodextrin (7 Glucoseeinheiten) und γ-Cyclodextrin (8 Glucoseeinheiten. Sie können aus Stärke mit Hilfe von Enzymen hergestellt werden. Abbildung 9 zeigt das α- und β-Cyclodextrin sowie deren Geometrie.

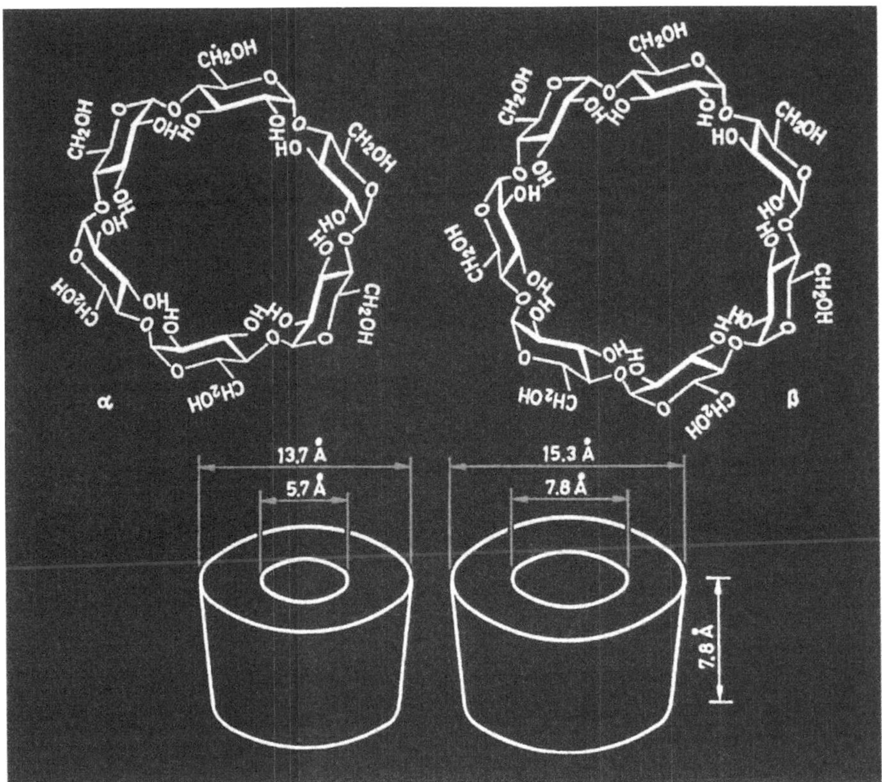

Abb. 9   links : α-Cyclodextrin
rechts : β-Cyclodextrin

Diese ringförmigen Verbindungen sind besonders geeignet für Einschlußkomplexe. Die Dimension des Hohlraumes spielt dabei eine besondere Rolle für die Aufnahme oder Nicht-Aufnahme von Gastmolekülen. Dieses Prinzip findet, wie von Szejtli (1982) beschrieben, breite Anwendungsmöglichkeiten. Der hydrophobe Innenraum und das hydrophile Äußere des abgeschnittenen Konus zeigen Parallelen zur Amylose, sind aber wegen der starren Geometrie noch besser geeignet, Gastmoleküle zum Schutz, zur kontrollierten Freisetzung und zur Trennung aufzunehmen.

Während für die Amylosestruktur weitgehende Übereinstimmung besteht, sind für das Amylopektin verschiedene Strukturmodelle vorgeschlagen worden. Wie die Abbildung 10 zeigt, wurden die Strukturmodelle immer differenzierter.

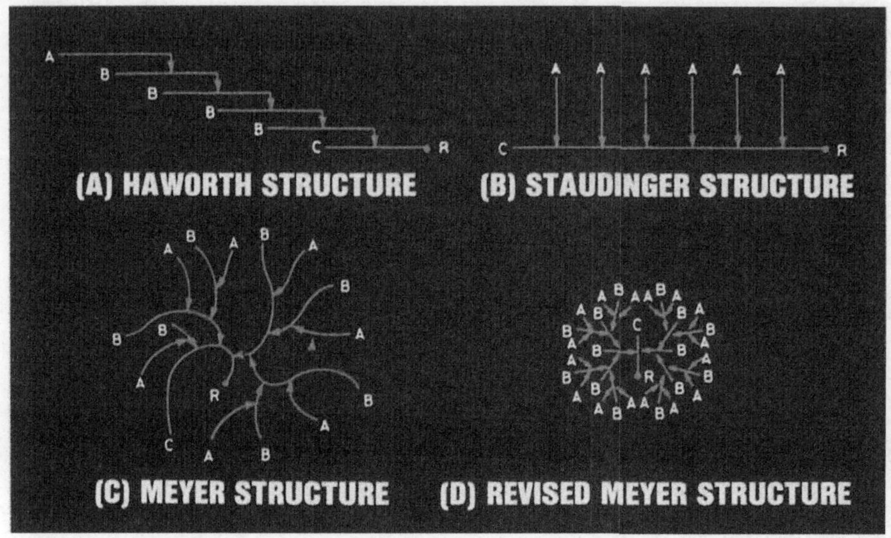

Abb. 10 Strukturmodelle für Amylopektin

Die Spannweite dieser Modelle reicht von der schichtförmigen Haworth-Struktur (1937) über das Staudingersche Fischgrätenmodell (1937) zu statistischer Verzweigung nach Meyer (1940) bzw zu dem revidierten Meyer-Modell (Kainuma 1972) mit regulärer Verzweigung und Clusterbildung der 1,6-Verknüpfungen. Die Wahrscheinlichkeit solcher Clusterstrukturen wird durch den Aufbau der Rückstände, die beim enzymatischen Abbau von Stärke verbleiben, unterstützt.

Mit Hilfe von NMR Messungen an hochauflösenden Geräten konnte B. Meyer (1986) die wahrscheinlichste Konformation von Amylopektinfragmenten berechnen. Abbildung 11 zeigt die Konformation niedrigster Energie bei einem Amylopektinfragment, bestehend aus 16 Glucoseeinheiten.
   Wie aus dem Kalottenmodell ersichtlich ist, stehen dabei die Ketten fast senkrecht zueinander.

Wenn die Haupt- oder Seitenketten eine ausreichende Länge haben, kann auch das Amylopektin Doppelhelices ausbilden die, wie Banks und Muir (1980) gefunden haben, durch Wechselwirkung miteinander zu kristallinen Strukturen wie sie bei der Amylose auftreten, führen kann. So postulierte Kainuma 1980, daß im Gegensatz zu früheren Annahmen das Amylopektin wesentlich für die Kristallinität der Stärke verantwortlich ist.

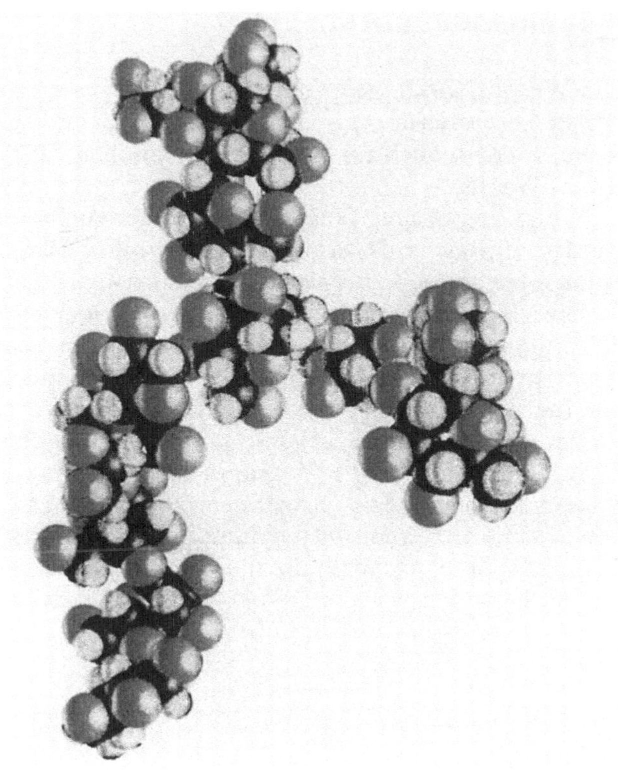

Abb. 11   Konformationsmodell niedrigster Energie für ein Amylopektinfragment mit
DP 16

Je nach Herkunft der Stärkekörner enthalten diese zwischen 1 und 80 %
Amylose, wobei die Differenz zu 100% jeweils Amylopektin ist.   Die
gesamte Kristallinität der Stärke beträgt zwischen 20 und 40 % in
Abhängigkeit vom Amylose/Amylopektin-Verhältnis.

Der Wassergehalt im Stärkekorn spielt eine wichtige Rolle bei der Struk-
turstabilisierung.   Lechert (1976) überführte Hydroxylgruppen und
Wassermoleküle von Stärken in ihre deuterierten Analoga.   Durch
spezielle NMR Messungen waren Informationen über die Art und den
Bindungszustand des Wassers in Abhängigkeit von der Temperatur erhältlich.   Die Befunde deuten auf stark gebundenes Wasser (Kristallwasser),
"nicht-gebundenes" Wasser und einen Zwischenzustand, d.h. in den
Kapillaren des Stärkekorns absorbiertes Wasser hin.   Diese drei Bindungstypen für Wasser entsprechen verschiedenen Hydratationsenergien, was
durch kontrollierte Entwässerung von Stärke nachgewiesen werden kann.

8.4 Eigenschaften

Die Wechselwirkungen von Stärke und Wasser spielen nicht nur - wie vorher beschrieben - für die mikroskopischen Zustände eine besondere Rolle, sondern auch für die makroskopischen Zustände, d.h. das Verhalten im Wasser.

Wenn Stärke und Wasser bei Zimmertemperatur zusammengebracht werden, dringt das Wasser in die amorphen Bereiche der Stärkekörner ein und bewirkt eine begrenzte, reversible Quellung.

Die Hydratisierung ist ein exothermer Prozeß, bei dem die Adsorptionswärme gemessen werden kann. In Gegenwart von Enzymen (Carbohydrasen) werden die amorphen Bereiche (Gelphase), bei denen die für den enzymatischen Angriff verfügbare Oberfläche 1000 mal größer ist als in den kristallinen Bereichen, bevorzugt angegriffen. Dronzek et al. (1972) konnten an Roggenstärke zeigen, daß dabei die Stärkekörner eine Art Erosion erfahren, wodurch "Wachstumsringe" besser sichtbar werden. Abbildung 12 zeigt die zurückbleibenden Amylopektinkristallite, nachdem die amorphe Phase durch Enzyme herausgelöst wurde.

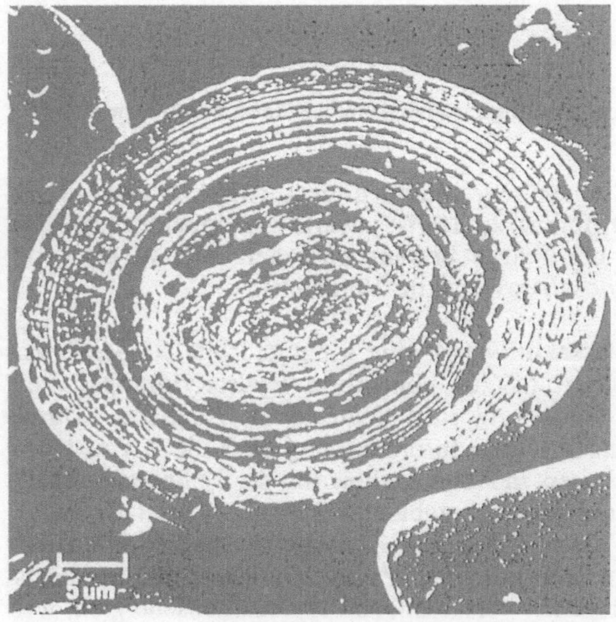

Abb. 12   Roggenstärkekorn nach Behandlung mit α-Amylase

Wenn die Stärke in Wasser erhitzt wird, tritt eine irreversible Quellung ein, bei der die kristallinen Bereiche des Stärkekorns schmelzen und der Zusammenbruch der geordneten Struktur erfolgt. Letzteres kann durch das Verschwinden der Doppelbrechung unter dem Mikroskop beobachtet werden. Abbildung 13 zeigt ein typisches Bild der Doppelbrechung intakter Stärkekörner, wie sie im polarisierten Licht erscheinen.

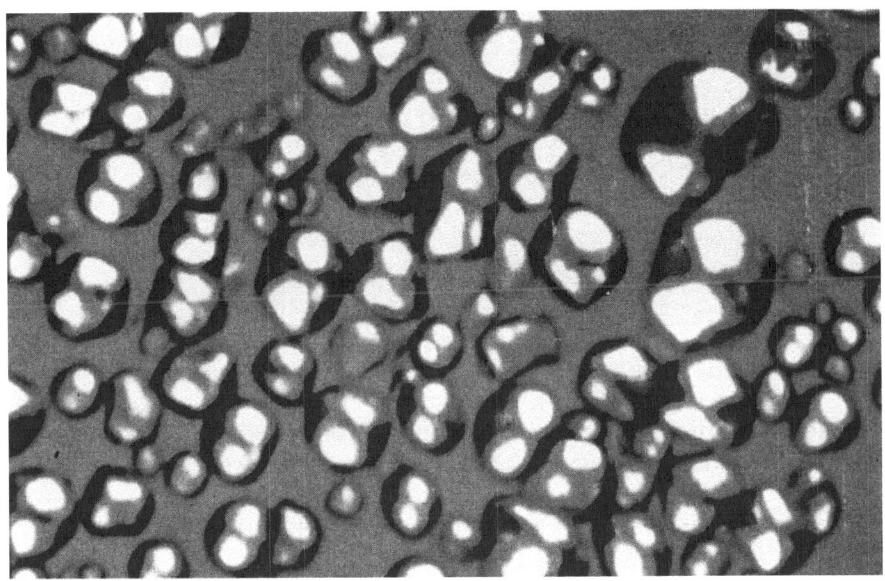

Abb. 13   Doppelbrechung von Stärkekörnern im polarisierten Licht

Die notwendige Energie, die für diesen endothermen Vorgang des Zusammenbrechens der Kristallite aufgebracht werden muß, kann mit Hilfe der Differential Scanning Calorimetry (DSC) gemessen werden. Stute (1986) hat die entsprechenden DSC Diagramme, die in Abbildung 14 zu sehen sind, aufgenommen, wobei normale Maisstärke (ca. 25% Amylose) mit Amylomaisstärke (50-70% Amylose) verglichen wird.

Aus den DSC Diagrammen ist ersichtlich, daß ein höherer Amylosegehalt eine höhere Verkleisterungstemperatur erfordert und daß ein hoher Amylopektingehalt, wie er in der nativen Maisstärke vorliegt, ein scharfes Schmelzen der kristallinen Bereiche bewirkt.

Das Viskositätsverhalten beim Erhitzen von wäßrigen Stärkesuspensionen (Verkleisterung) ist eine der wichtigsten Eigenschaften der Stärke für die verschiedenen Anwendungsbereiche.

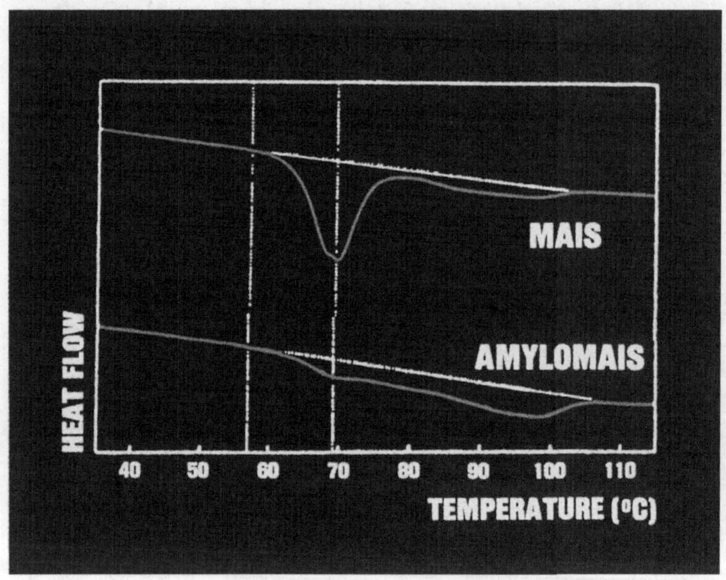

Abb. 14 DSC Diagramme von normaler Maisstärke und Amylomaisstärke

Tabelle 2 gibt die Verkleisterungstemperaturen für verschiedene Stärken wieder, sowie deren Korncharakteristik und Amylosegehalt.

Tabelle 2. Übersicht verschiedener morphologischer Daten von Stärkekörnern sowie deren Verkleisterungstemperatur in Wasser.

Stärkeart	Teilchen-durchmesser (µm)	Verkleisterungs-temperatur (°C)	Amylose-gehalt (%)
Maisstärke (regulär)	5-26	62-72	22-28
Wachsmaisstärke	5-26	63-72	< 1
Amylomaisstärke	3-24	63-92	50-70
Weizenstärke	2-35*	58-64	17-27
Kartoffelstärke	15-100	59-68	23
Reisstärke	3-8	68-78	16-17
Palerbsenstärke	10-40	55-88	32-36
Markerbsenstärke	5-30	> 100	75-80

* 2 Populationen : 2-10 µm und 20-35 µm

Eine der Praxis angenäherte Methode, Aufschluß über die Rheologie von Stärkepasten zu erhalten, ist die Bestimmung des Verkleisterungsverhaltens mit dem Brabender Visko-Amylographen.

Abbildung 15 zeigt typische Viskositätsprofile für Normalmaisstärke, Wachsmaisstärke und Amylomaisstärke bei Anwendung eines Temperaturprogrammes.

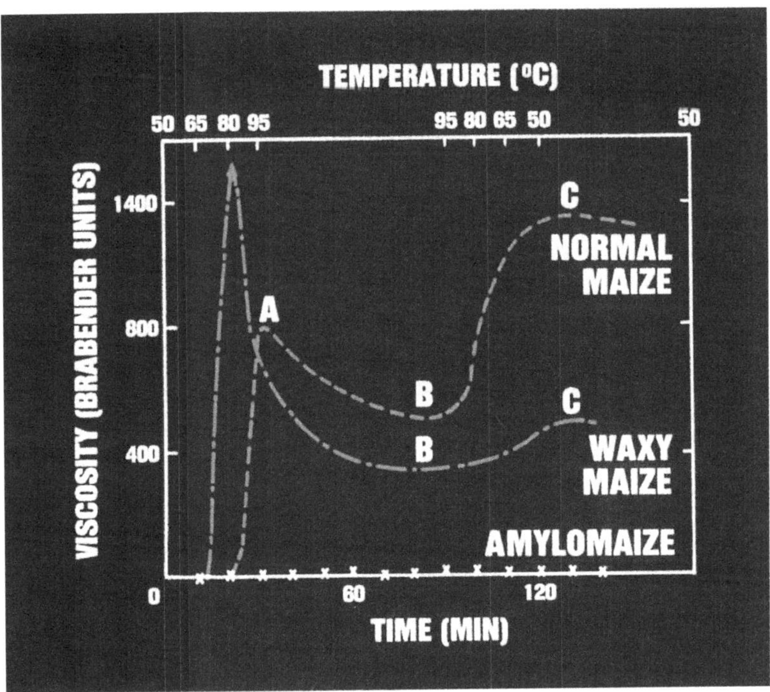

Abb. 15   Brabenderdiagramme verschiedener Stärken

Bei Beginn der jeweiligen Verkleisterung, dem Ausgangspunkt der gezeigten Kurven, nimmt die Viskosität der Stärkesuspension stark zu. Wie unter 8.3 erläutert, geht dies einher mit dem Verschwinden der A- oder B-Struktur. Die Verkleisterung selbst ist jedoch ein sehr komplexer Vorgang, wobei die für die Hydratation verfügbare Wassermenge eine wesentliche Rolle spielt. Der Vorgang der Verkleisterung ist nicht nur eine Funktion des Amylosegehaltes, sondern vielmehr abhängig von der Art der Stärkekörner (siehe Tabelle 2).

Die Ursache für den Viskositätspeak (gekennzeichnet mit A in Abb. 15) ist die starke Quellung der Stärkekörner, die zu direkter Berührung mit den, ebenfalls stark aufgequollenen Nachbarkörnern führt.

Wie ebenfalls aus Abbildung 15 zu ersehen ist, ist das erreichte Viskositätsniveau abhängig vom Hydratisierungsvermögen, was bei der amylopektinreichen Wachsmaisstärke am höchsten ist.

Bei weiterer Temperaturerhöhung bricht die Viskosität infolge der totalen Desintegration der Stärkekörner zusammen. Beim Abkühlen wird der in der Abb. 15 beschriebene Zustand C erreicht, d.h. eine erneute Viskositätszunahme infolge der Gelbildung. Morris et al. (1979) beschreiben diesen Vorgang als eine Art Vernetzung durch die freigesetzte Amylose, die wiederum durch Wasserstoffbrückenbindungen und Ausbildung von Doppelhelixstrukturen erklärt werden kann.

Die Gelbildung ist besonders angeprägt bei normaler Maisstärke, da deren Amylosemoleküle schneller und vollständiger assoziieren. Dieses Phänomen kann ebenfalls mit der Bildung einer Art von Netzwerk durch Amylosemoleküle erklärt werden.

Alle amylosehaltigen Gele tendieren zu Retrogradation, d.h. zum teilweise irreversiblen Übergang des gelösten oder dispergierten Zustands in Richtung auf einen mikro-kristallinen, ungelösten Zustand (B-Amylose). Pfannemüller (1981) beschreibt den Zusammenhang zwischen Löslichkeit und Kettenlänge bei verschiedenen Amylosen. Danach ist bei einem Polymerisationsgrad von ca. 80 Glucoseeinheiten ein Löslichkeitsminimum zu verzeichnen, was gleichbedeutend mit einem Retrogradationsmaximum ist.

Amylosepektingele sind stabiler und zeigen nahezu keine Tendenz zur Retrogradation, weil die verzweigte Struktur die Reassoziation erschwert.

8.5 Anwendung

Wie unter 8.1 erwähnt, werden in Westeuropa mehr als 5 Millionen Tonnen Stärke pro Jahr erzeugt. Davon werden ca. 55 % für den Nahrungsmittelbereich eingesetzt, was zum wesentlichen Teil auch die durch Verzuckerung erhaltenen Hydrolyseprodukte beeinhaltet. 45 % werden für den Technischen Bereich eingesetzt (siehe Koch und Röper 1988), d.h. ca. 20 % in der Papierindustrie, 12 % in der Chemischen und Pharmazeutischen Industrie und 13 % in anderen Bereichen wie Baustoffindustrie, Textilindustrie etc.

Wie unter 8.3 und 8.4 beschrieben sind die makroskopischen Eigenschaften der Stärke eine Funktion ihrer strukturellen Merkmale.

Daraus resultiert eine Fülle von Anwendungen, die an Hand weniger Beispiele illustriert werden.

- Die hohen Viskositäten, die mit Stärkegelen, auch bei niedrigen Konzentrationen erreicht werden, werden vielfältig genutzt. Maisstärke wird im Nahrungsbereich als Bindemittel und als Dickungsmittel für Suppen und Soßen eingesetzt. Sie dient auch als Emulgier- und Dispergiermittel.

- Die Fähigkeit der Stärke, Wasser zu absorbieren und die resultierende Quellung werden im Pharmabereich genutzt (siehe Kapitel 4).

- Filmbildende Eigenschaften und Klebkraft von Stärke und deren Derivaten werden in der Papierherstellung und -verarbeitung, bei der Wellpappenherstellung und beim Kleben und Schlichten von Fasern aller Art genutzt.

- Die komplexierenden Eigenschaften werden ebenfalls bei der Formulierung von Wirkstoffen wie auch bei der Herstellung von boraxhaltigen Leimen genutzt.

8.6 Stärkemodifizierung

Die Stärkeeigenschaften können durch physikalische und/oder chemische Modifizierung in gewünschter Form verändert werden. Ziel dieser Modifizierung ist die Anpassung der Stärke für die verschiedenen Anwendungsbereiche und der Ersatz teurer oder unzureichend zur Verfügung stehender anderer Hydrokolloide.

Eine wichtige physikalische Methode stellt die Vorverkleisterung dar, bei der eine wäßrige Stärkesuspension erhitzt wird, um eine teilweise oder vollständige Verkleisterung zu erhalten. Das resultierende Produkt wird getrocknet und kann direkt, ohne Kochen als kaltwasserlösliche oder -quellbare Stärke eingesetzt werden.

Viele in der Natur vorkommende Hydrokolloide, z.B. Pektin, enthalten funktionelle Gruppen wie Carboxylgruppen, Ether- oder Ester-gruppen. Dies Prinzip der Substitution von Hydroxylgruppen durch funktionelle Gruppen wird bei der chemischen Modifizierung von Stärke angewendet und zwar für den Lebensmittelbereich und den Technischen Sektor.

Für den Lebensmittelbereich wird die Art und das Ausmaß der zugelassenen Modifizierung durch EG-Lebensmittelgesetze reguliert.

Durch enzymatischen oder durch Säureabbau kann das Molekulargewicht in gewünschtem Maße verringert werden um bestimmte Viskositäts- und Texturanforderungen zu erfüllen.

Bei der Umsetzung von Stärke mit bifunktionellen Reagenzien erfolgt eine Vernetzung der Stärke, die erhöhte Resistenz gegen mechanische Scherkräfte, bessere Hitze- und Säurestabilität sowie Gefrier-Tau-Stabilität zur Folge haben.

Veresterung und Veretherung, z.B. die Einführung von Acetyl- und Hydroxypropylgruppen verringern die Neigung zur Retrogradation und erhöhen damit die Viskositätsstabilität und Klarheit von Stärkepasten.

Die Einführung quaternärer Ammoniumgruppen verbessern die Faser-retention beim Papierherstellprozeß und verringern damit die Umwelt-belastung.

8.7 Literatur

Badenhuizen NP (1959) Chemistry and biology of the starch granule. In : Heilbrunn LV (Hrsg) Protoplasmatologica, Bd II. B2, Springer-Verlag, pp 1-74

Banks W, Muir DD (1980) Structure and chemistry of the starch granule. In : Stumpf PK (ed) The biochemistry of plants, Vol III, Academic Press, 321-366

Carlson TLG et al. (1979) A study of the amylose-monoglyceride complex by raman spectroscopy. Stärke 31(7) : 222-224

Cleven R et al. (1978) Crystal structure of hydrated potato starch. Stärke 30(7) : 223-228

Dronzek BL et al. (1972) Scanning electron microscopy of starch from sprouted wheat. Cereal Chem. 49 : 232-239

Ebert G (1980) Biopolymere Zeitschrift. Dietrich Steinkopff Verlag, Darmstadt, S271

French AD (1979) Allowed and preferred shapes of amylose. Bakers Digest 53(1) : 39-46

French AD, Murphy VG (1977) Computer modeling in the study of starch. Cereal Foods World 22(2) : 61-70

Gunja-Smith Z et al. (1970) A revision of the Meyer-Bernfeld model of glycogen and amylopectin. FEBS Letters 12(2) : 101-104

Haworth WN et al. (1937) Polysaccharides. Part 23. Determination of the chain length of glycogen. J. Chem. Soc : 577-581

Kainuma K, French D (1972) Naegeli amylodextrin and its relation to starch granule structure. II Role of water in crystallisation of B starch. Biopolymers 11(11) : 2241-50

Kainuma K (1980) Chori Kagaku 13:83

Koch H, Röper H (1988) New industrial products from starch. Stärke 4(40) : 121-131

Lechert H (1976) Möglichkeiten und Grenzen der Kernresonanz-Impuls-Spektroskopie in der Anwendung auf Probleme der Stärkeforschung und Stärketechnologie. Stärke 28(11) : 369-373

Meyer B (1986) Stärke-Struktur und Eigenschaften. Schriftenreihe des Fonds der Chemischen Industrie, Heft 25, Stärke, Frankfurt/ Main, S3-15

Meyer KH, Bernfeld P (1940) Recherches sur l'amidon. V. L'amylopectine. Helv. chim. Acta 23 : 875-885

Morris EJ (1979) Polysaccharide structure and conformation in solution and gels. In : Blanshard JMV (ed) Polysaccharides in foods. Butterworths, p 15

Pfannemüller B, Ziegast G (1981) Properties of aqueous amylose and amylose-iodine solutions. In : Brant DA (ed) Solution properties of polysaccharides, ACS, p 529

Rao VSR et al. (1976) Conformation of biopolymers, Vol 2, Academic Press

Rexen F, Munck L (1984) Cereal crops for industrial use in Europe. EEC, EUR 9617EN

Röper H, Koch H (1988) New carbohydrate derivatives from biotechnical and chemical processes. Stärke 12(40) : 453-464

Sarko A, Muggli R (1974) Packing analysis of carbohydrates and polysaccharides. III Valonia cellulose and cellulose II. Macromolecules 7(4) : 486-494

Sarko A, Wu MCW (1978) The crystal structure of A-, B-, and C-polymorphs of amylose and starch. Stärke 30(3) : 73-78

Staudinger H, Husemann E (1937) Über hochpolymere Verbindungen. 150, Über die Konstitution der Stärke. Ann. 527 : 195-236

Stute R (1986) Vergleichende Betrachtungen von Stärken verschiedenen pflanzlichen Ursprungs. Schriftenreihe des Fonds der Chemischen Industrie, Heft 25, Stärke, Frankfurt/Main, S16-33

Szejtli J (1982) Cyclodextrins and their inclusion complexes. Akadémiai Kiado, Budapest.

Tegge G (1982) Stärke. In : Bartholomé E (Hrsg) Ullmanns Encyklopädie der technischen Chemie, 4. Aufl, Bd 22, Verlag Chemie, S165

Whistler RL et al. (1984) Starch : Chemistry and Technology, 2 ed, Academic Press, New York

Sachverzeichnis